中国地质大学(武汉)实验教学系列教材(三)

生物化学实验指导书

SHENGWU HUAXUE SHIYAN ZHIDAOSHU

侯新东　盛桂莲　葛台明　李继红　编著

中国地质大学出版社有限责任公司
ZHONGGUO DIZHI DAXUE CHUBANSHE YOUXIAN ZEREN GONGSI

内 容 简 介

全书共四部分内容，包括生物化学实验基本知识、实验原理与技术、基础实验、综合性实验。主要对实验室规则、安全与防护知识、实验记录和实验报告、基本实验操作及生物大分子制备技术等方面进行了简单的介绍；同时对生物化学实验技术与原理进行了较为详实的介绍，以期使读者能够熟悉和掌握这些内容，为更好地学习生物化学并打下一个较好的基础；在基础实验安排中，很好地考虑了实验内容与生物化学理论授课的衔接，选取了生物化学实验中较为成熟的糖类、脂类、蛋白质、酶类、核酸类和代谢类实验；综合性实验部分重点安排了古DNA研究的提取、PCR扩增、分子克隆等相关实验。

本书可作为高等院校生命科学、医药卫生、环境科学等相关专业的实验教材，也可作为相关专业科研人员和教育工作者的参考书。

图书在版编目(CIP)数据

生物化学实验指导书/侯新东，盛桂莲，葛台明，李继红编著. —武汉：中国地质大学出版社有限责任公司，2011.12 (2014.7重印)

ISBN 978-7-5625-2747-3

Ⅰ.①生…

Ⅱ.①侯…②盛…③葛…④李…

Ⅲ.①生物化学-化学实验-高等学校-教学参考资料

Ⅳ.①Q5-33

中国版本图书馆 CIP 数据核字(2011)第226958号

生物化学实验指导书 侯新东 盛桂莲 葛台明 李继红 编著

责任编辑：胡珞兰 责任校对：戴莹

出版发行：中国地质大学出版社有限责任公司(武汉市洪山区鲁磨路388号) 邮政编码：430074

电 话：(027)67883511 传 真：67883580 E-mail：cbb @ cug.edu.cn

经 销：全国新华书店 http://www.cugp.cug.edu.cn

开本：787毫米×1 092毫米 1/16 字数：372千字 印张：14.5

版次：2011年12月第1版 印次：2014年7月第2次印刷

印刷：武汉珞南印务有限公司 印数：1001-2000册

ISBN 978-7-5625-2747-3 定价：28.00元

前 言

生物化学是生命的化学，是研究植物、动物、微生物及人体等生物体的化学本质及其在生命活动过程中变化规律的一门科学。生物化学既是现代生物学中的一门分支基础学科，同时又是现代生物学中发展最快的一门前沿学科。现今，生物化学的方法与理论已经渗透到了生物学中的每一分支学科，并对其他生物分支学科的发展起着关键性作用。

生物化学实验是生物化学教学的重要组成部分，是贯彻理论联系实际、培养学生动手能力和科学作风的重要教学环节，在提供学生理解生物化学知识平台、将理性知识转化为感性认识、实践中加深生物学科思维训练等方面具有不可替代的作用。生物化学实验可对学生进行生物化学基本技能的培训，培养学生运用理论知识解决实际问题的能力，并为学生今后开展科学研究奠定基础。

当笔者第一次为中国地质大学(武汉)的生物科学专业本科生讲授生物化学实验相关的原理、方法和实验时，手里却没有一本与生物化学理论授课内容衔接性较好的实验教材。为了解决这一问题，只好自己查阅与生物化学实验相关的资料，结合教学和科研工作，着手编写《生物化学实验指导讲义》，旨在为学生提供一本合适的生物化学实验讲义。这本实验讲义用于本科生的教学实践后，取得了良好的教学效果。针对讲义在使用中发现的问题，及时进行了修改和补充，现以这本讲义为蓝本，在此基础上，经反复增删，终于完成了本书的撰写工作。

本教材分为四大部分：第一部分简要介绍了生物化学实验的基本知识；第二部分为生物化学基本实验原理和技术，包括分光光度技术、电泳技术、层析技术、离心技术与透析技术；第三部分为基础实验，共有 45 个实验，主要涉及了糖类、脂类、蛋白质、酶、核酸等生物大分子的提取、含量和纯度的检测、性质的验证，帮助学生熟悉和掌握生物化学基本实验方法和技能；在第四部分设立了一个以古 DNA 分子为研究对象的综合性实验，包括古 DNA 的提取、PCR 扩增及电泳检测、PCR 产物的纯化及有效 PCR 产物的分子克隆等，使学生能够系统地学习古 DNA 研究的方法和技术。通过设立综合性实验，旨在培养学生综合应用生物化学实验原理与技术的能力，使他们能够成为具有独立分析问题、解决问题能力的创新型人才。附录包括各种常用数据表、生物化学试剂的配制方法和有关参考资料，可供相关人员查阅参考。

本书前言、第二章、第三章、第五章至第十五章、第十七章与第十八章由侯新东编写，第一章由李继红编写，第四章由葛台明编写，第十六章由盛桂莲编写，最后由侯新东统编定稿。

在本教材编写过程中很多教师都提出了宝贵的意见和建议；本书的编写和出版得到了中国地质大学（武汉）实验教材出版项目和教学研究项目的资助；同时，还得到了校、院各级领导、各位同仁及中国地质大学出版社的编辑们的支持和帮助，在此表示诚挚的谢意！

由于编者水平及经验有限，书中难免出现疏漏和不足之处，敬请读者批评指正，以期在教材再版时进一步补充和修正。

编 者

2011 年 10 月于武汉

目 录

第一部分 生物化学实验基本知识

第二部分 生物化学实验原理与技术

第三部分 生物化学基础实验

第四部分 综合性实验

第一部分

生物化学实验基本知识

第一章　生物化学实验的安全与要求

第一节　生物化学实验室规则

为了提高实验教学的质量和效果，促进学生参与实验实践的积极性，针对生物化学实验的特点，对其基本要求整理如下：

(1)实验前必须预习实验指导和有关理论，明确实验目的、原理、操作步骤、预期的结果及注意事项，懂得每一操作步骤的意义和了解所用仪器的使用方法。在进实验室前需准备好实验指导、课本、实验记录本、实验报告本、文具等。

(2)实验时要严肃、认真、专心操作，每个同学都应该自觉遵守课堂纪律，维护课堂秩序，不迟到，不早退，不大声谈笑。注意观察实验过程中出现的现象和结果，结果不良时，必须重做。实验过程中要听从教师的指导，严肃认真地按操作规程进行实验，并把实验结果和数据及时、如实记录在实验记录本上，文字要简练、准确。完成实验后经教师检查签字同意，方可离开实验室。

(3)实验结束后及时将实验结果交指导教师审核。根据实验结果进行科学分析，得出实验结论，撰写实验报告并按时上交教师评阅。

(4)实验台面应随时保持整洁，仪器、药品摆放整齐。公用试剂用毕，应立即盖严放回原处。勿使试剂、药品洒在实验台面和地上。用过的滤纸、棉花、动物组织等固体废物切勿倒入水池，以免堵塞下水道。实验完毕，仪器洗净放好，试剂瓶及仪器等物品要放置整齐、有序，将实验台面抹拭干净，才能离开实验室。

(5)使用的仪器、药品、试剂和各种物品必须注意节约。洗涤和使用器皿时应小心仔细，防止损坏仪器。如果仪器损坏应如实向教师报告，并填写损坏仪器登记表，然后补领。

(6)容量瓶是量器，不能用来盛放试剂。带磨口玻璃塞的器皿，如果暂时不使用，要用纸条把瓶塞和瓶口隔开。

(7)不要用滤纸称量药品，更不能用滤纸做记录。标签纸的大小应与容器相称，标签上要写明物质的名称、浓度、配制的日期及配制人姓名。标签应贴在试剂瓶 2/3 处，试管等细长容器则贴在上部。

(8)取出试剂后，立即将瓶塞盖好，切勿盖错，放回原处。试剂瓶塞、专用吸量管、滴管不得与试剂瓶分家，以免错用而污染试剂，造成自己或他人实验的失败。未用完的试剂不得倒回瓶内。

(9)使用贵重仪器如分析天平、分光光度计、冷冻离心机及层析设备前，应熟知使用方法。

如有问题，及时请指导实验的教师解答。使用时，要严格遵守操作规程。发生故障时，应立即关闭仪器并告知管理人员，不得擅自拆修。

(10)取标准溶液时，应先将标准液倒入干净试管中，再用清洁吸管吸取标准液，以免污染瓶中的标准溶液。使用滴管时，滴管尖端朝下，切勿倒置，勿使试剂流入橡皮帽内。

(11)实验室内的一切物品，未经本室负责教师批准，严禁携出室外，借物必须办理登记手续。

(12)每次实验课由班长负责安排值日生。值日生的职责是负责当天实验室的环境卫生工作。

第二节　生物化学实验室安全与防护常识

在生物化学实验室中，需要经常与毒性很强、有腐蚀性、易燃烧和具有爆炸性的化学药品直接接触，常常会使用易碎的玻璃和瓷质器皿以及在煤气、水、电等高温电热设备的环境下进行紧张而细致的工作，因此，必须十分重视安全工作。

一、实验室安全要求

(1)穿白大褂进入实验室，不许穿拖鞋进入实验室，以免酸碱等试剂腐蚀衣服、灼伤皮肤。

(2)进入实验室开始工作前应了解煤气总阀门、水阀门及电闸所在处。离开时，一定要将室内检查一遍，应关闭水、电和煤气的开关，关好门窗。

(3)使用浓酸、浓碱时，必须小心操作，防止飞溅。在用移液管量取这些试剂时，必须使用橡皮吸耳球，绝对不能用口吸取。若不慎溅在实验台或地面，必须及时用湿抹布擦洗干净。如果触及皮肤应立即治疗。

(4)易燃和易爆炸物质的残渣(如金属钠、白磷等)不得倒入污染桶或水槽中，应收集在指定的容器内。

(5)废液，特别是强酸和强碱，不能直接倒入水槽中，必须倒入专门的废液桶；实验完成后的沉淀物或其他混合物如含有有毒、有害或贵重药品者不可随意丢弃，必须放入专门的容器，最后由实验主管部门统一回收处理。

(6)凡属产生烟或产生有毒气体的化学实验，均应在通风橱内进行，以免对人体造成危害。

(7)在领取毒性物质之前应按实验室的规定办理审批手续，使用毒性物质时必须根据试剂瓶上的标签说明严格操作、安全称量、妥善处理和保存。操作时应戴手套，必要时戴口罩或面罩，并在通风橱中进行。沾过毒性物质的容器应该单独清洗和处理。

(8)使用煤气灯时，灯焰大小和火力强弱应根据实验的需要来调节。用煤气加热水浴锅时，切勿踏灭煤气软管，同时注意勿烧干水浴锅。用火时，应做到火着人在，人走火灭。

(9)了解化学药品的警告标志(图 1-1)。

(10)生物材料如微生物、动物组织和血液样品都可能存在细菌和病毒感染的潜在危险，因此，在处理各种生物材料时必须谨慎、小心，做完实验后必须用肥皂、洗手液或消毒液洗净双手。

图 1-1　危险化学药品分类所用标志

二、实验室可能出现的危险情况

(一)着火

生物化学实验室经常使用大量的有机溶剂，如甲醇、乙醇、丙酮、氯仿等，而实验室又经常使用电炉、酒精灯等火源，因此，极易发生着火事故。

1. 预防火灾的操作规程

(1)使用可燃物，特别是乙醚、丙酮及乙醇等易燃物时，不要大量放在实验台上，更不要把它们放在靠近火焰的地方。

(2)只有在远离火源时，或将火焰熄灭后，才可大量倾倒易燃液体。

(3)低沸点的有机溶剂，如乙醚、石油醚、酒精等不准在火焰上直接加热，只能用水浴来加热。

(4)废有机溶剂不得倒入废物桶，只能倒入回收瓶，以后再集中处理。量少时用水稀释后可排入下水道。

2. 灭火方法

实验室一旦发生火灾，切不可惊慌失措，要保持镇静，根据具体情况正确地进行灭火，如火势较大需立即报火警(火警电话 119)。灭火的方法有：

(1)乙醇、丙酮等可溶于水的有机溶剂着火时可以用水灭火。汽油、乙醚等有机溶剂着火时不能用水，只能用灭火毯和砂土盖灭。

(2)容器中的易燃物着火时，用玻璃纤维布、灭火毯盖灭。

(3)个人衣服着火时，切勿慌张奔跑，应迅速脱掉衣服，浇水灭火，火势较大时可就地卧倒打滚压灭火焰。

(4)导线、电器一起着火时不能用水和二氧化碳灭火器灭火，应先切断电源，然后用 1211 灭火器(内装二氟一氯一溴甲烷)灭火。

(二)中毒

生物化学实验室常见的剧毒物有氰化物、砷化物、乙腈、叠氮化物、汞及其化合物等，化学致癌物有铬酸盐、溴化乙锭等。

中毒的主要原因是由于不慎吸入、误食或由皮肤渗入。

中毒的预防：①取用有毒物质时必须佩带橡胶手套；②严禁用嘴吸移液管，严禁在实验室内饮水、进食，禁止赤膊和穿拖鞋；③不要用乙醇等有机溶剂擦洗溅洒在皮肤上的试剂与药品。

中毒急救的方法主要有：①误食了酸或碱，可先立即大量饮水，误食碱者再喝些牛奶；误食酸者，饮水后再服 $Mg(OH)_2$乳剂，最后饮些牛奶；②吸入了有毒气体者，应立即转移到室外，解开衣领，休克者应施以人工呼吸，但不要用口对口法；③砷和汞中毒者，应立即送医院急救。

(三)爆炸

防止生物化学实验室发生爆炸事故非常重要，因为一旦爆炸其毁坏力极大，后果十分严重。加热时会发生爆炸的混合物有：有机化合物和氧化铜、浓硫酸和高锰酸钾、三氯甲烷和丙酮等。

常见的引起爆炸事故的原因有：①随意混合化学药品，并使其受热、受摩擦和撞击；②在密闭的体系中进行蒸馏、回流等加热操作；③在加压或减压实验中使用了不耐压的玻璃仪器，或反应过于激烈而失去控制；④易燃易爆气体大量溢入室内；⑤高压气瓶减压阀损坏或失灵。

(四)触电

在生物化学实验室要使用大量的仪器和设备，因此，每位实验人员都必须能熟练地安全用电，避免发生一切用电事故。

1. 防止触电

防止触电需做到：①不能用湿手开关电闸和电器；②电源裸露部分都应绝缘；③凡是漏电的仪器，经检修合格后方可继续使用；④坏的接头、插头、插座和不良导线应及时更换；⑤先接好线路再插电源，反之先关电源再拆线路；⑥仪器使用前要先检查外壳是否漏电；⑦如遇有人触电，要先切断电源再救人。

2. 防止电器着火

防止电器着火需做到：①生锈的电器、接触不良的导线接头要及时处理；②保险丝、电源线、插头和插座都要与使用的额定电流相匹配；③仪器长时间不用，要拔下电源插头；④电炉、烘箱等电热设备不可过夜使用；⑤电器、电源线着火不可用泡沫灭火器灭火。

(五)外伤

1. 化学灼伤

1)眼睛灼伤

眼内若溅入化学试剂，应立即用自来水或蒸馏水冲洗眼部 15min，然后再滴入几滴油性护眼液起滋润保护作用，不可用稀酸或稀碱冲洗。

2)皮肤灼伤

(1)酸灼伤：先用大量水冲洗，再用稀 $NaHCO_3$或稀氨水浸洗，最后再用水冲洗。

(2)碱灼伤:先用大量水冲洗,再用1%硼酸或2%醋酸浸洗,最后再用水清洗。

(3)溴灼伤:伤口不易愈合,一旦灼伤,立即用20%硫代硫酸钠冲洗,再用大量水冲洗,包上消毒纱布后就医。

2. 烫伤

使用火焰、蒸汽、加热的玻璃仪器和金属时易发生烫伤。轻度烫伤时一般可涂上苦味酸软膏。如果伤处红痛(一级烫伤),可擦医用橄榄油;若皮肤起水泡(二级烫伤),不要弄破水泡,防止感染;若烫伤皮肤呈棕色或黑色(三级烫伤),应用干燥无菌的消毒纱布轻轻包扎好,急送医院治疗。

3. 割伤

这是在生物化学实验室常见的伤害,要特别注意预防,尤其是在向橡皮塞中插入温度计、玻璃管时一定要用水或甘油润滑,用布包住玻璃管轻轻旋入,切不可用力过猛。如不慎被玻璃割伤,应先检查伤口内有无玻璃碎片,然后用硼酸水洗净,再涂擦碘酒,必要时用纱布包扎。若伤口较大或较深,应迅速在伤口上部和下部扎紧血管止血,然后立即送医院诊治。

第二章　实验记录与实验报告

生物化学实验的研究对象是生命体或是生物活性物质，在实验中很容易受外界环境条件的影响而引起实验结果的差异。因此，在实验记录和写实验报告时，需要实验者做到仔细、认真、实事求是，只有这样才能获得可靠的实验结果。

第一节　实验记录

详细、准确、如实地做好实验记录极为重要，如果记录有误，会使整个实验失败，这也是培养学生实验能力和严谨的科学作风的一个重要方面。实验记录的基本要求如下：

(1)每位同学必须准备一个实验记录本，实验课前应认真预习，将实验名称、目的和要求、原理、实验内容、操作方法与步骤等简单扼要地写在记录本上。

(2)记录本上要编好页数，不得撕缺和涂改，写错时可以划去重写。不得用铅笔记录，只能用钢笔或圆珠笔。记录本的左页作计算和草稿用，右页作预习报告和实验记录。

(3)实验中应及时准确地记录观察到的现象、结果和数据，条理清楚，字迹端正，切不可潦草以至日后无法辨认，切勿用单片纸做记录或草稿。实验记录必须公正、客观，不可夹杂主观因素。

(4)实验中要记录的各种数据都应事先在记录本上设计好各种记录格式，以免实验中由于忙乱而遗漏测量和记录，造成不可挽回的损失。

(5)实验记录要注意有效数字，如吸光度值应为“0.050”，而不能记成“0.05”。每个结果都要尽可能地重复观测两次以上，即使观测的数据相同或偏差很大，也都应如实记录，不得涂改。

(6)实验中要详细记录实验条件，使用的仪器名称和型号、生物材料的来源、形态特征、选用的组织及其重量、试剂的名称及浓度等都应记录清楚，以便总结实验时进行核对和作为查找成败原因的参考依据。

(7)如发现实验记录的结果有怀疑、遗漏、丢失等，都必须重做实验，以期获得可靠的结果和数据。

第二节　实验报告

实验报告是实验的总结和汇报，通过实验报告的写作可以分析、总结和发现实验的经验和问题，学会处理各种实验数据的方法，加深对有关生物化学与分子生物学原理和实验技术的理解和掌握，同时也是学习撰写科学研究论文的过程。实验结束后，应及时整理和总结实验结果，写出实验报告。

一、实验报告的格式

实验编号　　　　名称　　　　地点

实验者姓名　　　日期

（一）实验目的

（二）实验原理

（三）实验材料、器材和试剂

（四）操作方法

（五）结果和讨论

实验报告的写作水平也是衡量学生实验成绩的一个重要方面。一份好的实验报告必须具备准确、客观、简洁、明了4个基本特征。实验报告必须独立完成，严禁抄袭。写实验报告要用实验报告专用纸，以便教师批阅，不要用练习本和其他纸张。

二、实验报告的内容

实验报告使用的语言要简明清楚，抓住关键，各种实验数据都要尽可能整理成表格并作图表示之，以便一目了然，如原始数据及其处理的表格、标准曲线图以及比较实验组与对照组实验结果的图表等。实验作图尤其要严格要求，必须使用坐标纸，每个图都要有明显的标题，坐标轴的名称要清楚完整，要注明合适的单位，坐标轴的分度数字要与有效数字相符，并尽可能简明，若数字太大，可以简化，并在坐标轴的单位上乘以10的方次。通常横轴是自变量，往往知道得很准确，纵轴是应变量，是测量的数据。曲线要用曲线板或曲线尺，画成光滑连续的曲线，各实验点均匀分布在曲线上或曲线两边，且曲线不可超越最后一个实验点。两条以上的曲线和符号应有说明。

三、实验结果的讨论

为了使实验结果能够重复，必须详细记录实验现象的所有细节。例如，若实验中生成沉淀，那么沉淀的真实颜色是什么？是白色、淡黄色或是其他？沉淀的量是多还是少？是胶状还是颗粒状？什么时候形成沉淀？是立即生成还是缓慢生成？热时生成还是冷却时生成？在科学研究中，应仔细观察，特别注意那些未预想到的实验现象十分重要，因这些观察常常会得到意外的发现。在撰写报告时应注意分析实验中的真实发现，对学生将是非常重要的科学研究训练。

实验结果的讨论要充分，尽可能多地查阅有关的文献和教科书，充分运用已学过的知识和生物化学原理，对实验方法、操作技术及其他有关实验的一些问题进行深入的探讨，勇于提出自己的分析和见解，并对实验设计、实验方法等提出合理的改进意见，以便教师今后能更好地讲解和安排实验。

第三章　生物化学实验基本实验操作

第一节　玻璃仪器的洗涤与干燥

一、玻璃仪器的清洗

生物化学常用的各种玻璃仪器，其清洁程度直接影响到实验结果的准确性。因此，清洗玻璃仪器不仅是实验室的常规工作，同时也是一项关系到实验成败的技术工作。干净的玻璃仪器应该透明，其内壁能被水均匀润湿而不挂水珠。应根据实验的要求、污物的性质和沾污的程度等选用不同的洗涤方法。

1. 敞口玻璃仪器的清洗

一般敞口玻璃仪器包括试管、烧杯等，先用洗涤剂等浸泡，然后用毛刷将器皿内外仔细洗刷，再用自来水冲洗干净，最后用蒸馏水冲洗 2～3 次，倒置于仪器架上晾干备用。对于比较脏或不便刷洗的玻璃器皿，使用前应用流水冲洗，以除去黏附物，再用有机溶剂擦净，最后用自来水冲洗。待仪器晾干后，放入铬酸洗液中浸泡过夜。取出后用自来水充分冲洗，再用蒸馏水冲洗 2～3 次，倒置于仪器架上晾干备用。

2. 容量分析仪器的清洗

容量分析仪器，如吸量管、滴定管、容量瓶等，先用洗涤剂洗刷，然后用自来水冲洗，晾干后，浸泡在重铬酸钾-硫酸溶液中 4～6h，再用自来水冲洗，最后用蒸馏水冲洗干净，干燥备用。

比色杯需要保证表面的光洁。用完后立即用自来水反复冲洗。如有污物附着于杯壁，需用稀盐酸等合适的溶液清洗。然后用自来水和蒸馏水冲洗干净。切勿用刷子、粗糙的布或滤纸等擦拭。洗净后倒置晾干备用。

3. 其他玻璃容器

对于具有传染性样品的容器，如病毒、传染病患者的血清等沾污过的容器，应先进行高压(或其他方法)消毒后再进行清洗。盛过各种有毒药品，特别是剧毒药品和放射性同位素等物质的容器，必须经过专门处理，确知没有残余毒物存在方可进行清洗。

经过洗涤的玻璃仪器要求清洁透明，玻璃表面不含可溶解性物质，水沿器皿壁自然下流时不挂水珠。

二、一些常用的洗涤剂

1. 肥皂水或洗衣粉溶液

这是最常用的洗涤剂，主要是利用其乳化作用以除去污垢，一般玻璃仪器均可用其刷洗。

2. 铬酸洗液（重铬酸钾-硫酸洗液）

铬酸洗液广泛用于玻璃仪器的洗涤，其清洁效力来自于它的强氧化性（六价铬）和强酸性。铬酸洗液具有强腐蚀性，使用时应注意安全。铬酸洗液可反复使用多次，如洗液由红棕色变为绿色或过于稀释则不宜再用。常用的配制方法有下述4种：

（1）取100mL工业浓硫酸置于烧杯内，小心加热，然后小心慢慢加入5g重铬酸钾粉末，边加边搅拌，待全部溶解后冷却，储于具玻璃塞的细口瓶内。

（2）称取5g重铬酸钾粉末置于250mL烧杯中，加水5mL，尽量使其溶解；慢慢加入浓硫酸100mL，随加随搅拌；冷却后储存备用。

（3）称取80g重铬酸钾，溶于1 000mL自来水中，慢慢加入工业硫酸100mL（边加边用玻璃棒搅动）。

（4）称取200g重铬酸钾，溶于500mL自来水中，慢慢加入工业硫酸500mL（边加边搅拌）。

3. 5%～10%乙二胺四乙酸二钠（$EDTA-Na_2$）溶液

加热煮沸，利用乙二胺四乙酸（ethylene diamine tetraacetic acid，EDTA）和金属离子的强配位效应，可去除玻璃器皿内部钙、镁盐类的白色沉淀和不易溶解的重金属盐类。

4. 45%的尿素洗液

是蛋白质的良好溶剂，适用于洗涤盛蛋白质制剂血样的容器。

5. 乙醇-硝酸混合液

用于清洗一般方法难于洗净的有机物，最适合于洗涤滴定管。在滴定管中加入3mL酒精，然后沿管壁慢慢加入4mL浓硝酸（密度$1.4g/cm^3$），盖住滴定管管口，利用所产生的氧化氮洗净滴定管。

6. 有机溶剂

如丙酮、乙醇、乙醚等可用于洗去油脂、脂溶性染料等污痕。二甲苯可洗脱油漆的污垢。

7. 氢氧化钾的乙醇溶液和含有高锰酸钾的氢氧化钠溶液

是两种强碱性的洗涤液，对玻璃仪器的侵蚀性很强，清除容器内壁污垢，洗涤时间不宜过长。使用时应小心慎重。

上述洗涤液可多次使用，但是使用前必须将待洗涤的玻璃仪器先用水冲洗多次，除去肥皂、去污粉或各种废液。若仪器上有凡士林或羊毛脂时，应先用纸擦去，然后用乙醇或乙醚擦净后才能使用洗涤液，否则会使洗涤液迅速失效。例如：肥皂水、有机溶剂（乙醇、甲醛等）及少量油污都会使重铬酸钾-硫酸洗液变成绿色，降低洗涤能力。

三、玻璃仪器的干燥

所有的玻璃仪器洗净后均可倒置在仪器架上，使其自然干燥。若需迅速干燥，可采用干燥箱或在电炉和酒精灯上烘烤。但对容量仪器，如吸管、容量瓶和比色杯等，严禁使用烘烤干燥，可使用乙醇、乙醚等有机溶剂去除容器表面的水分，晾干。

四、溶液的混匀

为了保证生物化学实验的正常进行，需要将加入试管和离心管的两种或两种以上的试剂充分混匀。通常试管内液体混匀的方法有以下几种。

1. 弹敲法

左手持试管上端，使试管与地面呈45°角，再用右手食指或中指弹敲试管，使管内液体混合均匀。适用于试管中微量液体的混匀。

2. 甩动法

适用于试管中液体较少时。用右手持试管上端，轻轻甩动、振摇，使管内液体呈旋涡状转动，可以将液体混匀。

3. 旋转法

液体较多时常用此法。右手拿试管上端，利用手腕力量使试管向一个方向做圆周运动，使管内液体旋转而混匀。

4. 吸管混匀法

适用于成倍稀释液体时。用清洁的吸管将溶液反复吸放多次，使溶液混匀。

5. 玻璃棒搅拌法

适用于用酸碱溶液调节某种溶液的pH值。当滴加少量酸或碱溶液到待调节的pH值溶液中时，需要用玻璃棒搅拌混匀后，测定此时溶液的pH。

6. 漩涡器振荡法

适用于量大或要求混匀时间较长的溶液。手持容器的上端于漩涡振荡器上振荡，使溶液混匀。

除上述介绍的混匀液体的常用方法之外，还有一些在生物化学实验中不常用的方法，如倒转法、磁力搅拌器法等。

五、过滤

通过溶液过滤，可以收集滤液、去除杂质、收集沉淀和洗涤沉淀。过滤分为常压过滤和减压过滤两类：①常压过滤就是不另外加任何压力，滤液在自然条件下通过介质进行过滤的一种方法，适用于滤液黏度小、沉淀颗粒粗、过滤速度快的样品，过滤介质可选用孔隙较大的滤纸、脱脂棉和纱布等；②减压过滤是在介质下面抽气减压、提高过滤速度的方法。适用于滤液黏度较大、滤液为胶体溶液、沉淀颗粒小、过滤速度慢的样品，常用布氏漏斗或玻璃砂芯漏斗进行实验。

在生物化学实验中，如需要收集滤液应选用干滤纸，不应将滤纸先浸湿，因为湿滤纸会影响滤液的浓度。滤纸过滤一般采用平折法（即两次对折法）并且使滤纸上缘与漏斗壁完全吻合，不留缝隙。向漏斗内加入液体时要用玻璃棒导流，且不能倒入太快，勿使液面超过滤纸上缘。

第二节　计量仪器的选择与使用

一、液体的量取

计量仪器的选择应根据量取液体的体积大小而定，同时要考虑量取的准确度（表 3－1）。

表 3－1　计量仪器的选择标准

计量仪器	最佳量程	准确度
滴管	30μL～2mL	低
量筒	5～2 000mL	中等
容量瓶	5～2 000mL	高
滴定管	1～25mL	高
吸量管	0.5～10mL	高
移液器	0.2μL～10mL	高
微量注射器	0.5～100μL	高
锥形瓶/烧杯	25～5 000mL	较低

（一）滴管

正确使用滴管的方法：保持滴管垂直，以中指和无名指夹住管柱，拇指和食指轻轻挤压胶头使液体逐滴滴下。

使用滴管吸取有毒溶液时要小心，松开胶头之前一定要将管尖移离溶液，吸入的空气可防止液体溢散。为了避免交叉污染，不要将溶液吸入胶头或将滴管横放，使用一次性塑料滴管安全性好，可避免污染。

（二）量筒、量杯

量筒呈圆柱形，分有嘴和无嘴具塞两种。量杯呈圆锥形，带倾液嘴。量筒和量杯常用于量取体积要求不太精确的液体，其容量允许误差大致与其最小分度值相当。量筒的精确度高于量杯，规格有 5mL，10mL，25mL，50mL，100mL，250mL，500mL，1 000mL，2 000mL 等数种。

用量筒或量杯取溶液体积时，试剂瓶靠在量筒口上，溶液沿筒壁缓缓倒入至所需刻度后，逐渐竖起瓶子，以免液滴沿瓶子外壁流下。反之，从量筒或量杯中倒出液体时亦如上述操作。

（三）容量瓶

容量瓶简称量瓶，为平底圆球状长颈瓶，瓶颈上刻有一环线刻度表示容量，具磨口瓶塞，属较精确的容量量器，常用于制备一定体积的标准溶液和定容实验。量瓶颜色分棕色和无色透明两种，前者用于制备需避光的溶液，其规格有 5mL，10mL，25mL，50mL，100mL，150mL，200mL，250mL，500mL，1 000mL，2 000mL 等数种。

使用量瓶配制溶液时，一般先将固(液)体物质在洁净的小烧杯中用少量溶剂溶解，然后将溶液沿玻璃棒转移到量瓶中，烧杯用少量溶剂冲洗 2～3 次，一并倒入量瓶中，再一边加溶剂并不时摇动量瓶使溶液均匀稀释。这样可避免混合后体积发生变化。当稀释至液面接近标线时，应等待 30s～1min，待附着在量瓶颈上部内壁的液体流下、同时液面气泡消失后，再小心逐滴加入溶剂至液面的弯月面最低点恰好与标线相切。最后将量瓶反复倒转摇动，至溶液充分混匀即可。

注意：量瓶与其磨口玻璃塞是密闭配套的，玻璃塞不能混用，以防量瓶倒转混匀时液体流出。玻璃量瓶不能用于储存强碱溶液(强碱溶液能严重腐蚀玻璃)。洗净后的量瓶不能用直接火烤或在烘箱中高温烘烤的办法使其干燥，否则玻璃因受高热会致其容积发生改变。

(四)滴定管

在生物化学实验中滴定管常用来量取不固定量的溶液或用于定量分析。把滴定管垂直固定在铁架台上，不要夹得太紧。首先关闭活塞，用漏斗向管腔中加入溶液。打开活塞，让溶液充满活塞下方的空间后关闭活塞，读取液体弯月面的刻度，记在记录本上。打开活塞，收集适量溶液，然后读取溶液弯月面的刻度，两次读数之差即为分配的溶液体积。

(五)吸量管

吸量管是生物化学实验中最常用的器皿之一，吸量管的正确选择和使用对于实验的成功和测定的准确性至关重要。

1. 吸量管的分类

常用的吸量管可以分为 3 类：奥氏吸量管、移液管和刻度吸量管(图 3－1)。

奥氏吸量管供准确量取 0.5mL，1.0mL，2.0mL，3.0mL 的液体所用。此种吸量管只有 1 个刻度，不能用于准确量取其他体积的溶液。当挤出所量取的液体时，管尖的残留液体必须吹入容器内。

移液管常用于量取 1.0mL，2.0mL，5.0mL，10.0mL，25.0mL，50.0mL 的液体，这种吸量管也只有一个刻度。放液时，量取的液体自然流出后，管尖需要在容器内壁停留 15s。注意管尖的残留液体不要吹出。

刻度吸量管是最常用的吸量工具，一般供量取 10.0mL以内任意体积的液体。刻度可包括或不包括管尖残留液体。在吸量管的上端标有“吹”字的吸量管为“吹出式”，将所量液体全部放出后，还需要吹出管尖的残留液体。未标有“吹”字的吸量管，则不需要吹出管尖的残留液体。

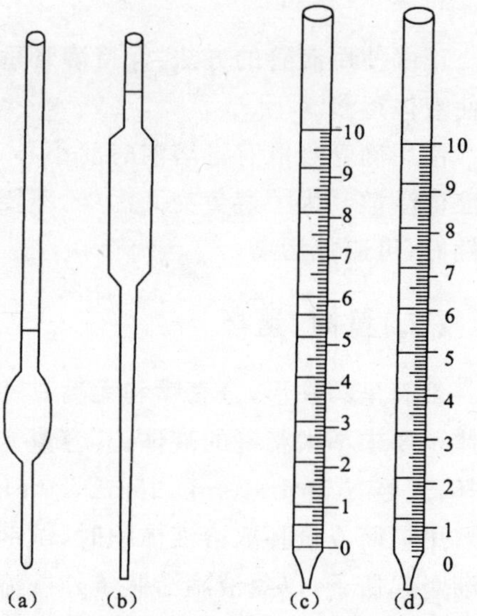

(a)奥式吸量管；(b)移液管；(c)、(d)刻度吸量管

图 3－1　3 种类型吸量管

2. 吸量管的选用原则与方法

(1)吸量管的选用原则。量取整数量液体且取量要求准确时,应尽可能选用奥氏吸量管。量取大体积液体时可用移液管。量取非整数体积液体时,应选用取液量最接近的刻度吸量管。例如量取 0.15mL 的液体,应选用 0.2mL 的刻度吸量管,而不应选用 2.0mL 或 5.0mL 等刻度吸量管。

(2)吸量管的使用方法。食指按在吸量管顶端,其他手指拿稳吸量管;用吸耳球吸液体至刻度上,注视液面上升,到达刻度后用食指盖住吸量管上端;吸量管与地面垂直,下口与试剂瓶接触并成一角度,食指控制液体下降至所需刻度,液体凹面与刻度线呈切线; 吸量管移入接收容器,尖端接触容器并成一定角度,吸量管保持垂直,放开食指,使液体自动流出(图 3-2)。

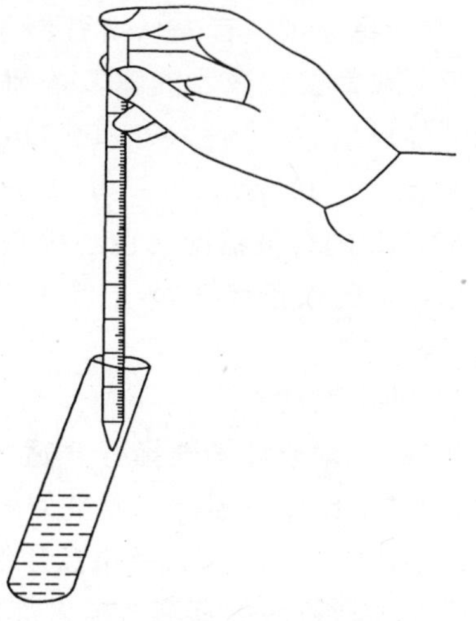

图 3-2 使用吸量管放液的姿式

(六)移液器

1. 常用移液器的分类

常用移液器大致分为以下 3 类:

(1)单通道移液器。根据容量大小可分为微量移液器和大容量移液器,又根据其移液量是否可变分为连续式和固定式。连续可调式微量移液器的规格有:0.2～2μL,1～10μL,2～20μL,10～100μL,20～200μL,100～1 000μL 等规格,另有 1～5mL,1～10mL 等大容量移液器。微量移液器是分子生物学最常用的移液器,具体结构如图 3-3。

(2)多通道移液器。规格包括 8,12,24 通道,与单通道移液器一样,有多种容积范围可选择,可同时向 8,12,24 份样品中加入同一试剂,方便快捷。

(3)电动移液器。电动移液器配有微小马达及充电电池,每次充电后可连续使用几小时,方便省力。其中,微控电动移液器与连续可调式微量移液器规格类似,但价格昂贵;而大容量电动移液器有一个标准吸口,可配任何市售标准刻度吸管,4s 内充满 25mL 体积,且可单手使用,操作简便快捷,主要用于细胞培养。

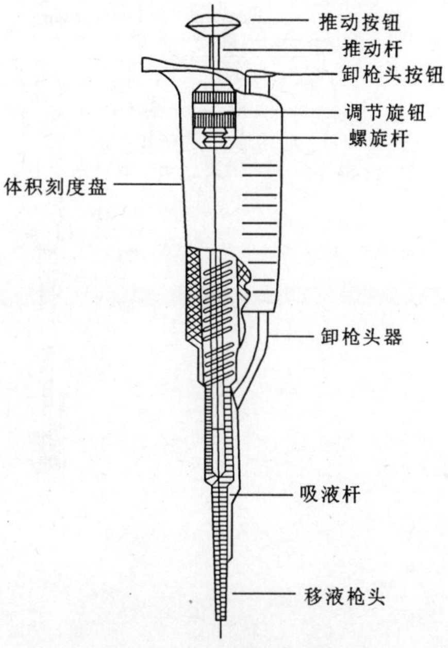

图 3-3 移液器的结构

2. 连续可调式微量移液器的使用

(1)基本原理。移液器(有的称“移液枪”、“取液器”)是一种取样量连续可调的精密取液仪器,其基本原理是依靠活塞的上下移动。其活塞移动的距离由调节轮控制螺杆机构来实现,通过推动按钮带动推杆使活塞向下移动并排除活塞腔内的气体。松手后，活塞在复位弹簧的作用下使其复位，从而完成一次吸液过程。

(2)选择原则。首先认清各微量移液器的最大容量，其容量标识一般都在移液器的弹簧按钮上。不同规格的移液器配不同的加样枪头，一般 100～1 000μL 的移液器配蓝色大枪头，2～20μL，10～100μL，20～200μL 的配黄色中枪头，0.2～2μL 和 1～10μL 的移液器配白色小枪头。根据所需量取的液体体积选用合适的微量移液器，如欲取 5μL 液体，应选用 1～10μL 的移液器。

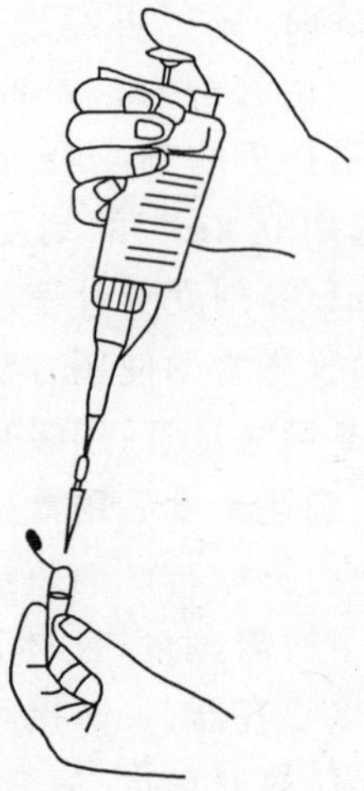

图 3-4　移液器手持姿式

(3)使用方法。

取液：根据取样量选择好合适的移液器后，看清数字标记方式，旋转螺旋调节器调至取量刻度，套上合适的加样枪头；手握移液器(图 3-4)，用大拇指按压弹簧按钮至第一着力点，然后将带有加样枪头的移液器插入液体中，注意液体平面不应超出加样枪头的上缘，轻放大拇指至弹簧按钮完全松弛，枪头内所含液体即为所需体积。

放液：移液器移入准备接受溶液的容器中，用大拇指按压弹簧按钮至第二着力点，需要时可使枪头尖端轻靠管壁，待液体完全进入容器，将加样器向上提至加样枪头离开液面，然后松开拇指(图 3-5)。

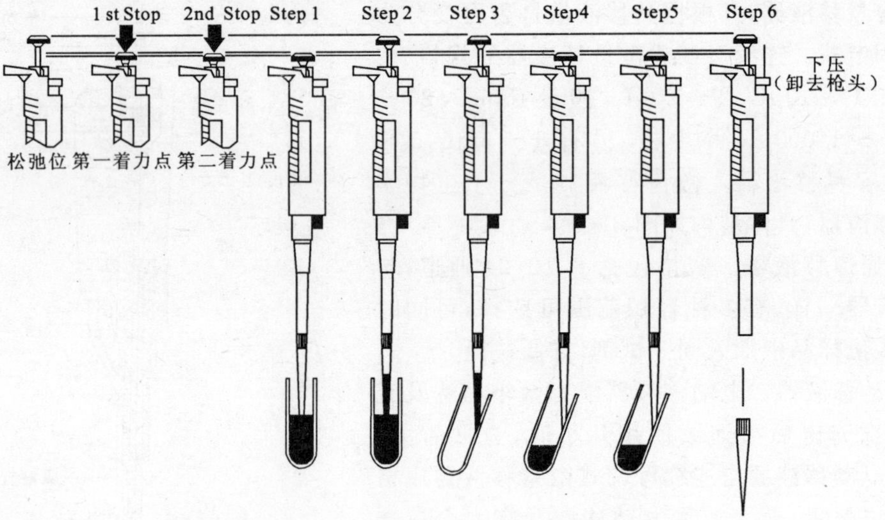

图 3-5　移液器的操作步骤

3. 连续可调式微量移液器使用注意事项

(1)看清连续可调式微量移液器的最大容量，旋钮螺旋调节器时，不要用力过大，调节取量刻度时不能超出或低于微量移液器的限定容量。当螺旋调节器旋转不动时千万不要强行旋转。

(2)调节容量刻度时，眼睛要正面对着刻度框，将数字调至刻度框的正中间(图 3-6)。

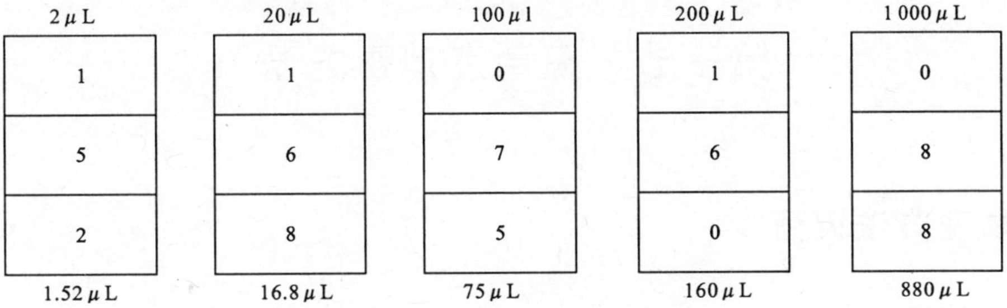

图 3-6　移液器体积容量数据读数示例

(3)微量移液器的弹簧按钮被下压时，有两档着力点。取液时，按第一着力点；放液时，按至第二着力点。

(4)取液时，先应看清液面高度。不要让液体漫过加样枪头，造成移液器污染。

(5)取液和放液时，尽量着力一致，不要过快。尤其取液时过快会出现气泡，影响液体体积。实验结束后，将移液器的刻度调至最大容量刻度，使移液器弹簧处于松弛状态，可延长使用寿命。

(七)微量注射器

使用微量注射器时应把针头插入溶液，缓慢拉动活塞至所需刻度处。检查注射器有无吸入气泡。排出液体时要缓慢，最后将针尖靠在容器壁上，移去末端黏附的液体。微量注射器在使用前和使用后应在醇溶剂中反复推拉活塞，进行清洗。

二、液体的盛放和储存

1. 试管

试管常用于颜色实验、小量反应、装培养基等。试管可经加热灭菌，用试管帽或棉塞密封。

2. 烧杯

烧杯常作一般用途，如加热溶液、配制试剂等。烧杯壁上常有体积刻度，但不准确，只能用于粗略估计。

3. 锥形瓶

用于储存溶液，其底部较宽，稳定性好，瓶口较小，减少蒸发，易于密封。有的锥形瓶侧壁上也有体积刻度，但不准确。

4. 试剂瓶

具有螺口盖或圆形玻璃塞，可防止溶液蒸发和污染。可用于储存配制好的溶液，必须在瓶壁上贴上标签，标明试剂的浓度、名称、配制的时间等信息。为了防止试剂降解，溶液应存放在冰箱中，但使用前要恢复到室温。

第三节 灭菌及消毒方法

一、物理方法灭菌

(一)火焰灭菌

将微生物接种工具等在酒精灯火焰上灼烧以达到灭菌的目的。如接种工具中的接种环、接种针及其他金属用具就可以直接在酒精灯火焰上灼烧灭菌。此外,在接种时,也必须把试管口、锥形瓶口、培养皿等放在酒精灯火焰外侧灼烧以达到无菌操作的目的。

(二)干热灭菌

干热灭菌是用干燥热空气杀灭微生物的方法。把待灭菌的物品包好后放入干燥箱中,在160～170℃的温度下加热1～2h。干热灭菌常用于空玻璃器皿和金属器具灭菌操作中。

1. 具体步骤

(1)包扎。玻璃器皿在灭菌前要正确地包扎和加塞,以保证灭菌后不被外界杂菌污染。

(2)装箱。将包扎好的器具放入干燥箱中,注意不要摆放得太密,要保持空气流通。

(3)灭菌。接通电源,打开排气阀,待温度升高到80～100℃后关闭排气阀,等温度升到160～170℃时开始计时保持1～2h。

(4)灭菌结束。断开电源,使温度降至50～60℃,再打开灭菌箱门,取出物品备用。

2. 注意事项

(1)灭菌的玻璃器皿内不能有水,如果有水,在干热灭菌时容易炸裂。

(2)灭菌物品不能放得太多、太挤,以免受热不均匀,使得灭菌不充分。

(3)灭菌物品不能直接放在底板上。

(4)灭菌温度以160～170℃为宜,温度太高,棉花和报纸会烧焦。

(5)灭菌结束等到灭菌箱的温度降到60℃以下后,才可以打开灭菌箱。

(三)湿热灭菌

湿热灭菌是利用热蒸汽灭菌,水蒸气的穿透力比热空气强,因此,其灭菌效果较好。

1. 常压蒸汽灭菌

(1)巴氏消毒。把液体放在较低的温度下消毒,既可以杀死液体中致病菌的繁殖体,又不会破坏液体中的成分,一般在60～85℃下处理15～30min,常用于牛奶、啤酒等食品的灭菌。

(2)煮沸消毒法。许多器械,如手术刀、剪刀和镊子等可直接在水中煮沸消毒,将水煮沸15～30min即可杀死细菌的营养体,而要杀死芽孢则须煮1～2h。

(3)蒸汽持续灭菌法。在较大的蒸锅中进行,从蒸汽大量产生时加大火力保证有充足的蒸汽,待温度达到100℃后计时持续加热3～6h,能够杀死绝大部分的芽孢和全部营养体。

(4)间歇灭菌法。常用于不耐热的培养基的灭菌,培养基在100℃下蒸煮30～60min可以杀死微生物的营养体。

2. 高压蒸汽灭菌

高压蒸汽灭菌是将待灭菌的物品放在盛有水且密闭的高压蒸汽灭菌锅中，打开排气阀，将锅内的水煮沸，待锅中原有的冷空气彻底除尽后，关闭排气阀，再继续加热使锅内的蒸汽压上升，从而温度也会跟着上升，当蒸汽压达到 103.4kPa 时，水蒸气的温度上升到 121℃，经过 25～30min 的加热过程就可以起到很好的灭菌效果。高压蒸汽灭菌锅有立式、卧式及手提式等不同类型。

二、化学方法灭菌

一些化学试剂及药物可以抑制微生物的代谢活动及其菌体结构，从而起到抑菌和杀菌的作用。按对微生物的作用性质可以把化学试剂分为杀菌剂和抑菌剂。杀菌剂是指能破坏微生物代谢机能并具有致死作用的化学试剂，主要用于抑制和杀灭物体表面、器械、排泄物等周围环境中的微生物，常用的试剂有升汞、高锰酸钾、乙醇、碘酒、过氧乙酸等。抑菌剂并不能破坏微生物的原生质，只能抑制新细胞物质的合成，使得微生物不能繁殖，如磺胺类及抗生素等。

三、过滤除菌

将液体通过某种微孔的材料(膜滤器)，使得微生物和液体分开。膜滤器采用微孔滤膜做材料，通常由硝酸纤维素制成。当液体通过膜滤器时，大于滤膜孔径的微生物不能穿过滤膜而被阻挡在膜上。这种方法主要用于对热敏感的液体，如含有酶或维生素的溶液。

四、紫外杀菌

波长为 260nm 左右的紫外线能被核酸和蛋白质吸收，从而使这些分子变性失活。由于紫外线穿透力很差，不能穿透衣服、纸张和玻璃等物质，但可以穿透空气，因而可用作物体表面和室内的杀菌处理。紫外灯是人工制造的低压水银灯，能辐射出波长为 253.7nm 的紫外线，常在一般实验室、超净工作台、接种箱及接种室用来杀菌。

第四章　生物化学实验室的基本设施与装备

第一节　基本设施

一、温度与环境设施

许多生物化学实验都要求在一定温度和湿度下进行，因此，一个标准的生物化学实验室必须能够保持恒温、恒湿的环境。为了保持这些条件，实验室应装备空调和加湿器等，而仪器分析室则要求保持干燥，一些怕潮湿和易水解的试剂应保存在干燥器中。由于各种生物材料、制剂和各种生物化学试剂要求在不同的温度下保存，实验室必须备有 4℃，－20℃，－80℃的冰箱，需要在更低温度下保存的样品则需使用液氮罐。对于需在较高温度下进行的操作，则可使用烘箱和电炉等。

二、生物培养设施

生物培养是生物化学实验必不可少的技术方法。生物材料的培养有微生物培养、植物细胞与组织培养、动物细胞与动物培养等。不同的培养，其对设施的要求也有所不同。

微生物培养：需要恒温恒湿培养箱、振荡培养箱（有气浴和水浴式）、发酵罐、小型生物反应器等。

植物细胞与组织培养：需要恒温恒湿光照培养箱、振荡培养箱和植物温室等。

动物细胞与动物培养：需要二氧化碳培养箱、电热恒温培养箱和动物饲养房等。

三、暗室

在生物化学实验研究中，必须有一间装备完整的暗室，能对各种照相乳胶和感光材料进行处理，如各种电泳凝胶的照相冲洗及进行核酸与荧光物质（溴化乙锭）结合后在紫外线照射下对电泳结果的观察操作等。暗室中应装备照相装置和紫外投射仪等。

第二节　主要装备

一、消毒设备

生物化学实验要进行生物培养和生物反应的操作，这些操作都必须排除其他生物因素的干扰，因此在做这些实验之前，必须对实验中用到的、可能造成污染的材料、器械等进行消毒灭菌处理。常用的灭菌方法有高温高压灭菌、紫外线照射、火焰灼烧、过滤除菌、酒精灯试剂浸泡消毒等，因此，实验室必须配备各种无菌处理设备。

二、实验室纯水设备

生物化学实验室使用最多的溶剂是水，配制生物化学实验用的试剂需要用经过纯化的水。生物化学实验对所用水的纯度要求比较高，通常可以认为，水的质量越高，实验的结果就越真实可靠和准确，为此必须保证实验用水的质量。

生物化学实验中常用的两种纯水是无离子水和二次蒸馏水。制备无离子水，通常使用聚苯乙烯磺酸型强酸性阳离子交换树脂和聚苯乙烯季胺型强碱性阴离子交换树脂填充的阳离子和阴离子交换柱，或是阴、阳离子交换树脂的比例为 2∶1 的混合柱。实验室中制备二次蒸馏水多采用石英管加热的硬质玻璃蒸馏水器，蒸馏时不能用自来水，因为会产生水垢，最好用无离子水作为水源。

三、计量仪器与设备

生物化学实验要求在各种标准的定量条件下进行，因此，实验室必须配备各种标准的定量仪器与设备。常用的有：称量设备、液体体积度量仪器、pH 测定设备、液体溶质定量仪器等。

(1)称量设备：最常用的是各种 1/1000 的扭力电子天平和各种 1/10000 的电子天平等，它们分别用于各种缓冲液的配制和标准物质的称量等。

(2)液体体积度量仪器：常用的有各种量筒、移液管、容量瓶、移液器等。

(3)酸碱度 pH 测定设备：常用的是 pH 计。

(4)液体溶质定量仪器：常用的有可见光分光光度计、紫外可见分光光度计等。

四、电泳装置

电泳是生物化学实验中最常用的实验技术之一，主要用于生物分子的分析与鉴定，也可用于制备。电泳装置由电泳仪和电泳槽两部分组成(详见第七章)。

五、离心设备

离心方法是分离和制备生物大分子最常用的手段，因而生物化学实验室必须备有各种类型的离心机。常用的有普通台式低速离心机、台式高速离心机、台式高速冷冻离心机和超速离心机等(详见第九章)。

六、层析设备

层析又称为色谱，是分离各种生物大分子的主要技术之一，因此，各种层析系统和核酸蛋白检测器就是生物化学实验室常用的仪器设备。主要层析技术有：吸附层析、凝胶排阻层析、离子交换层析和亲和层析等（详见第八章）。

七、PCR 仪

PCR（polymerase chain reaction）是指聚合酶链式反应。该反应是用 DNA 聚合酶在体外大量扩增 DNA 片段的一种方法。PCR 仪就是将此方法实现自动化操作的一种仪器，是生化与分子生物学实验常用和必备的设备。

八、其他设备

实验室除以上常规设备和设施外，还必须装备下列设备。

（1）通风橱：用于有害和有毒气体实验的操作。

（2）微波炉：用于化冻、制备凝胶及试剂配制时需加热助溶的操作。

（3）组织打碎机和匀浆器：用于各种生物材料、动植物组织和细胞的破碎。

（4）超声清洗机：用于各种器皿、移液管和移液器枪头的清洗等。

（5）制冰机：为需低温操作的实验提供碎冰块。

（6）冰冻干燥机：用于生物大分子水溶液的冰冻干燥，使其由水溶液制得固体干粉。

（7）真空泵：用于各种真空抽气操作。

总体来看，生物化学实验室所需装备的各种仪器设备和设施是多种多样的，需要每一位操作者在实验过程中都必须重视对这些仪器设备的维护和保养。能否正确熟练地使用上述这些仪器设备，在很大程度上将决定一个实验的成败。

第五章 生物大分子制备技术

生物大分子主要是指动物、植物和微生物在进行新陈代谢时所产生的蛋白质、糖类、脂类、酶(本质是蛋白质)、核酸等化合物的总称。

第一节 生物大分子制备的前处理

一、材料的选择

制备生物大分子,要选择合适的生物材料并符合实验预定的目标要求。选择材料时要考虑植物的季节性、地理位置和生长环境等。选动物材料要注意其年龄、性别、营养状况、遗传和生理状态等。选微生物材料要注意菌种的代数与培养基成分等之间的差异。

材料选定后要尽可能保持新鲜,尽快加工处理。动物组织要先除去结缔组织、脂肪等非活性部位,绞碎后在适当的溶剂中提取。如果所研究的成分在细胞内,就必须先破碎细胞;植物种子需要去壳、除脂;微生物材料要及时将菌体与发酵液分开;生物材料如暂不提取,应冰冻保存。

二、细胞的破碎

对于生物组织或细胞内的各种生物大分子的分离纯化,都需要先将细胞和组织破碎,使生物大分子充分释放到溶液中,并不丢失生物活性。不同的生物体或同一生物体的不同部位的组织,其细胞破碎的难易不一,使用的方法也不相同。具体的方法有如下几种。

1. 机械法

(1)研磨:利用研钵、石磨、球磨、珠磨机等研磨器剪切力将组织细胞破碎。加入少量石英砂研磨或匀浆,可将动物细胞破碎。细菌和植物组织细胞的破碎也可用此法。

(2)组织捣碎器:利用捣碎机高速旋转叶片产生的剪切力将组织细胞破碎。一般用于动物内脏组织、植物肉质种子、柔嫩的叶芽等组织细胞的破碎。通常可先用家用食品加工机将组织打碎,然后再用 $1.0\times10^4\sim2.0\times10^4$ r/min 的内刀式组织捣碎机将组织的细胞打碎。

(3)匀浆破碎法:利用匀浆器所产生的剪切力将组织细胞破碎。匀浆器的细胞破碎程度比组织捣碎机高,而其剪切力对生物大分子的破坏较少。

2. 物理法

(1)反复冻融法:将待破碎的细胞冷至$-20\sim-15$℃,然后放于室温迅速融化,如此反复冻融多次,由于细胞内形成的冰粒使剩余胞液的盐浓度增高而引起细胞溶胀破碎。

(2)超声波处理法:此法是借助超声波的振动力破碎细胞壁和细胞器。在破碎微生物细菌和酵母菌时,时间要长一些,处理的效果与样品的浓度和使用的频率有关。

(3)高压匀浆法:这是一种温和的、彻底破碎细胞的方法。在 $1\times10^8\sim2.0\times10^8$ Pa 的高压下使几十毫升的细胞悬浮液通过一个小孔突然释放至常压,细胞将彻底破碎。

(4)冷热交替法:从细菌或病毒中提取蛋白质和核酸时可用此法。在 90℃左右维持数分钟,立即放入冰浴中使之冷却,如此反复多次,绝大部分细胞可以被破碎。

3. 化学与生物化学方法

(1)自溶法:将新鲜的生物材料存放于一定的 pH 值和适当的温度下,细胞结构在自身所具有的各种水解酶的作用下发生溶解,使细胞内含物释放出来。

(2)溶胀法:细胞膜为天然的半透膜,在低渗溶液和低浓度的稀盐溶液中,由于存在渗透压差,溶剂分子大量进入细胞,将细胞膜胀破释放出细胞内含物。

(3)酶解法:利用各种水解酶,如溶菌酶、纤维素酶等,于 37℃、pH 值为 8 的条件下,处理 15min,可以专一性地将细胞壁分解,释放出细胞内含物,此法适用于多种微生物。可以与研磨法联合使用。

(4)有机溶剂处理法:利用氯仿、甲苯、丙酮等脂溶性溶剂或 SDS(十二烷基硫酸钠)等表面活性剂处理细胞,可将细胞膜溶解,从而使细胞壁破裂。

4. 细胞破碎的确认

要知道所用的细胞破碎方法是否有效以及细胞破碎的程度如何,可通过测定破碎率的方法检验。

(1)直接测定破碎前后的细胞数。利用适当的方法,直接计数破碎前后完整细胞的量,即可测定破碎率。破碎前的细胞可利用显微镜或电子微粒计数器直接计数。破碎后,由于破碎过程中所释放的物质,如 DNA 和其他聚合物组分会干扰计数,此时可采用染色法把破碎细胞与完整细胞区分开来。

(2)测定导电率。这是一种利用细胞破碎前后导电率的变化来测定破碎程度的快速方法。导电率的变化是由于细胞破碎后,大量带电荷的内含物被释放到水相,使导电率上升。导电率随着破碎率的增加而呈线性增加。因为导电率的大小取决于细胞种类、处理条件、细胞浓度、温度和悬浮液中原电解质的含量等因素,所以在正式测定前应预先采用其他方法制定标准曲线。

(3)测定释放的蛋白质量或酶活力。细胞破碎后,通过测定破碎液中细胞内蛋白质或目的酶的释放量,可以估算破碎率。通常将破碎后的细胞悬浮液用离心法分离细胞碎片,测定上清液中的蛋白质的含量或目的酶的活力,并与 100%破碎率所获得的标准数值比较,计算破碎率。

第二节　生物大分子的分离纯化

一、生物大分子的提取

生物大分子的提取是在分离纯化之前将经过预处理或破碎的细胞置于溶剂中,使被分离的生物大分子充分地释放到溶剂中,并尽可能保持原来的天然状态、不破坏生物活性的过程。

1. 水溶液提取

蛋白质和酶的提取一般以水溶液为主。稀盐溶液和缓冲液对蛋白质的稳定性好，溶解度大，是提取蛋白质和酶最常用的溶剂。用水溶液提取生物大分子应注意以下几个因素：

(1)盐浓度(即离子强度)。离子强度对生物大分子的溶解度有极大的影响，绝大多数蛋白质和酶在低离子强度的溶液中都有较大的溶解度，如在纯水中加入少量中性盐，蛋白质的溶解度比在纯水时大大增加，称为“盐溶”现象。但中性盐的浓度增加至一定时，蛋白质的溶解度又逐渐下降，直至沉淀析出，称为“盐析”现象。

(2)pH 值。蛋白质、酶与核酸的溶解度和稳定性与 pH 值有关，一般将 pH 值控制在 6～8 的范围内。

(3)温度。为防止变性和降解，在提取和制备具有活性的蛋白质和酶时一般在 0～5℃ 的低温下操作。

(4)防止蛋白酶或核酸酶的降解作用。采用加入抑制剂或调节提取液的 pH 值、离子强度或极性等方法使这些水解酶失去活性，防止它们对提取的蛋白质、酶及核酸的降解作用。

(5)搅拌与氧化。一般采用温和搅拌，在提取液中加入少量巯基乙醇等试剂来防止巯基氧化。

2. 有机溶剂提取

一些与脂类结合比较牢固或分子中非极性侧链较多的蛋白质和酶难溶于水、稀盐、稀酸或稀碱中，常用不同比例的有机溶剂提取。常用的有机溶剂有乙醇、丙酮、异丙醇和正丁醇等。有些蛋白质和酶既溶于稀酸、稀碱，又能溶于含有一定比例的有机溶剂的水溶液中，在这种情况下，采用稀的有机溶液提取可以防止水解酶的破坏，并兼有除去杂质、提高纯化效果的作用。

二、生物大分子分离纯化的方法

常用的分离纯化生物大分子的方法和技术有：沉淀法、离心、吸附层析、凝胶过滤层析、离子交换层析、亲和层析、快速制备型液相色谱以及等电聚焦制备电泳等。

1. 沉淀法

沉淀是溶液中的溶质由液相变成固相析出的过程。通过沉淀，将待分离的生物大分子转入固相沉淀或留在液相，而与杂质得到初步的分离。在生物大分子制备中最常用的沉淀方法如下：

(1)中性盐沉淀(盐析法)。在溶液中加入中性盐使生物大分子沉淀析出的过程称为“盐析”，多用于各种蛋白质和酶的分离纯化。

(2)有机溶剂沉淀。此种方法通过向提取溶液中加入有机溶剂降低水溶液的介电常数，削弱了溶剂分子与蛋白质分子间的相互作用力，增加了蛋白质分子间的相互作用，导致蛋白质溶解度降低而沉淀。多用于蛋白质、酶、多糖及核酸等生物分子的分离纯化。

(3)选择性沉淀(热变性沉淀和酸碱变性沉淀)。这一方法是利用蛋白质、酶与核酸等生物大分子与非目的生物分子在物理化学性质等方面的差异，选择一定的条件使杂蛋白等变性沉淀而得到分离提纯，常用的有热变性、酸碱变性等。

(4)等电点沉淀。是利用具有不同等电点的两性电解质，在达到电中性时溶解度最低，容易沉淀，从而实现分离的方法。主要用于氨基酸、蛋白质及其他两性物质的沉淀。

(5)有机聚合物沉淀。是发展较快的一种新方法，主要使用聚乙二醇(polyethyene glycol,

PEG)作为沉淀剂。

2. 透析

透析现已成为生物化学实验室最常用、最简便的分离纯化技术之一。在生物大分子的制备过程中,除盐、除少量有机溶剂、除生物小分子杂质和浓缩样品等都要用到透析技术。透析只需要使用专用的半透膜即可完成。通常是将半透膜制成袋状,将生物大分子样品溶液置入袋内,将此透析袋浸入水或缓冲液中,样品溶液中相对分子质量较大的生物分子被截留在袋内,而盐和小分子物质不断扩散到袋外,直到袋内外两边的浓度达到平衡为止。保留在透析袋内未被透析出的样品溶液称为"保留液",袋外的溶液称为"渗出液"或"透析液"。

检查透析效果的方法是:用 1% $BaCl_2$ 检查 $(NH_4)_2SO_4$,用 1% $AgNO_3$ 检查 NaCl 和 KCl 等。

3. 超滤

超滤是一种重要的生物化学实验技术,广泛用于含有各种小分子溶质的各种生物大分子(蛋白质、酶与核酸等)的浓缩、分离和纯化。超滤是一种加压膜分离技术,即在一定的压力下,使小分子溶质和溶剂穿过一定孔径的特制的薄膜,而使大分子溶质不能透过,留在膜的一边,从而使大分子物质得到部分纯化。主要用于生物大分子的脱盐、脱水和浓缩等。

4. 冰冻干燥

冰冻干燥机是生物化学实验室必备的仪器之一,因为大多数生物大分子分离纯化后的最终产品多数是水溶液,要从水溶液中得到固体产品,最好的方法就是冰冻干燥,因为生物大分子容易失活,一般不能使用加热蒸发浓缩的方法。

冰冻干燥是先将生物大分子的水溶液冰冻,然后在低温和高真空下使冰升华,留下固体干粉。可用于蛋白质、酶、核酸、抗菌素和激素等的分离纯化。

5. 样品的保存

正确保存生物大分子提取物极为重要,一旦保存不当,样品就会失活、变性,使前期的提取纯化工作前功尽弃。生物大分子提取物一般要在低温、避光、合适的缓冲液等条件下保存,同时要写明保存日期,要注意样品保存的有效期。

6. 分离纯化方法的选择

生物大分子能否高效率地制备成功,关键在于分离纯化方案的正确选择和各个分离纯化方法实验条件的探索。制备生物大分子的方法大致可以分为如下几种:

(1)以分子大小和形态的差异为依据的方法,如差速离心、区带离心、超滤、透析和凝胶过滤等。

(2)以溶解度的差异为依据的方法,如盐析、萃取、分配层析、选择性沉淀和结晶等。

(3)以电荷差异为依据的方法,如电泳、电渗析、等电点沉淀、吸附层析和离子交换层析等。

(4)以生物学功能专一性为依据的方法,如亲和层析等。

第二部分

生物化学实验原理与技术

第六章　分光光度技术

物质对不同波长的光波具有选择性吸收的特性，分光光度法就是基于物质的这种特性而建立的分析方法。物质的吸收光谱与其本身的分子结构有关，不同物质由于其分子结构不同，对不同波长光线的吸收能力也不同，因此，每种物质都具有其特异的吸收光谱，在一定条件下，其吸收程度与物质浓度成正比，故可利用各种物质不同的吸收光谱特征及其强度对不同物质进行定性和定量分析。

分光光度法灵敏度高，测定速度快，精确性好，应用范围广，主要利用紫外光、可见光、红外光等测定物质的吸收光谱，其中的紫外/可见分光光度技术已成为生物化学研究工作中必不可少的实验手段之一。

一、基本原理

朗伯-比尔(Lanbert - Beer)定律是比色分析的基本原理，这个定律是有色溶液对单色光的吸收程度与溶液及液层厚度间的定量关系。此定律由朗伯定律和比尔定律归纳而得。

Lanbert 指出，当一定强度的光线(I_0)通过溶液时，如果溶液的浓度一定，则透过光线的强度(I)随吸光溶液的厚度(L)(cm)的增加呈指数减少：

$$I=I_0\times 10^{-\varepsilon L}$$

Beer 指出，当溶液厚度一定时，透过光线的强度随吸收物质的浓度(c)(mol/L，若不知相对分子质量，则为 g/L 或%浓度)的增加呈指数减少：

$$I=I_0\times 10^{-\varepsilon c}$$

在上面两个公式中，ε 为常数，为摩尔吸收系数，它与照射光线的波长和吸收光线物质的性质有关，将两式合并得

$$I=I_0\times 10^{-\varepsilon cL}$$

将上式取对数后得

$$\lg I/I_0=-\varepsilon cL$$

式中：I/I_0为透光度，以 T 表示，通常以百分率表示，也可称为透光率(T/%)。透光度或透光率是表示光线透过情况的量度，其数值小于 1，若用透光度的负对数表示，可得

$$A=-\lg T=\varepsilon cL$$

式中：A 为吸光度(消光度或光密度)，是表示光线被吸收情况的量度，吸光度与被测溶液的浓度 c、溶液的厚度或光程 L 的乘积成正比。此关系即为朗伯-比尔定律。

若遵循朗伯-比尔定律，且 L 为一常数，吸光度对浓度绘图，得一通过原点的直线。

根据朗伯-比尔定律，作出标准物质吸收对浓度的标准曲线，借助于该标准曲线，很容易通过测定其光吸收值得知一未知溶液的浓度。

分光光度法利用朗伯-比尔定律的原理可用于如下几个方面：

(1)通过测定某种物质的吸收或发射光谱来确定该物质的组成。

(2)通过测定不同波长下的吸收来测定物质的相对纯度(在 DNA 的浓度测定中最为常用,测定 A_{260}/A_{280} 值,纯度较好的 DNA 样品的比值为 1.8,样品如混有蛋白质等杂质,此比值将变小)。

(3)通过测量适当波长的信号强度确定某种单独存在或与其他物质混合存在的一种物质的含量。

(4)通过测量某一种底物消失或产物出现的量与时间的关系,追踪反应过程。

(5)通过测定微生物培养体系中的 A 值,可以得到体系中微生物的密度,从而可以对培养体系中微生物的数量进行动态监测。

二、分光光度计的分类和构造

(一)分类

分光光度计一般可根据使用的波长范围分成以下两种:

紫外-可见分光光度计:如国产的 751 型、756 型等。

可见分光光度计:如国产的 721 型(图 6-1)、722 型等。

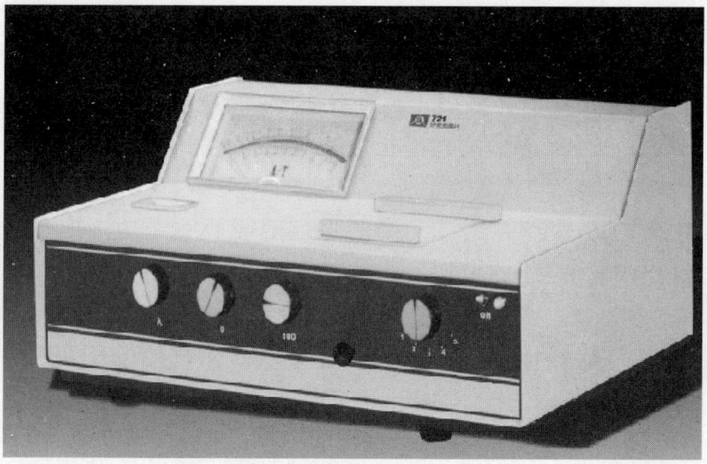

图 6-1 国产 721 型分光光度计

(二)构造

无论哪一种分光光度计基本上都由 5 部分组成(图 6-2):①光源;②单色器;③样品室(吸收池);④检测器;⑤记录仪。

1. 光源

理想光源的条件是:①能提供连续的照射;②光强度足够大;③在整个光谱区内光谱强度不随波长有明显的变化;④光谱范围宽;⑤使用寿命长,价格低。

用于可见光和近红外光区的光源是钨灯,适用波长范围为 320～1 100nm;用于紫外光区的是氘灯,适用波长范围为 195～400nm。

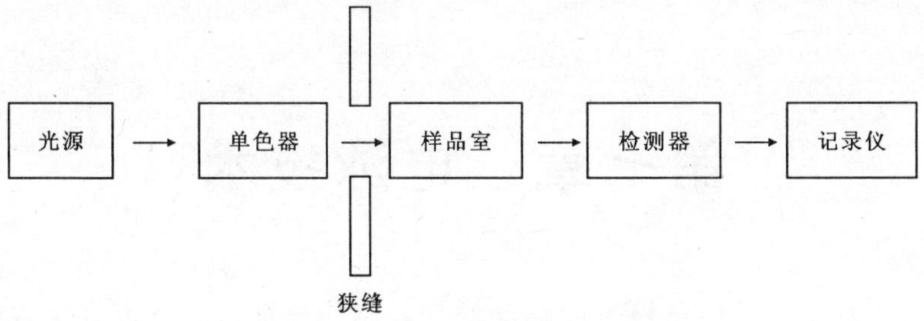

图 6-2　分光光度计构造示意图

2. 单色器

单色器是把来自光源的混合光分解为单色光并能随意改变波长的装置，多用棱镜或光栅作为色散元件，通过此色散系统可根据需要选择一定波长范围的单色光，单色光的波长范围越窄，仪器的敏感性越高，测定的结果就越可靠。

3. 样品室

包括池架、吸收池（比色杯）以及各种可更换的配件。

比色杯有光学玻璃杯和石英玻璃杯两种。光学玻璃杯因为吸收紫外光，因此只能用于可见光，适用波长范围为 400～2 000nm；石英玻璃杯可透过紫外光、可见光和红外光，是最常用的比色杯，使用波长范围为 180～3 000nm。

比色杯上的指纹、油污或壁上的沉积物都会影响其透光性，因此，在使用时要注意以下几点：①不要使比色杯的光学面接触硬物，以免产生划痕；②测定完毕后，不要残留液体于杯内，特别是蛋白质和核酸溶液，将会黏附在杯壁上；③擦拭比色杯时必须用软绸缎布或擦镜纸，以免发生光学面永久性擦伤。

4. 检测器

检测器是一种光电转换设备，把光强度以电讯号显示出来，其电流大小与入射光强度成正比。常用的检测器有光电管、光电倍增管和光电二极管 3 种。

5. 记录仪

现代高性能分光光度计均可以连接微机，有的主机还可使用液晶等荧屏显示的微处理机、自动记录仪和打印绘图仪。

在单色器与样品室之间存在一个狭缝，狭缝是由一对隔板在光通路上形成的缝隙，通过调节缝隙的大小来调节入射单色光的强度，并使入射光形成平行光线，以适应检测器的需要，分光光度计缝隙的大小是可调的。

第七章　电泳技术

带电颗粒在电场中向异性电极方向移动的现象称作电泳。电泳可直接在缓冲溶液中进行，称作自由界面电泳(moving boundary electrophoresis)；也可以在固体支持物上进行，使待测样品组分被分离成移动速度不同的区带，以达到分离或制备的目的，称作区带电泳(zone electrophoresis)。后者为生物化学常用的实验技术。区带电泳有以下几种分类方法。

(1)依电泳支持介质分类

滤纸电泳：在滤纸上进行。

薄膜电泳：在醋酸纤维素薄膜等上进行。

粉末电泳：在淀粉、纤维素粉制成的平板上进行。

凝胶电泳：在琼脂糖、聚丙烯酰胺等凝胶上进行。

(2)依电场强度(E)分类

常压电泳：$E=2\sim10$(V/cm)，分离大分子物质。

高压电泳：$E>20$(V/cm)，分离小分子物质。

(3)依技术特点分类

免疫电泳：电泳与免疫扩散相结合。

双向电泳：同一介质先后在不同体系中进行两个垂直方向的电泳。

(4)以电泳方向分类

垂直电泳：主要分离蛋白质、酶等生物大分子。所使用的电泳设备包括一般垂直电泳槽与垂直圆盘电泳槽，其构件如图 7-1 和图 7-2 所示。

水平电泳：分离核酸类物质。常使用水平电泳槽进行实验，水平电泳槽的具体构件组成见图 7-3。

一、基本原理

一个带电颗粒在电场中所受的力有两种，即电场作用力(F)和流体黏性阻力(f)。电场作用力(F)的大小取决于颗粒所带电荷量(q)和电场强度(E)，即

$$F=qE \tag{1-1}$$

由于电场力的作用，带电颗粒向一定方向泳动。在溶液中运动的颗粒受到的流体黏性阻力(f)与电场力的方向相反。根据斯托克斯(Stokes)理论，球形颗粒的黏性阻力

$$f=6\pi r\eta v \tag{1-2}$$

式中：r 为球形颗粒半径；η 为介质黏度；v 为颗粒泳动速度。

当颗粒运动达到动态平衡时，$F=f$，所以

$$v=qE/6\pi r\eta \tag{1-3}$$

或

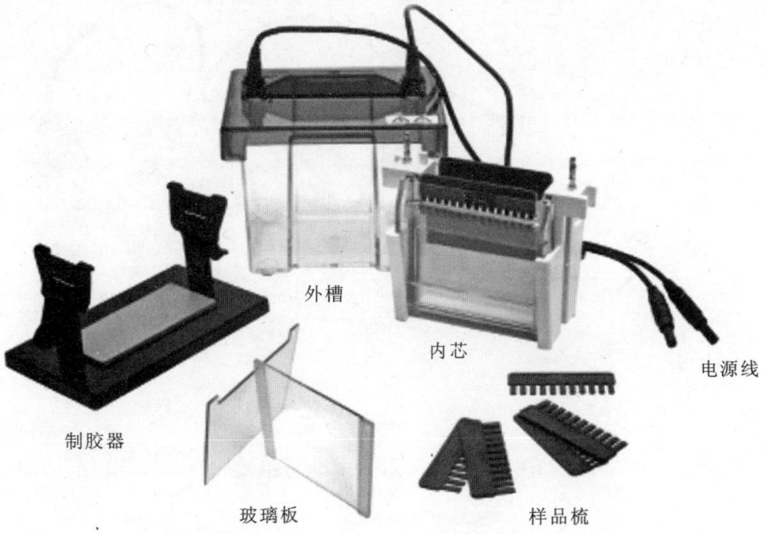

图 7 - 1　一般垂直电泳槽组成

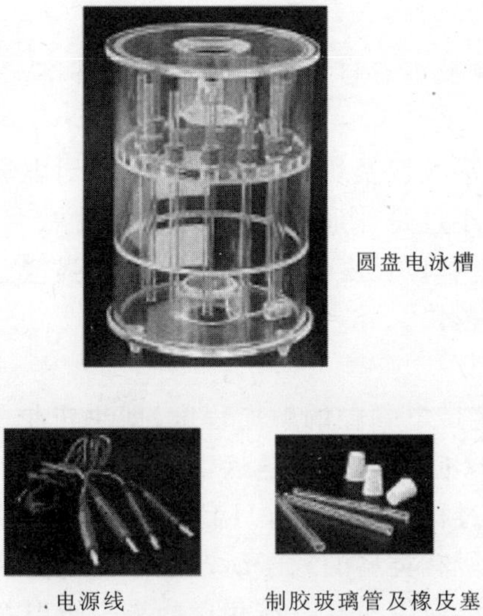

图 7 - 2　垂直圆盘电泳槽组成

$$v = mE \tag{1-4}$$

式中：v 为达到匀速泳动时的电泳速度，简称电泳速度；m 为电泳迁移率，即单位电场强度下的电泳速度。从式(1 - 3)可知，性质不同的带电颗粒的电泳速度是不同的。这就是电泳分离的基本原理。

在具体电泳实验中，速度可用单位时间内移动的距离(d)(cm)来表示，即

$$v = d/t \tag{1-5}$$

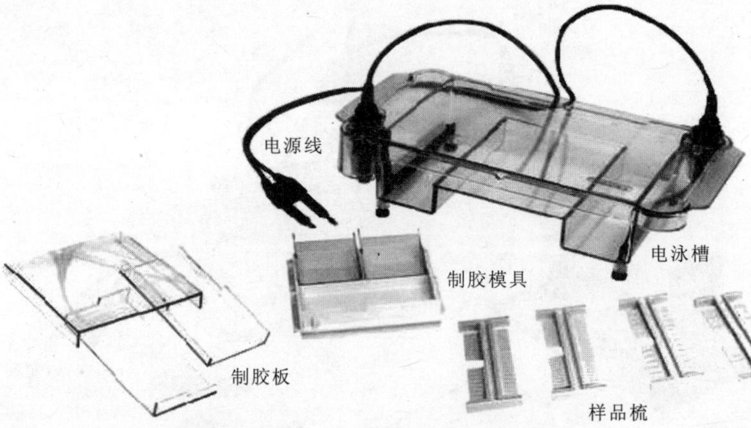

图 7-3　水平电泳槽组成

由于电场强度为

$$E=U/L \tag{1-6}$$

式中:U 为加在两极的电压(V);L 为两电极间的距离(cm)。所以,根据式(1-1)～(1-6),可得颗粒的电泳迁移率为

$$m=dL/Ut \tag{1-7}$$

在一定条件下任何带电颗粒都有自己特定的电泳迁移率。影响电泳迁移率的因素有颗粒性质、电场强度和溶液性质等。

(1)颗粒性质:颗粒大小、形状以及所带静电荷的多少对电泳迁移率影响很大。一般来说,颗粒所带静电荷越多,粒子越小且是球形,则电泳迁移率就越大。

(2)电场强度:电场强度指单位长度的电位降,即电势强度。由式(1-3)可知,电场强度越高,则带电颗粒的电泳速度就越快。

(3)溶液性质:

pH 值:溶液的 pH 值决定带电颗粒的解离程度,即决定带电颗粒所带电荷的多少。对蛋白质和氨基酸而言,溶液的 pH 值离等电点越远,其所带净电荷的量就越大,电泳速度也就越快,反之则越慢。为了使电泳过程中溶液的 pH 值保持恒定,宜选用缓冲溶液。

离子强度:离子强度代表所有类型的离子所产生的静电力,它取决于离子电荷的总数。若离子强度过高,带电离子能把溶液中与其电荷相反的离子吸引在自己周围形成离子扩散层,导致颗粒所带净电荷量减少,电泳速度降低。

溶液黏度:由式(1-3)可知,电泳速度与溶液黏度成反比,因此,黏度越大,则电泳速度就越小。

电渗:因为支持物(如琼脂糖、醋酸纤维膜等)不是绝对的惰性物质,它可吸附溶液中的阳离子或阴离子,从而使靠近支持物的溶液相对带电,引起电场中溶液层的移动,这种现象称为电渗现象。如果颗粒泳动的方向与电渗方向一致,则泳动速度加快;如果颗粒泳动的方向与电渗方向相反,则泳动速度降低。为了避免电渗现象,应尽量选择电渗作用小的支持物。

二、几种常用电泳

1. 纸电泳

纸电泳是用滤纸作为支持物的一种电泳技术。1948 年 Wiselius 等首次将纸电泳用于氨基酸和多肽物质的分离。电泳装置包括电泳槽和电泳仪两部分。最常用的电泳槽是水平电泳槽，包括电极、缓冲液槽、电泳介质以及冷凝槽、透明罩等。电泳仪可提供电源电势，它与电泳槽的两个电极柱相连，在电泳槽两端加上了一个稳定的电场。纸电泳分低压电泳和高压电泳两种，低压电泳的电压一般为 100～600V，高压电泳的电压一般为 500～1 000V。

实验时，将电泳槽洗净、晾干、放平，然后在两个电泳槽中倒入缓冲液，使两液面平衡，将滤纸条一端浸入缓冲液，另一端搭在电泳槽支架上。将滤纸剪成适当尺寸(通常为 2～3cm)搭在滤纸条上，接通电泳仪电源，调节到一定的电压，即可进行电泳。电泳的时间根据样品的性质而定。在做高压电泳时，为防止因温度升高引起样品变性，在电泳过程中要通冷凝水。电泳完毕，关闭电源，在滤纸与溶液界面处划上记号，以便计算滤纸的有效长度。然后将滤纸平铺在玻璃板上，置于 70℃左右的烘箱中烘干。烘干后的滤纸按不同的方法进行显色测定。

2. 醋酸纤维薄膜电泳

采用醋酸纤维薄膜作为支持物的电泳方法(图 7-4)。醋酸纤维薄膜是将纤维素的羟基乙酰化形成纤维素酯，然后将其溶于有机溶剂后涂抹成均匀的薄膜，干燥后就成为醋酸纤维素膜。由于纤维素的羟基被乙酰化，所以它们实际上没有吸附作用，因此，基本上没有拖尾现象产生，可将不同的样品分离成一条明显的细带，分辨率较高。

醋酸纤维薄膜电泳是在纸电泳的基础上发展而来的，与纸电泳相比有以下优点：分离速度快，分离所需的样品少，醋酸纤维薄膜可做成透明膜，可在定量扫描时减少误差，易溶于一定的溶剂中，所以分离后的物质易从膜上洗脱下来。但其缺点是膜不易吸水，随着水分的蒸发，膜逐渐变干，所以在使用时，槽内需被水蒸气所饱和，且电流密度要小。此外，醋酸纤维薄膜在使用前必须用缓冲液预先浸泡。

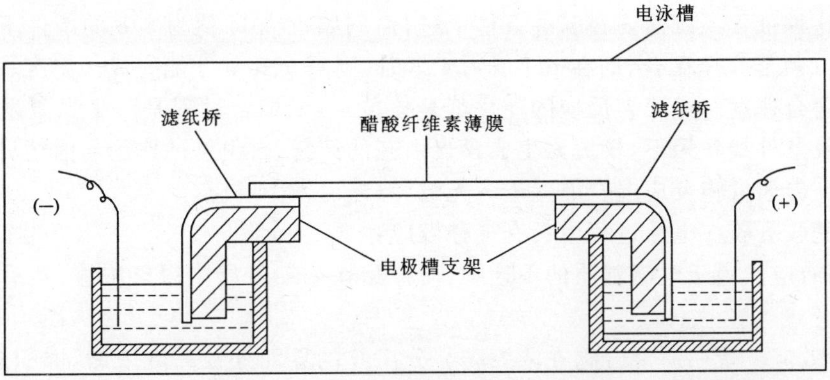

图 7-4 醋酸纤维薄膜电泳装置示意图

3. 琼脂糖凝胶电泳

琼脂糖凝胶电泳是用琼脂糖作为支持物的电泳方法。这种方法用于研究核酸等大分子物质的效果较好，因此，已成为从事分子生物学工作中不可缺少的工具之一。这类电泳具有凝胶含水量大、近似自由界面电泳、受固体支持物影响小、电泳区带整齐、分辨率高、电泳速度快、可用紫外检测仪或凝胶成像系统来观察和记录结果等优点。琼脂糖由琼脂经过反复洗涤除去含硫酸根的多糖后制成，由于琼脂糖具有亲水性且不含带电荷的基团，因此无明显电渗现象，可作为理想的凝胶电泳材料。对于凝胶浓度的选用见表 7－1。

表 7－1　凝胶浓度的选用

	分子量范围	凝胶浓度(%)
蛋白质	＜10 000	20～30
	10 000～40 000	15～20
	40 000～100 000	10～15
	100 000～500 000	5～10
	＞500 000	2～5
核酸	＜10 000	15～20
	10 000～100 000	5～10
	100 000～2 000 000	2～2.6

4. 聚丙烯酰胺凝胶电泳

聚丙烯酰胺凝胶电泳(PAGE)是以聚丙烯酰胺凝胶作为支持物的一种电泳方法。聚丙烯酰胺凝胶是以单体丙烯酰胺(Acr)和双体甲叉丙烯酰胺(Bis)为材料，在催化剂作用下，聚合为含酰胺基侧链的脂肪族长链，在相邻长链间通过甲叉桥连接而成的三维网状结构(图 7－5)。其孔径大小由 Acr 和 Bis 在凝胶中的浓度及交联度决定。一般而言，浓度越大及交联度越大，则孔径越小。

聚丙烯酰胺凝胶聚合反应需要有催化剂催化才能完成。常用的催化剂有化学催化剂和光化学催化剂。化学催化剂一般以过硫酸铵(AP)、四甲基乙二胺(TEMED)作为加速剂。当在 Acr、Bis 和 TEMED 的混合溶液中加入过硫酸铵时，过硫酸铵即产生自由基，丙烯酰胺与自由基作用后，随即被活化，而后在 Bis 存在下形成凝胶。聚合的初速度与过硫酸铵的浓度的平方根成正比。这种催化系统需要在碱性条件下进行，例如，在 pH 值为 8.8 的条件下，7%的丙烯酰胺在 30min 就能完全聚合，而在 pH 值为 4.3 时，则需 90min 才能完成。温度、氧分子、杂质等都会影响聚合速度。光聚合反应的催化剂是核黄素，光聚合过程是一个光激发的催化反应过程。在氧及紫外线作用下，核黄素生成含自由基的产物，自由基的作用与前述的过硫酸铵相同。光聚合反应通常将反应混合液置于荧光灯旁，即可发生反应。

聚丙烯酰胺凝胶在电泳过程中具有 3 种效应：

(1)浓缩效应。由于电泳基质的不连续，使样品在浓缩胶层中得以浓缩，然后到达分离胶层得以分离。

(2)电荷效应。蛋白质混合物在浓缩胶与分离胶的界面处被高度浓缩，堆积成层，形成一狭小的高度浓缩的蛋白质区。但由于每种蛋白质分子所载有效电荷不同，故电泳的速度也不同。这样各种蛋白质就以一定的顺序排列成一条一条的蛋白质区带。

(3)分子筛效应。在浓缩胶层得到浓缩的蛋白质区带逐渐泳动到达分离胶。由于分离胶层凝胶浓度大，网状结构的孔径小，蛋白质分子受到凝胶的阻滞作用，相对分子质量大且不规则的分子所受阻力大，则泳动速度慢；相对分子质量小且形状为球形的分子所受阻力小，则泳

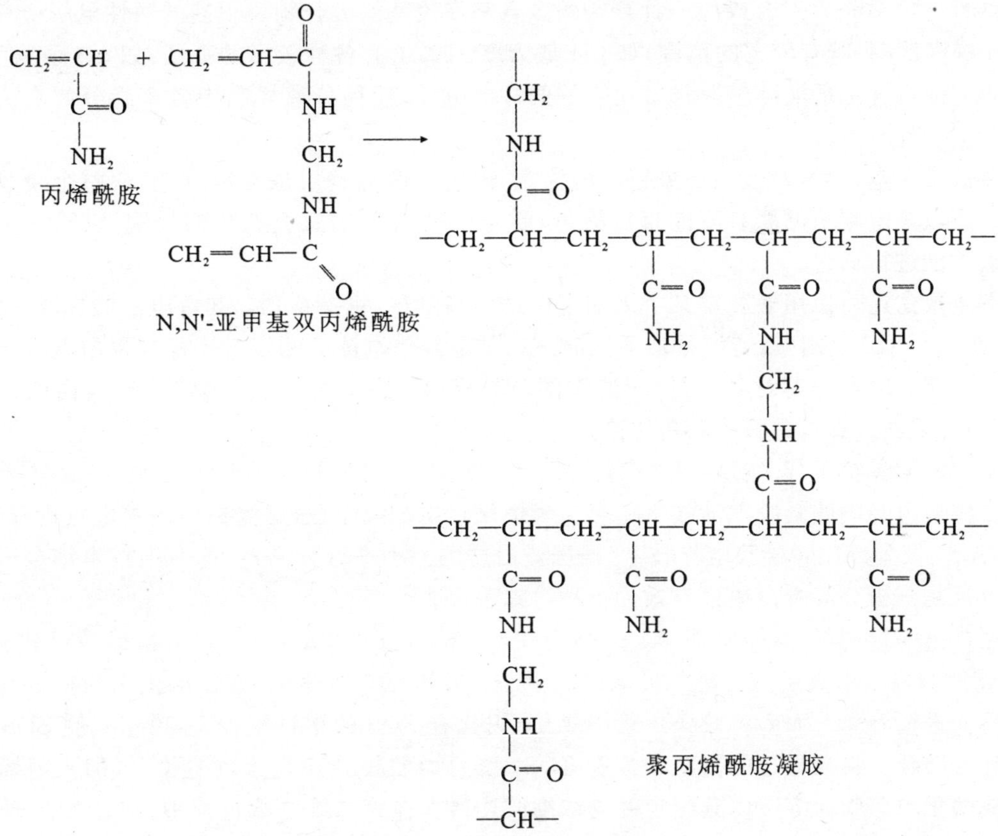

图 7-5 聚丙烯酰胺凝胶

动速度快。这样，分子大小和形状不同的各组分在分离胶中得到分离。

聚丙烯酰胺凝胶电泳的优点如下：

(1)聚丙烯酰胺凝胶是人工合成的凝胶，可通过调节单体和交联剂的比例形成不同程度的交联结构，容易得到孔径大小范围广泛的凝胶，所以实验重复性很高。

(2)凝胶机械强度好、弹性大，便于电泳后处理。

(3)聚丙烯酰胺凝胶是碳-碳的多聚体，只带有不活泼的侧链，没有其他离子基团，因而几乎没有电渗作用。另外，聚丙烯酰胺不与样品发生相互作用。

(4)在一定的范围内，凝胶对热稳定、无色透明、易于操作及观察，可用检测仪直接分析。

(5)设备简单，所需样品量少，分辨率高。

(6)用途广泛。除可用于生物高分子化合物的分析鉴定外，也可用于毫克级水平的分离制备。

5. 等电聚焦电泳

等电聚焦电泳是根据两性物质等电点(pI)的不同而进行分离的，它具有很高的分辨率，可以分辨出等电点相差 0.01 的蛋白质，是分离两性物质如蛋白质的一种理想方法。等电聚焦的分离原理是在凝胶中加入两性电解质形成一个由阳极到阴极逐渐递增的 pH 梯度，待分离的两性物质在电泳过程中会被集中在与其等电点相等的 pH 区域内，形成分离的区带，不再泳动，从而得以分离。

两性电解质是人工合成的一种复杂的多氨基多羧基的混合物。不同的两性电解质有不同的 pH 梯度范围，既有较宽的范围，如 pH 值为 3～10，也有各种较窄的范围，如 pH 值为 7～8。要根据待分离样品的实际情况选择适当的两性电解质，使待分离样品中各个组分都在两性电解质的 pH 范围内。

凝胶结束电泳后，对蛋白质染色时应注意，由于两性电解质也会被染色，使整个凝胶都被染色。所以等电聚焦的凝胶不能直接染色，要先经过 10% 的三氯乙酸的浸泡，以除去两性电解质后才能进行染色。

等电聚焦还可以用于测定某个未知蛋白质的等电点，将一系列已知等电点的标准蛋白（通常 pI 在 3.5～10 之间）及待测蛋白质同时进行等电聚焦电泳。测定各个标准蛋白电泳区带到凝胶某一侧边缘的距离对各自的 pI 值作图，即得到标准曲线。而后测定待测蛋白的迁移距离，通过标准曲线即可计算出其等电点。

6. 二维凝胶电泳（2D－PAGE）

二维聚丙烯酰胺凝胶电泳技术结合了等电聚焦电泳技术（根据蛋白质的等电点进行分离）以及 SDS－聚丙烯酰胺凝胶电泳技术（根据蛋白质的大小进行分离）。这两项技术结合形成的二维电泳是分析分离蛋白质最有效的一种电泳手段。

通常第一维电泳是等电聚焦，在细管中（直径为 1～3mm）中加入含有两性电解质、8mol/L的脲以及非离子型去污剂的聚丙烯酰胺凝胶进行等电聚焦，变性的蛋白质根据其等电点的不同进行分离。而后将胶条从管中取出，用含有 SDS 的缓冲液处理 30min，使 SDS 与蛋白质充分结合。将处理过的凝胶条放在 SDS－聚丙烯酰胺凝胶电泳浓缩胶上，加入丙烯酰胺溶液或熔化的琼脂糖溶液使其固定并与浓缩胶连接。在第二维电泳过程中，结合 SDS 的蛋白质从等电聚焦凝胶中进入 SDS－聚丙烯酰胺凝胶，在浓缩胶中被浓缩，在分离胶中依据其相对分子质量大小被分离。这样各个蛋白质根据等电点和相对分子质量的不同而被分离，分布在二维图谱上。细胞提取液的二维电泳可以分辨出 1 000～2 000 个蛋白质，有些报道可以分辨出 5 000～10 000 个斑点，这与细胞中可能存在的蛋白质数量接近。由于二维电泳具有很高的分辨率，它可以直接从细胞提取液中检测某个蛋白。

7. 毛细管电泳

毛细管电泳（capillary electrophoresis，CE）是近年来发展最快的分析方法之一。由于 CE 符合以生物技术为代表的生命科学各领域中对多肽、蛋白质（包括酶和抗体）、核苷酸及脱氧核糖核酸（DNA）的分离分析要求，从而得到了迅速发展。CE 是电泳技术和现代微柱分离相结合的一种电泳分离技术，具体设备如图 7－6 所示。

毛细管电泳统指以高压电场为驱动力、以毛细管为分离通道、依据样品中各组分之间浓度和分配行为上的差异而实现分离的一类液相分离技术。其仪器包括：一个高压电源，一根毛细管，一个检测器及两个供毛细管两端插入而又可和电源相连的缓冲液储瓶。在电解质溶液中，带电粒子在电场作用下，以不同的速度向其所带电荷相反方向迁移的现象叫电泳。CE 所用的石英毛细管柱，在 pH 值＞3 的情况下，其内表面带负电，与溶液接触时形成了一双电层。在高电压作用下，双电层中的水合阳离子引起流体整体朝负极方向移动的现象叫电渗，离子在毛细管内电解质中的迁移速度等于电泳和电渗流两种速度的矢量和，正离子的运动方向与电渗流一致，故最先流出；中性粒子的电泳流速度为“零”，故其迁移速度相当于电渗流速度；负离

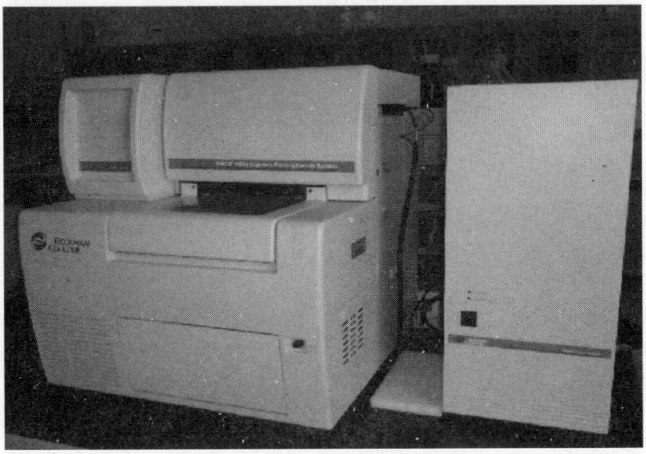

图 7-6　毛细管电泳设备

子的运动方向与电渗流方向相反，但因电渗流速度一般都大于电泳流速度，故它将在中性粒子之后流出，从而因各种粒子迁移速度不同而实现分离。与高效液相色谱（HPLC）类似，CE 中应用最广泛的是紫外/可见检测器。

CE 的优点可总结为三高二少：①高灵敏度，常用紫外检测器的检测限可达 $10^{-13} \sim 10^{-15}$ mol；②高分辨率，其每米理论塔板数为几十万，高者可达几百万甚至几千万；③高速度，最快可在 60s 内完成，在 250s 内分离 10 种蛋白质，1.7min 分离 19 种阳离子，3min 内分离 30 种阴离子；④样品少，只需纳升（10^{-9}L）级的进样量；⑤成本低，只需少量（几毫升）流动相和价格低廉的毛细管。

第八章　层析技术

层析技术是现代生物化学最常用的分离技术之一。它是利用混合物中各组分的理化性质，如吸附力、分子大小和形状、分子极性、分子亲和力、分配系数等的差异，在物质经过两相时不断地进行交换、分配、吸附和解吸附等过程，可将各组分间的微小差异经过相同的重复过程累积而放大，最终达到分离的目的。配合相应的光学、电学和电化学检测手段，可用于定性、定量和纯化特定的物质，可以达到很高的纯度。层析法的特点是分离效率、灵敏度、选择性均非常高，尤其适合样品含量少而杂质含量多的复杂生物样品的分析。

各种层析方法均由固定相和流动相组成，固定相可以是固体或液体，流动相可以是液体或气体。在固定相为液体时，必须附载在某个固定物质上，该物质称载体或担体(support)。

一、层析的分类

1. 按照层析的原理分类

(1)吸附层析(adsorption chromatography)。固定相是固体吸附剂，利用各种组分在吸附剂表面吸附能力的差别而分离。

(2)分配层析(partition chromatography)。固定相为液体，利用各组分在两液相中分配系数的差别或溶解度的不同使物质分离。

(3)离子交换层析(ion exchange chromatography)。固定相为离子交换剂，利用各组分对离子交换剂的亲和力不同而进行分离。

(4)分子筛层析(gel chromatography)。固定相为多孔凝胶，利用各组分在凝胶上受到阻滞的程度不同而进行分离。

(5)亲和层析(affinity chromatography)。根据生物特异性吸附进行分离，固定相只能和一种待分离组分有高度特异性的亲和能力者结合，而与无结合能力的其他组分分离。

2. 按照操作方式的不同分类

(1)纸层析(paper chromatography)。以滤纸为液体的载体，点样后，用流动相展开，以达到组分分离的目的。

(2)薄层层析(thin layer chromatography)。以一定颗粒度的不溶性物质，均匀涂铺在板上形成薄层作为固定相，点样后，用流动相展开，使组分得以分离。

(3)柱层析(column chromatography)。将固定相装填在柱中，样品上样在柱子一端，流动相沿柱流过，使样品得以分离。柱层析的基本装置包括恒流泵、层析柱、紫外检测器、记录存储设备和部分收集器(图 8-1)。

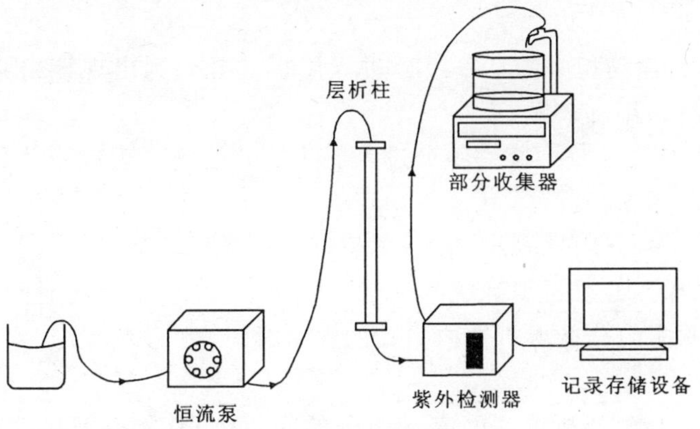

图 8－1　柱层析的基本装置

二、层析中的常用术语

(1)基线：在层析过程中，层析柱流出液中不含有被分离组分绘制的层析曲线，称之为基线。

(2)峰高(h)：自层析峰的顶点到基线的垂直距离，称为峰高(图 8－2)。

(3)保留值(retention value)：表示样品中各组分在层析柱中的停留时间长短或组分流出时所需流动相体积的多少。包括如下几个内容(图 8－2)。

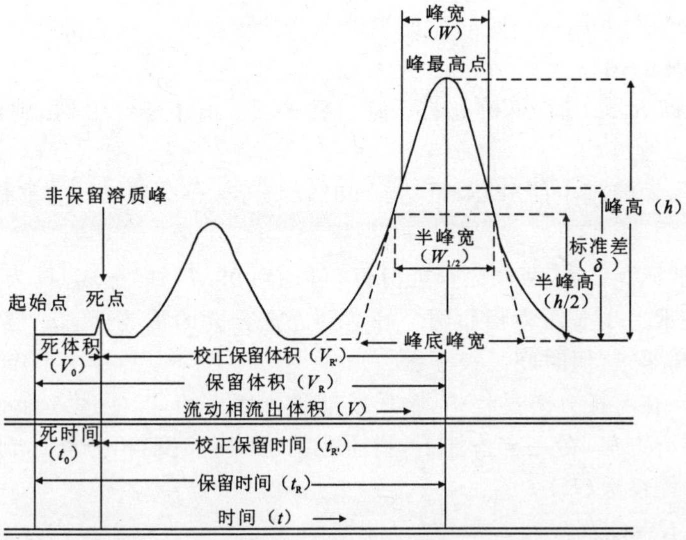

图 8－2　层析峰示意图

死时间(t_0)：流动相中的溶质进入层析柱后，不被固定相吸附，与固定相不发生任何作用，通过柱所需要的时间。它属于非滞留时间，与固定相填料的空隙体积成正比，用 t_0 表示。

死体积(V_0)：流动相中的溶质进入层析柱后，不被固定相吸附，与固定相不发生任何作用，通过柱所收集的体积。它属于非滞留收集体积，与固定相填料的空隙体积成正比，用V_0表示。

保留时间(t_R)：自流动相中的某一组分进入层析柱开始到出现该组分最高峰点时所需要的时间，称为保留时间，用t_R表示。

保留体积(V_R)：自流动相中某一组分进入层析柱开始到出现该组分最高峰点时所收集的体积，称为保留体积，用V_R表示。

$$V_R = t_R \times F \quad (F\text{:流速，单位:mL/min})$$

校正保留时间($t_{R'}$)：经层析得到的某一组分的保留时间，扣除死时间后的保留值，称为校正保留时间。它反映了组分在层析柱内实际的保留时间，用t_R'表示。

$$t_{R'} = t_R - t_0$$

校正保留体积$V_{R'}$：经层析得到的某一组分的保留体积，扣除死体积后的保留值，称为校正保留体积。它反映了组分在层析柱内实际的保留体积，用$V_{R'}$表示

$$V_{R'} = V_R - V_0$$

(4)层析峰区域宽度(peak width)：表示层析峰区域的宽度有3种方法(图8-2)。

标准差(δ)：在峰高的垂直距离0.607倍处峰的宽度，称为标准差(δ)。δ值越大，说明层析峰宽度大，流出组分分散，是柱效不高的表现。反之，δ值小，表示层析峰窄，柱效高。

峰宽(W)：自色谱峰的两拐点处作切线与基线相交点，这两点的直线距离，称为峰宽。

半峰宽($W_{1/2}$)：自峰高垂直距离1/2高度处所具有的宽度，称为半峰宽。

(5)分离度(R_s)：指相邻两峰的保留差值是两峰平均宽度的倍数。

$$R_s = 2 \times (t_{R_2} - t_{R_1}) / (W_1 + W_2)$$

分离度越大，说明其分离效果越好。在实际分离过程中，各组分的含量不同，因而峰面积和峰度在绝大多数情况下是不一致的。如果两个峰的形状属于正态分布，一般情况下R_s值有以下几种情况(如图8-3)。

当$R_s = 0.75$，即$R_s < 1$时，两峰总有一部分重叠，R_s值小于0.8时，则认为这两个峰不符合分离要求。

当$R_s = 1.0$时，两峰基本能分开，可达到98%的分离，但仍有2%的重叠，认为这两个峰符合分离要求。

当$R_s = 1.5$，即$R_s > 1$时，两峰完全能分开，可达到99.7%的分离，认为这两个峰完全符合分离要求。通常把$R_s = 1.5$作为相邻两个峰达到完全分离的重要标志。当$R_s > 1.5$时两峰完全能分开，符合分离要求，但时间延长了。

(6)分配系数。在层析分离过程中，物质既能进入固定相，又能进入流动相，此过程称为分配。无论哪一种层析方法，在一定条件下，物质在固定相和流动相分配达到平衡时，两相中平均浓度的比值称分配系数(K)。

$$K = C_s / C_m$$

式中：C_s为溶质在固定相的浓度；C_m为溶质在流动相的浓度。

分配系数由溶质和固定相的性质(如分子大小、电荷、极性等)决定，是溶质的特征常数，它只与柱温和固定相两个变量有关，与两相的体积、层析柱的特性等无关。

不同的层析机理，其K值含义不同。吸附层析中，K值表示吸附平衡常数；分配层析中，K值表示分配系数；离子交换层析中，K值表示交换常数；亲和层析中，K值表示亲和常数。

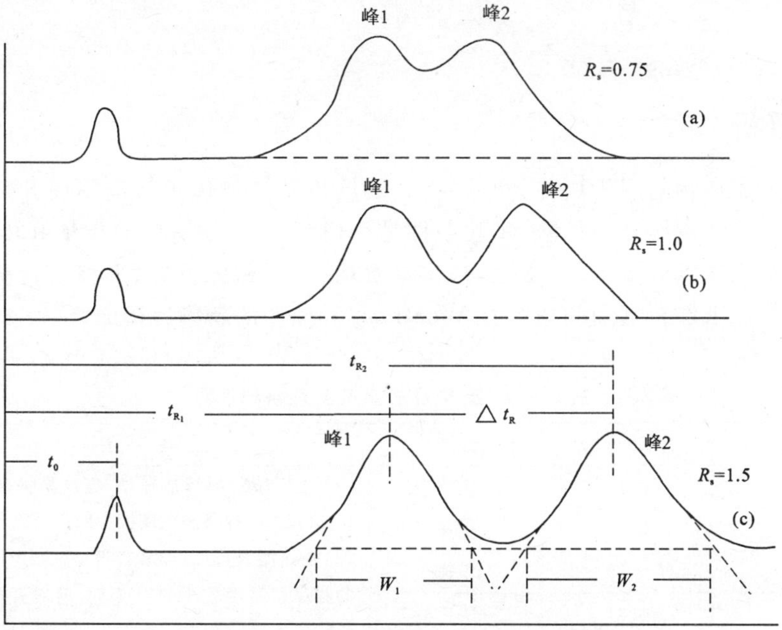

图 8－3 分离度 R_s的 3 种情况示意图

图中 R_s为两个洗脱峰之间的分离度；t_0为层析洗脱的死时间；t_{R_1} 为洗脱峰 1 的保留时间；t_{R_2} 为洗脱峰 2 的保留时间；W_1为洗脱峰 1 的峰宽；W_2为洗脱峰 2 的峰宽

K 值高表示溶质在固定相中的浓度大，在洗脱过程中，溶质在洗脱液中出现较晚。K 值低表示溶质在流动相中的浓度大，在洗脱液中出现较早。

若两组分在同一条件下具有相似的 K 值，则表示两组分层析法重叠较大，分离效果差，为了达到分离的目的，需重新选择实验条件，包括层析方式和流动相的改变。

(7)柱效。所有的层析都是一个连续的过程，各组分在流动相和固定相之间不断进行分配，但无法具体计算某一点上的平衡情况。现以柱层析为例说明：某一组分随流动相经过一定距离后，流动相中某组分的平均浓度与固定相的平均浓度达到分配平衡，完成这一平衡所需要的层析柱的柱长称为板高或理论塔板等效高度，以 H 表示。一定柱长(L)中含有多少板高称为理论塔板数(n)，即

$$n=L/H$$

式中：n 为理论塔板数；L 为柱长；H 为板高。

显然，H 越小，则 n 就越大，表明组分在两相间分配次数也越多，分离效果越好，柱效也越高。因而习惯上以塔板数的多少来衡量柱效的高低。塔板数的理论推导和计算较为复杂，有专门的书籍介绍，在此略过。最终以数学公式表示为

$$n=(t_R/\delta)^2 \text{或} n=16(t_R/W)^2$$

式中：t_R为保留值；δ 为标准差；W 为峰宽。

在实际计算理论塔板数时，只要在层析图谱上测出某组分的保留值和在一定指数下相应的峰宽，就可计算出在某一实验条件下的理论塔板数的近似值，以衡量柱效。若要得到真正的塔板数时，必须扣除未被固定相占有的空间死体积(如柱的接口、连接柱接口的管路体积等)和

流动相为充满死体积时所需的时间，此时得到的塔板数称为有效塔板数(n_{eff})。故上述公式可转化为

$$n=5.54[t_R/W_{1/2}]^2$$

三、纸层析

用滤纸作为支持物的层析法称为纸层析。纸层析结果的优劣与选用展开剂的种类、实验中点样量的多少以及点样是否扩散、实验条件是否稳定、所选用滤纸的质量好坏等各种因素密切相关。对层析用滤纸的要求是：质地均匀、厚薄均一、机械强度好、平整无折叠痕、无明显横向和纵向纸纹等。纸层析常用的滤纸有 Whatman 和国产的新华层析滤纸(表 8-1)等。

表 8-1　新华层析滤纸的规格和性能

型号	厚度(mm)	性能	备　注
1	0.17	快速	(1)快速滤纸，因纸质疏松，斑点易扩散，适合于 R_f 值较大的样品和黏度较大的展开剂；(2)慢速滤纸，斑点不易扩散，适合于 R_f 值较小的样品和黏度较小的展开剂，但展开的时间较长；(3)新华 2 号、5 号滤纸相当于 whatman Ⅰ 和Ⅲ号层析滤纸
2	0.16	中速	
3	0.15	慢速	
4	0.34	快速	
5	0.32	中速	
6	0.30	慢速	

由于纸层析是以滤纸作为惰性支持物。滤纸纤维与水有较强的亲和力，能吸收 20%～22%的水，其中部分水与纤维素分子的羟基以氢键结合，而滤纸纤维与有机溶剂的亲和力很小。所以滤纸的结合水是固定相，以水饱和的有机溶剂为流动相，即展开剂。当流动相沿滤纸经过样品点时，样品点上的溶质在水和有机相之间不断进行溶液分配，各组分因具有不同的分配系数而产生差异，从而使不同的组分得以分离和纯化。溶质在纸上的移动速度可以用迁移率 R_f 值表示(图 8-4)。

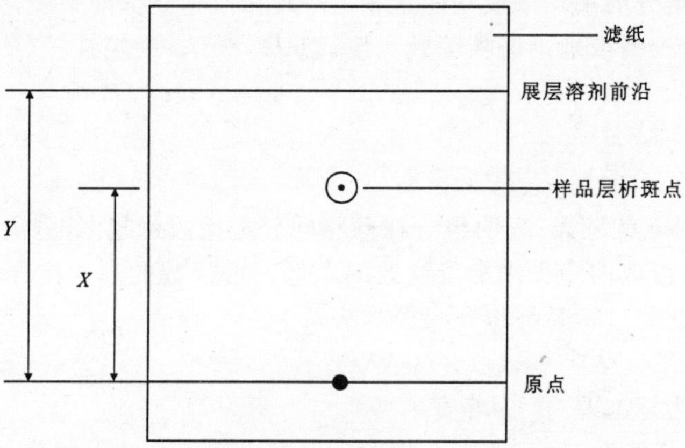

图 8-4　纸层析溶质迁移率值(R_f)计算示意图

$$R_f = X/Y$$

式中：X 为原点到层析斑点中心的距离；Y 为原点到展层溶剂前沿的距离。

R_f值主要取决于分配系数。一般分配系数大的组分，因移动速度较慢，所以 R_f 值也较小。而分配系数较小的组分，则 R_f 值较大。可以根据测出的 R_f 值对层析分离出的各种物质进行判断。与标准品在同一标准条件下测得的 R_f 值进行比较，即可确定某一特定组分。

影响 R_f 值的因素很多，除被分离组分的化学结构、样品和溶剂的 pH 值、层析的温度等之外，流动相的极性也是一个重要因素。流动相极性大，则极性大的物质有较大的 R_f 值，极性小的物质则 R_f 值小，反之亦然。常用流动相的极性大小依次排列如下：水＞甲醇＞乙醇＞丙酮＞正丁醇＞乙酸乙酯＞氯仿＞乙醚＞甲苯＞苯＞四氯化碳＞环己烷＞石油醚。

层析时，流动相不应吸取滤纸中的水分，否则就会改变分配平衡，影响 R_f 值。所以多采用水饱和的有机溶剂作为流动相。被分离的物质不同，选择的流动相也不同。

纸层析既可定性又可定量。定量方法一般采用剪洗法和直接比色法。剪洗法是将组分在滤纸上显色后，剪下斑点，用适当的溶剂洗脱，用分光光度计进行定量测定。直接比色法是用层析扫描仪在滤纸上测定斑点的大小和颜色的深度，绘制出曲线并进行自动积分，计算出含量。

为了提高分辨率，纸层析可用两种不同的展开剂进行双向展开。双向纸层析一般把滤纸裁成正方形或长方形，点样后，先用一种溶剂系统展开，吹干后旋转 90°，再用第二种溶剂系统进行第二次展开。这样，单向纸层析难以分离清楚的某些 R_f 值很接近的物质，通过双向纸层析往往可以获得比较理想的分离效果。

四、薄层层析

薄层层析时利用玻璃板、塑料板、铝板、聚酰胺膜等作为固定相的载体，在板上涂一薄层不溶性物质作为固定相，再将样品涂铺在薄层的一端，然后用合适的溶剂作为流动相。薄层层析因固定相涂布物质的不同，可分成吸附薄层层析、离子交换薄层层析和分配薄层层析 3 种。通常说的薄层层析就是指吸附薄层层析。有关薄层层析的基本原理与 R_f 值计算与纸层析基本相似。在此对薄层层析的注意事项加以说明。

1. 吸附剂的选择

吸附剂的选择是否合适是吸附层析的关键。常用的吸附剂有硅胶、氧化镁、氧化铝、硅藻土和纤维素等。硅胶为微酸性吸附剂，适合分离酸性和中性物质；氧化铝和氧化镁是微碱性吸附剂，适合分离碱性和中性物质；硅藻土和纤维素为中性吸附剂，适合分离中性物质。

2. 吸附能力

一般用活度来表示吸附剂的吸附能力。吸附能力主要受吸附剂含水量的影响。吸附能力由强到弱以Ⅰ、Ⅱ、Ⅲ、Ⅳ、Ⅴ表示。吸附剂活度强时，能吸附极性较小的基团；吸附剂活度弱时，对极性基团的吸附能力也较强。一般利用加热烘干的办法，减少吸附剂的水分，从而增强其活度。通常分离水溶性物质时，因其本身具有较强的极性，故吸附剂活度可以减弱一些。相反，分离脂溶性物质时，吸附剂的活度需要强一些。

3. 颗粒大小

无论哪一种薄层层析，其吸附剂颗粒的大小和均匀性，是保证每次实验保持 R_f 值恒定的基础。一般使用的吸附剂颗粒为无机类 0.07～0.1mm（150～200 目），有机类 0.1～0.2mm

(70～140 目)。颗粒太粗，层析时溶剂推进快，但分离效果差；颗粒太细，层析时展开太慢，容易造成斑点不集中并有拖尾现象。

薄层层析的优点是设备简单、操作容易、层析展开时间短、分离效果好、可使用腐蚀性的显色剂且可以在高温下显色。

纸层析和薄层层析均可用于氨基酸、肽、核苷酸、糖类、脂类和激素类等物质的分离和鉴定。

五、离子交换层析

离子交换层析是利用离子交换剂对各种离子的不同亲和力来分离混合物中不同离子的层析技术。作为固定相的离子交换剂，根据其不溶性物质(母体)的化学本质可以分为以下几类：

第一类是在纤维素分子结构上，连接一定的离子交换基团生成的离子交换纤维素。如 DEAE-纤维素(二乙基氨乙基纤维素)、羧甲基纤维素(CM)、TEAE-纤维素(三乙基氨乙基纤维素)、GE-纤维素(胍乙基纤维素)等。

第二类是以不溶性水的人工合成高分子为母体的离子交换树脂。如 Amberlite IR-100、Dowex 50 等。

第三类是以葡聚糖凝胶为母体，结合一定的离子基团生成的离子交换葡聚糖凝胶。如 DEAE-Sephadex A25、CM-Sephadex C25、QAE-Sephadex A25 等。

以上各类离子交换剂，根据其所含酸性或碱性基团的解离能力的强弱，还可进一步分为强酸型和弱酸型以及强碱型和弱碱型。

离子交换剂的工作原理如下：

阳离子交换剂分子中具有酸性基团，能与流动相中的阳离子进行交换。

$$R-SO_3H + Na^+ = R-SO_3Na + H^+$$

阴离子交换剂分子中具有碱性基团，能与流动相中的阴离子进行交换(图 8-5)。

$$R-N^+(CH_3)_3OH^- + Cl^- = R-N^+(CH_3)_3Cl^- + OH^-$$

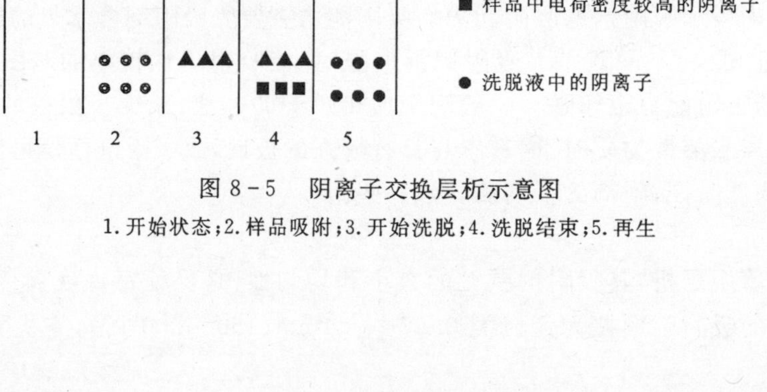

图 8-5　阴离子交换层析示意图

1. 开始状态；2. 样品吸附；3. 开始洗脱；4. 洗脱结束；5. 再生

流动相中，不同离子化合物带有的电荷多寡不等，与离子交换剂相互作用的强弱也不同。当它们被结合到固定相交换基团上后，可以用提高流动相中离子强度或改变 pH 的方法使不同组分从离子交换柱上依次洗脱下来，达到分离纯化的目的。在实际工作中，可根据分离物质所带电荷的种类、分离物分子的大小、数量等选用适当类型的离子交换剂。

常用离子交换剂的种类及解离基团见表 8-2。

表 8-2 常用离子交换剂的种类及解离基团

种类		解离基团
阳离子交换树脂	强酸型	磺酸基
	弱酸型	羧基酚羟基
阴离子交换树脂	强碱型	季胺盐
	弱碱型	叔胺、仲胺、伯胺
阳离子交换纤维素	强酸型(磺乙基纤维素)	磺乙基
	弱酸型(羧甲基纤维素)	羧甲基
阴离子交换纤维素	强碱型(胍乙基纤维素)	胍乙基
	弱碱型(二乙基氨基乙基纤维素)	二乙基氨基乙基
阳离子交换交联葡聚糖	强酸型(磺乙基交联葡聚糖)	磺乙基
	弱酸型(羧甲基交联葡聚糖)	羧甲基
阴离子交换交联葡聚糖	强碱型(胍乙基交联葡聚糖)	胍乙基
	弱碱型(二乙基氨基乙基交联葡聚糖)	二乙基氨基乙基

离子交换层析时应注意以下几点：

(1)选择合适的离子交换树脂。被分离的物质为无机阳离子或有机碱时，选用阳离子交换树脂；若是无机阴离子或有机酸时，选用阴离子交换树脂。

(2)交换树脂颗粒大小。离子交换树脂多为 200～400 目，离子交换纤维素为 100～325 目。分离用的树脂一般以直径较小为宜，因粒度小，表面积大，分离效率高。但粒度过小，装柱时太紧密，流速慢，需提高洗脱压力。

(3)交换剂的处理。离子交换树脂出厂时为干树脂，使用时需用水或溶液浸透使其充分吸水溶胀，然后减压去气泡。倒去漂浮在溶液中的小颗粒树脂，再用去离子水洗至澄清。使用前用所需 pH 和离子强度的缓冲液平衡。使用后的离子交换树脂可以再生，方法为将使用后的树脂浸泡入稀酸或稀碱溶液中，处理一定时间后用蒸馏水洗至中性，或用稀酸、稀碱缓缓流过交换柱，然后再洗至中性。离子交换纤维素使用后用 2mol/L NaOH 洗涤，然后用水洗净碱液，再用缓冲液平衡，供下次实验使用。

(4)装柱。一般层析柱选择的原则是柱的高度与直径之比以 10∶1 到 20∶1 为宜。一般采用重力沉降法装柱，其关键是交换剂在柱内必须分布均匀，严防脱节和产生气泡。柱中交换剂表面必须平整。

(5)洗脱。一般的洗脱液应该具有比吸附物质更活泼的离子或基团，从而将吸附物质替代出来，根据此原则选择各种洗脱液。若分离的不是单一物质，除正确选择洗脱液外，还可采用控制流速和分段收集的方法获得尽可能单一的物质。对一些复杂组分的分离，可采用浓度梯度洗脱或 pH 梯度洗脱。

六、凝胶层析

凝胶是一类具有三维空间多孔网状结构的干燥颗粒，当吸收一定量的溶液后溶胀成一种柔软、富有弹性、不带电荷、不与溶质相互作用的惰性物质。以它作为固定相的层析称为凝胶层析。层析所用的凝胶大多为人工合成，目前应用最多的是葡聚糖凝胶（sephadex）。它是一种以次环氧氯丙烷作交联剂交联聚合而成的右旋糖苷珠形聚合物。聚合物具有多糖网状结构，其网孔大小与交联度有关。交联度越大，网状结构越致密，网孔的孔径就越小。交联度越小，网状结构越疏松，网孔的孔径就越大。

由于被分离物质的分子大小和形状不同，洗脱时大分子物质因直径大于凝胶网孔不能进入凝胶内部，只能沿着凝胶颗粒的间隙随溶剂向下流动，因此流程短，首先流出层析柱。而小分子物质因直径小于凝胶网孔，能自由进出凝胶网孔，使洗脱时流程增长，移动速度慢，最后流出层析柱。可见凝胶层析中的凝胶起着分子筛的作用，因而又称为分子筛层析，或排阻层析（图 8－6）。

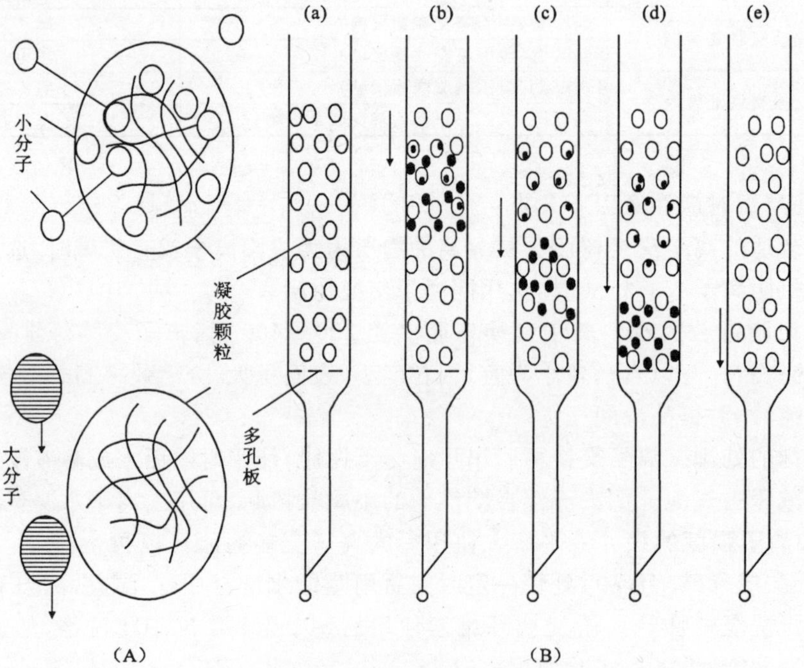

图 8－6　凝胶层析的原理

图 8－6(A)中小分子由于扩散作用进入凝胶颗粒内部而被滞留，大分子被排阻在凝胶颗粒外部，在颗粒之间迅速通过。

图 8－6(B)中(a)蛋白质混合物上柱；(b)洗脱开始，小分子扩散进入凝胶颗粒内，大分子则被排阻至颗粒之外；(c)小分子被滞留，大分子向下移动，大、小分子开始分开；(d)大、小分子完全分开；(e)大分子移动距离较短，已洗脱出层析柱，小分子尚在洗脱中。

葡聚糖凝胶不溶于水，但能吸水膨胀，其吸水量与交联度成反比，在 Sephadex 后面缀上 G－X 作为交联度的标记。交联度越小，吸水量越大，X 值就越大。实际上 X 值约为该胶粒吸水量的 10 倍。例如：Sephedex G－50 和 G－100，吸水量分别为 5mL/g 凝胶与 10mL/g 凝胶。此外，交联度大，机械强度大，能容忍较高压力，可采用高流速。而交联度小的凝胶，如 Sephedex G－150、G－200，则机械强度小，易被压缩。使用时流速需较慢，一般每分钟流速小于 2.0mL。

此外，尚有以 N，N′－亚甲基双丙烯酰胺为交联剂将丙烯酰胺聚合而成的聚丙烯酰胺凝胶，其商品名为生物胶 P(Bio－Gel P)；由 D－乳糖和 3，6 无水－L－乳糖残基组成的琼脂糖凝胶，市售有 Bio－Gel A 和 Sepharose；交联琼脂糖，如 Sepharose CL－2B、CL－4B 等。各种凝胶由于交联剂的种类和比例不同，因而同一类凝胶可分成若干种类，分离大分子物质的性能也不一样。使用时必须根据被分离物质分子的大小、形状和分离目的选择不同类型的凝胶。

凝胶层析操作要注意以下问题。

1. *层析柱的选择*

层析柱大小主要是根据样品量的多少以及对分辨率的要求来进行选择。一般情况下，主要是层析柱的长度对分辨率影响较大，长的层析柱分辨率要比短的高；但层析柱的长度不能过长，否则会引起柱子不均一、流速过慢等实验上的一些困难。一般柱长度不超过 100cm，为得到高分辨率，可以将柱子串联使用。层析柱的直径和长度比一般在 1∶25～1∶100 之间。

2. *洗脱液的选择*

由于凝胶层析的分离机理简单以及凝胶稳定工作的 pH 范围较广，所以洗脱液的选择主要取决于待分离样品，一般来说，只要能溶解被洗脱物质并不使其变性的缓冲液都可以用于凝胶层析。为了防止凝胶可能有吸附作用，一般洗脱液都含有一定浓度的盐。

3. *加样量*

加样要尽量快速、均匀。加样量对实验结果也可能造成较大的影响，加样过多，会造成洗脱峰的重叠，影响分离效果；加样过少，提纯后各组分量少、浓度较低，实验效率低。加样量的多少要根据具体的实验要求而定：凝胶柱越大，加样量当然就可以较大；样品中各组分分子质量差异较大，加样量也可以较大；一般分级分离时加样体积约为凝胶柱床体积的 1%～5%，而分组分离时加样体积可以较大，一般为凝胶柱床体积的 10%～25%。

4. *洗脱速度*

洗脱速度取决于很多因素，包括柱长、凝胶种类、颗粒大小等。一般来讲，洗脱速度慢一些，样品可以与凝胶基质充分平衡，分离效果好。但洗脱速度过慢会造成样品扩散加剧、区带变宽，反而会降低分辨率，而且实验时间会大大延长。所以实验中应根据实际情况选择合适的洗脱速度，可以通过预实验来选择洗脱速度。一般凝胶的流速为 2～10cm/h，市售的凝胶一般会提供一个建议流速，可供参考。

5. *凝胶的处理与保存*

凝胶使用前要先进行处理，选择好凝胶的类型后，先要根据选择的凝胶柱估算出凝胶的用量。由于市售的葡聚糖凝胶和聚丙烯酰胺凝胶通常是无水的干胶，所以要计算干胶用量：干胶用量(g)＝柱床体积(mL)/凝胶的床体积(mL/g)。由于凝胶处理过程以及实验过程可能有一定的损失，所以一般凝胶用量在计算的基础上再增加 10%～20%。

葡聚糖凝胶和聚丙烯酰胺凝胶干胶的处理首先是在水中膨化，不同类型的凝胶所需的膨化时间不同。一般吸水率较小的凝胶(即型号较小、排阻极限较小的凝胶)其膨化时间较短，在 20℃条件下需要 3～4h；吸水率较大的凝胶(即型号较大、排阻极限较小的凝胶)其膨化时间则较长，20℃条件下需十几个到几十个小时，如 Sephadex G－100 以上的干胶膨化时间都要在 72h 以上。如果加热煮沸，则膨化时间会大大缩短，一般在 1～5h 即可完成，而且煮沸也可以除凝胶颗粒中的气泡。

凝胶的保存一般是反复洗涤去除蛋白质等杂质，然后加入适当的抗菌剂，通常加入0.02%的叠氮化钠，在 4℃下保存。如果要保存较长时间，则要将凝胶洗涤后脱水、干燥，可以将凝胶过滤抽干后浸泡在 50%的乙醇中脱水，抽干后再逐步提高乙醇浓度反复浸泡脱水，至 95%乙醇脱水后将凝胶抽干。置于 60℃烘箱中烘干，即可装瓶保存。注意膨化的凝胶不能直接高温烘干，否则可能会破坏凝胶的结构。

七、亲和层析

亲和层析是以能与生物高分子进行特异性结合的配基作为固定相，对混合物中某一生物高分子进行一次性分离纯化的层析技术(图 8－7)。

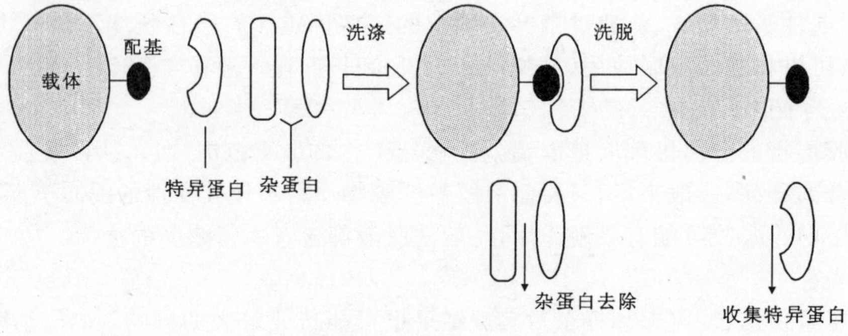

图 8－7　亲和层析基本原理

生物高分子具有能与其结构对应的专一分子进行可逆性结合的特性。如：酶与底物、产物、辅酶、抑制剂和变构调节剂结合，激素与受体结合，抗原和所对应抗体结合，RNA 与互补的 DNA 结合等。将作为配基的专一分子，如酶的底物、辅酶、抗原的互补抗体等，以共价键连接到不溶性载体上，如纤维素、葡聚糖凝胶等。将固相化的配基装入层析柱，作为层析的固定相，把含有一种或数种生物高分子的混合液加到柱上。此时只有能够与不溶性配基具有高度亲和力的蛋白质被结合，其他不能与配基结合的组分则不受阻碍地直接从柱中流出。再用缓冲液洗脱黏附在配基表面的非特异性吸附物，改变洗脱液，将特异性吸附的蛋白质从不溶性配基上解离和洗脱下来。

作为配基载体最广泛应用的是琼脂糖凝胶，制品有珠状琼脂糖凝胶 Sepharose 2B、4B 和 6B 等，活化后可作为亲和吸附的载体。如 AH－Sepharose 4B、CH－Sepharose 和活化的 CH－Sepharose 4B 等。其中溴化氰(CNBr)活化的 Sepharose 4B 是亲和层析中使用最广泛的载体。

第九章　离心技术

离心技术(centrifugal technique)是根据颗粒在作匀速圆周运动时,受到一个外向的离心力的行为而发展起来的一种分离技术。这项技术应用很广,诸如分离化学反应后的沉淀物、天然的生物大分子、无机物、有机物,以及收集细胞和细胞器等。

一、基本原理

当一个粒子(生物大分子或细胞器)在高速旋转下受到离心力作用时,此离心力(F)可由下式表示:

$$F=ma=m\omega^2 r$$

式中:a 为粒子旋转的加速度;m 为沉降粒子的有效质量;ω 为粒子旋转的角速度;r 为粒子的旋转半径(cm)。

离心力常用地球引力的倍数来表示,因而称为相对离心力(RCF)。相对离心力是指在离心场中,作用于颗粒的离心力相当于地球重力的倍数,单位是重力加速度(g,即 980cm/s^2)。相对离心力也可用数字乘以 g 来表示,例如 25000×g,表示相对离心力为 25 000。相对离心力的计算公式如下:

$$RCF=\omega^2 r/980 \quad \omega=2\pi\times N/60$$

$$RCF=1.119\times10^{-5}\times N^2 r$$

式中:N 为每分钟转数(revolutions per minute,rpm,r/min)。

由上式可见,只要给出旋转半径 r,则 RCF 和 N 之间就可以相互换算。但由于转头的形状及结构的差异,使每台离心机的离心管从管口至管底的各点与旋转轴之间的距离不一样,所以在计算中规定,旋转半径一律用平均半径(r_{av})代替:

$$R_{av}=(r_{min}+r_{max})/2$$

一般低速离心时常以转速(r/min)表示,高速离心机时常以相对离心力(g)表示。计算颗粒的相对离心力时,应注意离心管与旋转轴中心的距离“r”不同,即沉降颗粒在离心管中所处的位置不同,所受离心力也不同。因此在报告超离心条件时,通常总是用地心引力的倍数“×g”代替每分钟转数“r/min”,因为它可以真实地反映颗粒在离心管内不同位置的离心力及其动态变化。科技文献中离心力的数据通常是指其平均值(RCF_{av}),即离心管中点的离心力。

二、离心机和转子的种类

(一)离心机

离心机可分为工业用离心机和实验用离心机。实验用离心机又分为制备型离心机和分析型离心机。制备型离心机主要用于分离各种生物材料,每次分离的样品容量比较大。分析型离心机一般都带有光学系统，主要用于研究纯的生物大分子和颗粒的理化性质，依据待测物质在离心场中的行为(用离心机中的光学系统连续监测)，能推断物质的纯度、形状和分子质量等。分析型离心机都是超速离心机。

1. 制备型离心机

制备型离心机分为以下 3 类：

(1)普通离心机。最大转速为 6 000r/min 左右，最大相对离心力近 6000×g，容量为几十毫升至几升，分离形式是固液沉降分离。转子有角式和外摆式。其转速不能严格控制，通常不带冷冻系统，室温下操作。用于收集易沉降的大颗粒物质，如红细胞、酵母细胞等。

(2)高速冷冻离心机。最大转速为 20 000～25 000r/min，最大相对离心力为 89000×g，最大容量可达 3L，分离形式也是固液沉降分离。转头配有各种角式转头、荡平式转头、区带转头、垂直转头和大容量连续流动式转头。一般都有制冷系统，以消除高速旋转转头与空气之间摩擦而产生的热量，离心室的温度可以调节并维持在 0～4℃，转速、温度和时间都可以严格、准确地控制，并有指针或数字显示。通常用于微生物菌体、细胞碎片、大细胞器、硫酸铵沉淀物和免疫沉淀物等的分离纯化工作，但不能有效地沉降病毒、小细胞器(如核蛋白体)或单个分子。

(3)超速离心机。转速可达 50 000～80 000r/min，最大相对离心力可达 510000×g。著名的生产厂商有美国的贝克曼公司和日本的日立公司等。离心容量由几十毫升至 2L，分离的形式是差速沉降分离和密度梯度区带分离，离心管平衡允许的误差要小于 0.1g。超速离心机的出现，使生物科学的研究领域有了新的扩展，它能使过去仅仅在电子显微镜观察到的亚细胞器得到分级分离，还可以分离病毒、核酸、蛋白质和多糖等。

超速离心机主要由驱动和速度控制、温度控制、真空系统和转头 4 部分组成。超速离心机的驱动装置是由水冷或风冷电动机通过精密齿轮箱或皮带变速，或直接用变频感应电机驱动，并由微机进行控制。由于驱动轴的直径较细，因而在旋转时此细轴可有一定的弹性弯曲，以适应转头轻度的不平衡，而不致于引起振动或转轴损伤。除速度控制系统外，还有一个过速保护系统，以防止转速超过转头最大规定转速而引起转头的撕裂或爆炸，为此，离心腔应用能承受此种爆炸的装甲板密闭。

温度控制是由安装在转头下面的红外线射量感受器直接并连续监测离心腔的温度，以保证更准确、更灵敏的温度控制，这种红外线温控比高速离心机的热电偶控制装置更敏感、更准确。

超速离心机装有真空系统，这是它与高速离心机的主要区别。离心机的速度在 2 000r/min 以下时，空气与旋转转头之间的摩擦只产生少量的热；速度超过 20 000r/min 时，由摩擦产生的热量显著增大；当速度在 40 000r/min 以上时，由摩擦产生的热量就成为严重问题。为此，将离心腔密封，并由机械泵和扩散泵串联工作的真空泵系统将其抽成真空，使温度的变化容易得到控制，摩擦力很小，这样才能达到所需的超高转速。

2. 分析型离心机

分析型离心机使用了特殊设计的转头和光学检测系统，以便连续监测物质在离心场中的沉降过程，从而确定其物理性质。

分析型超速离心机的转头是椭圆形的，以避免应力集中于孔处。此转头通过一个有柔性的轴连接到一个高速的驱动装置上，转头在一个冷冻的和真空的腔中旋转，转头上有 2～6 个装离心杯的小室，离心杯的材质是扇形石英，可以上下透光。离心机中装有一个光学系统，在整个离心期间都能通过紫外吸收或折射率的变化监测离心杯中沉降的物质，在预定的时间内可以拍摄沉降物质的照片。在分析离心杯中物质的沉降情况时，在重颗粒和轻颗粒之间形成的界面就像一个折射的透镜，结果在检测系统的照相底板上产生了一个"峰"。由于沉降不断进行，界面向前推进，因此峰也移动，从峰移动的速度可以计算出样品颗粒的沉降速度。

分析型超速离心机能在短时间内用少量样品就可以得到一些重要信息。例如，能够确定生物大分子是否存在以及大致的含量；计算生物大分子的沉降系数；结合界面扩散，估计分子的大小；检测分子的不均一性及混合物中各组分的比例；测定生物大分子的分子质量；还可以检测生物大分子的构象变化等。

(二)转子

离心机的转子是离心技术发展的重要内容之一，正确地选择转子有利于获得良好的实验结果。自 20 世纪 50 年代至今已有上百种转子出现。制备超速离心机常用的转子有以下 4 种。

1. 固定角度转子(fixed angle rotor)

离心管腔与转轴成一定倾角的转子称固定角度转子，又称角式转子。固定角度转子呈伞形，离心管放置其中，与转轴形成固定角度，角度变化在 14°～40°之间(图 9-1)。离心时，颗粒先沿离心力方向撞向离心管，然后再沿管壁滑向管底，因此离心管的外侧壁就会出现颗粒沉积，此现象称"壁效应"。离心管的倾角对离心沉降有很大的影响，角度越大，沉降越结实，分离效果就越好；角度越小，颗粒沉降距离越短，沉降不结实，分离效果也就越差。固定角度转子重心低，运转平衡，寿命较长。

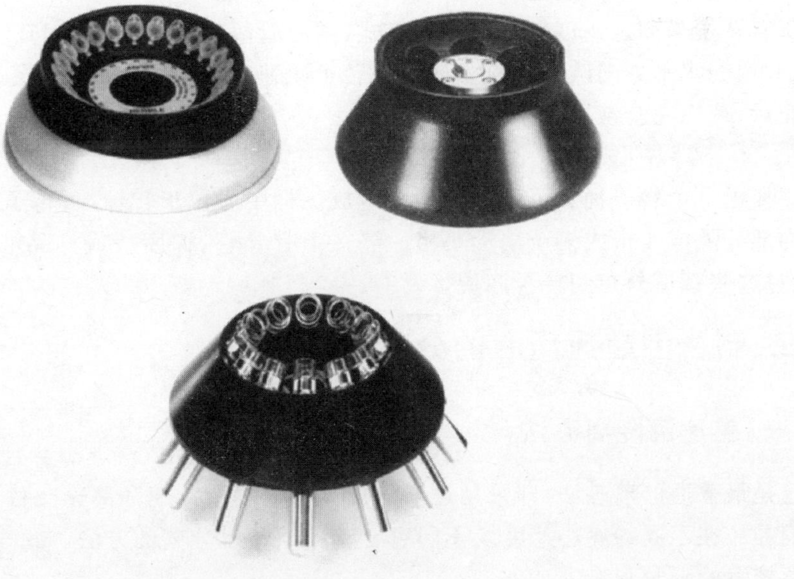

图 9-1　3 种离心机固定角度转子

2. 外摆式转子(swing－out rotor)

转子的水平臂上悬挂活动吊桶，吊桶中放置离心管。当离心机不工作时，由于受重力的作用，离心管处于竖直方向；启动离心机后，由于受离心力的作用，离心管由开始的竖直方向甩成水平方向，因此，外摆式转子又称水平转子(图 9－2)。

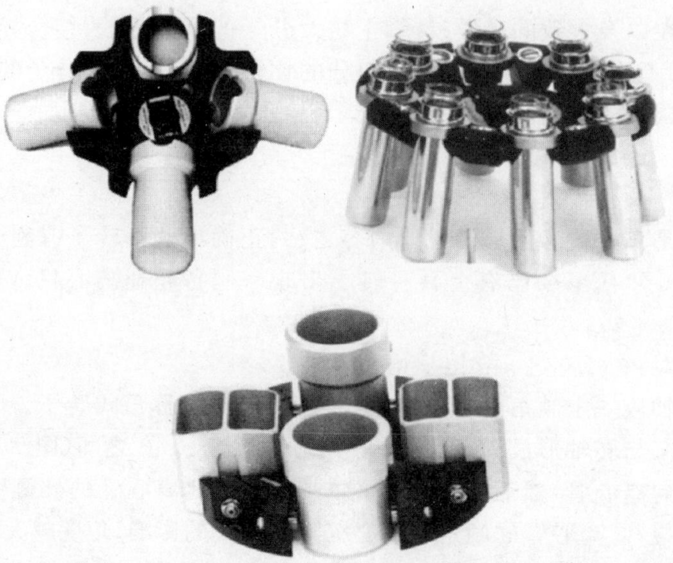

图 9－2　3 种离心机外摆式转子

3. 垂直转子(vertical rotor)

垂直转子是固定角度转子的特殊形式，离心管垂直插入转子内，离心时液层发生 90°的变化，从开始的水平方向改为垂直方向。当转子减速时，垂直分布的液层又逐渐趋向水平，待旋转停止后，液面完全恢复水平方向。

4. 区带转子(zonal rotor)

主要由一个转子桶和可移动的顶盖组成。桶中心位于转轴上，转子桶中装有隔板装置，把转子内部分隔成 4 个或多个扇形小格。隔板上有导管，梯度液或样品液从管子的中央液管泵入，通过这些管道分布到转子四周。

三、制备型超速离心的分离方法

(一)差速沉降离心法

这是最普通的离心法，即采用逐渐增加离心速度或低速和高速交替进行离心，使沉降速度不同的颗粒在不同的离心速度及不同离心时间下分批分离的方法。此法一般用于分离沉降系数相差较大的颗粒。

差速离心首先要选择好颗粒沉降所需的离心力和离心时间。当以一定的离心力在一定的离心时间内进行离心时，在离心管底部就会得到最大和最重颗粒的沉淀。分出的上清液在加大转速时再进行离心，又会得到第二部分较大、较重颗粒的沉淀及含较小和较轻颗粒的上清液。如此多次离心处理，即能把液体中的不同颗粒较好地分离开。此法所得的沉淀是不均一的，仍杂有其他成分，需经过 2～3 次的再悬浮和再离心，才能得到较纯的颗粒。

此法主要用于组织匀浆液中分离细胞器和病毒，其优点是：操作简易，离心后用倾倒法即可将上清液与沉淀分开，并可使用容量较大的角式转子。缺点是：需多次离心；沉淀中有夹带，分离效果差，不能一次得到纯颗粒；沉淀于管底的颗粒受挤压，容易变性失活。

(二)密度梯度区带离心法(区带离心法)

区带离心法是将样品加在惰性梯度介质中进行离心沉降或沉降平衡，在一定的离心力下把颗粒分配到梯度中特定的位置上，形成不同区带的分离方法。此法的优点是：①分离效果好，可一次获得较纯颗粒；②适应范围广，能像差速离心法一样分离沉降系数差的颗粒，又能分离有一定浮力密度差的颗粒；③颗粒不会挤压变形，能保持颗粒活性，并防止已形成的区带由于对流而引起混合。此法的缺点是：①离心时间较长；②需要制备惰性梯度介质溶液；③操作严格，不易掌握。

密度梯度区带离心法又可分为以下两种。

1. 差速区带离心法

在一定的离心力作用下，颗粒各自以一定的速度沉降，在密度梯度介质的不同区域上形成区带的方法称为差速区带离心法。当不同的颗粒间存在沉降速度差时，即可使用本法，不需要像差速沉降离心法所要求的那样大的沉降系数差。此法仅用于分离有一定沉降系数差的颗粒(20%的沉降系数差或更少)或分子质量相差 3 倍的蛋白质，与颗粒的密度无关。大小相同、密度不同的颗粒不能用此法分离。此离心法的关键是选择合适的离心转速和时间。

离心管线装好密度梯度介质溶液，样品液加在梯度介质的液面上。离心时，由于离心力的作用，颗粒离开原样品层，按不同沉降速度向管底沉降。离心一定时间后，沉降的颗粒逐渐分开，最后形成一系列界面清楚的不连续区带。沉降系数较大，往下沉降越快，所呈现的区带也越低。离心必须在沉降最快的大颗粒到达管底前结束。样品颗粒的密度要大于梯度介质的密度。梯度介质通常用蔗糖溶液，其最大密度和浓度分别可达 1.28g/cm^{3}和 60%。

2. 等密度区带离心法

等密度区带离心产生梯度有两种方式：预形成梯度和离心形成梯度。前者是离心管中预先放置好梯度介质，样品加在梯度液面上；后者是样品预先与梯度介质溶液混合后装入离心管，通过离心形成梯度。

离心时，样品的不同颗粒向上浮起，一直移动到与其密度相等的等密度点的特定梯度位置上，形成几条不同的区带，这就是等密度离心法。体系到达平衡状态后，再延长离心时间或提高转速已无意义，处于等密度点上的样品颗粒的区带形状和位置均不再受离心时间所影响。提高转速可以缩短达到平衡的时间。离心所需的时间以最小颗粒到达等密度点的时间为基准，有时可长达数日。

等密度离心法的分离效率取决于样品颗粒的浮力密度差，密度差越大，则分离效果越好，与颗粒大小和形状无关，但大小和形状决定着达到平衡的速度、时间和区带宽度。

等密度区带离心法所用的梯度介质通常为氯化铯(CsCl)，其密度可达 1.7g/cm^3。此法可分离核酸、亚细胞器等，也可以分离复合蛋白质，但对简单蛋白质不适用。

收集区带的方法有许多种:①用注射器和滴管由离心管上部吸出;②用针刺穿离心管底部滴出;③用针刺穿离心管区带部分的管壁,把样品区带抽出;④用一根细管插入离心管底,泵入超过梯度介质最大密度的取代液,将样品和梯度介质压出,用自动部分收集器收集。

四、离心操作的注意事项

高速与超高速离心机是生物化学实验教学和科研的重要精密设备,因其转速高,产生的离心力大,如使用不当或缺乏定期的检修和保养,都可能发生严重事故,因此,使用离心机时必须严格遵守操作规程。

(1)使用各种离心机时,必须事先在天平上精密地平衡离心管和其内容物,平衡时重量之差不得超过各个离心机说明书上所规定的范围。每个离心机不同的转头有各自的允许差值,转头中绝对不能装载单数的管子。当转头只是部分装载时,管子必须互相对称地放在转头中,以便使负载均匀地分布在转头的周围。

(2)装载溶液时,要根据各种离心机的具体操作说明进行,根据待离心液体的性质及体积选用适合的离心管。有的离心管无盖,液体不得装得过多,以防离心甩出,造成转头不平衡、生锈或被腐蚀。制备型超速离心机的离心管一般要求将液体装满,以免离心时塑料离心管的上部凹陷变形。严禁使用显著变形、损伤或老化的离心管。每次使用后,必须仔细检查转头,及时清洗、擦干。转头是离心机中需重点保护的部件,搬动时要小心,不能碰撞,避免造成伤痕,转头长时间不用时,要涂上一层上光蜡保护。

(3)若要在低于室温的温度下离心时,转头在使用前应放置在冰箱或置于离心机的转头室内预冷。

(4)离心过程中不得随意离开,应随时观察离心机上的仪表是否正常工作,如有异常的声音应立即停机检查,及时排除故障。

(5)每个转头各有其最高允许的转速和使用累积的时限,使用转头时要查阅说明书,不得过速使用。每一转头都要有一份使用档案,记录累积的使用时间,若超过了该转头的最高使用限时,须按规定降速使用。

第十章　透析技术

透析技术是利用半透膜的选择性，在溶液里分离大分子和小分子的一种分离技术。严格意义上，透析仅指溶质的转移，而溶剂的转移称为渗透。但这里所阐述的透析应为广义的透析，包括了溶质和溶剂的转移。透析技术产生于19世纪中叶，由 Thomas Graham 始创，与现在医疗上采取的血液透析操作原理一致。生物化学上，透析技术常用于除去蛋白质或核酸样品中的盐、变性剂、还原剂之类的小分子杂质。

一、透析原理及影响因素

透析使用的半透膜可以看作是有很多小孔的薄膜，分子质量足够小的物质，如水、盐离子和其他一些小分子物质，可以顺浓度梯度从膜的一侧向另一侧转移。大分子物质，如蛋白质、核酸或多糖等，因其分子直径大于孔的直径，则完全被阻滞在膜的一侧，而不能通过膜（图10－1）。

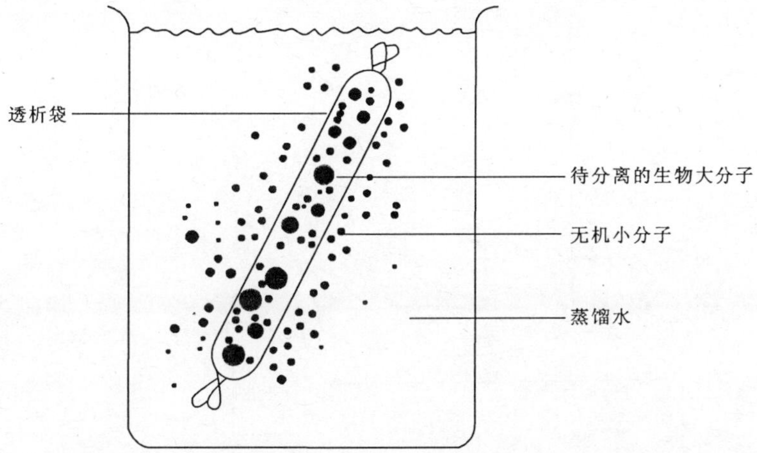

图10－1　透析原理示意图

在实际应用中通常将半透膜制成袋装，对生物大分子样品进行透析。透析时，保留在透析袋内未透析出的样品溶液称为保留液，袋外的溶液称为渗出液或外滤液。透析的动力主要是扩散压，后者由横跨膜两边的浓度梯度形成。影响溶质从高浓度处向低浓度处扩散的主要因素包括以下几个方面：

（1）溶液浓度梯度。膜两侧溶液之间的溶质浓度梯度越高，则扩散越快。

（2）溶质分子质量。溶质分子质量越大，分子运动的速度越慢，通过半透膜的速率就越慢，当分子大小接近或超过膜孔，溶质仅部分或完全不能通过半透膜。

(3)半透膜阻力。壁厚、膜孔数目少或膜孔小的半透膜对溶质转运的阻力大。

(4)温度。升高温度可加快透析速度,但为了保证生物分子的活性,通常采用 4℃透析。

(5)贴近半透膜的液体层。贴近半透膜不流动的液体层会降低膜两侧溶质的有效浓度梯度,抑制溶质扩散,所以在透析时使用磁力搅拌器来加速液体的流动。

(6)膜两侧跨膜压。增加膜两侧的跨膜压会促进膜两侧物质的交换。若造成膜的一侧处于真空状态,则小分子物质会很容易透过半透膜,这个过程称为超滤。

二、透析技术的应用

透析常用于除去生物大分子(如蛋白质、核酸等)中的小分子杂质,有时也用于置换样品缓冲液。选择不同规格的透析袋,样品处理量可从 10μL 直至上百毫升,样品回收率可高达 95%,截留分子质量也可从几百至几百万道尔顿。

透析袋的另一个用途是可进行蛋白质等溶液的浓缩。将要浓缩的溶液装入透析袋,两端扎紧,埋入高分子(相对分子质量 6 000~12 000)聚合物(如聚乙二醇、聚乙烯吡咯烷酮或蔗糖等)固体吸水剂中,或将吸收剂配成 30%~40%浓度的溶液,将装有蛋白液的透析袋放入即可。吸水剂用过后,可放入烘箱或自然干燥后再使用。

透析装置一般包括磁力搅拌器、烧杯、玻璃棒和透析袋组成(图 10-2)。

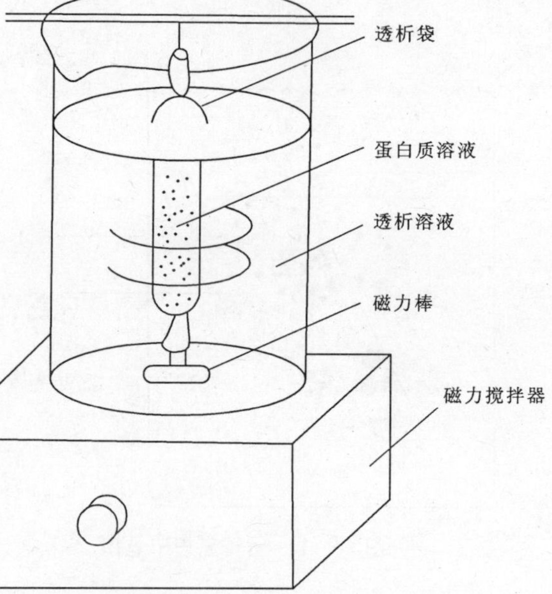

图 10-2 透析装置示意图

三、透析操作及注意事项

透析袋多由纤维素制成,也可以是动物膜和玻璃纸等,为防干裂,常用甘油处理过,并常含有极微量的硫化物、重金属和一些具有紫外吸收的杂质。为避免待透析的分子损失活性,透析袋使用前通常需要按下述方法进行处理:

(1)戴手套把透析袋剪成适当长度,浸在蒸馏水中 15min 泡软。

(2)浸入 10mmol/L 碳酸氢钠中,边搅拌边加热至 80℃,维持 30min。

(3)换到 10mmol/L EDTA－Na_2 中浸泡 30min。

(4)再用 80℃蒸馏水洗 30min。

(5)如不立即使用,可将此膜浸入 0.05%的叠氮化钠或 0.1%的苯甲酸钠或 20%～50%的乙醇中,在 4℃的冰箱中保存。使用前蒸馏水冲净。

如还需除去具有紫外吸收的杂质,可在碳酸氢钠处理前用 50%的乙醇处理。倘若对新透析袋除杂质要求不是十分严格,则可不作上述特殊处理,而直接用沸水煮 5min,再用蒸馏水洗净即可。

目前为方便快速地实现各种透析,市场上出现了各种透析产品。除了常用的透析袋外,还出现了透析管、透析卡等。而且它们的前处理也大大简化了,甚至有些产品不必进行前处理即可直接使用。

透析过程中还应注意以下问题:

(1)透析袋在使用前要试装蒸馏水,看透析袋有没有蛀孔,是否有水喷出。绑透析袋时不要太用力拉扯,否则透析袋会裂开。

(2)透析时,一方面为避免透析材料过于稀释,透析袋应尽量装满;另一方面为防止水或缓冲液进入袋内将袋胀破,又需要透析袋留有一定的空间。综合二者,通常将待透析物装至袋内体积 2/3 的空间。

(3)一般透析至少要 3h,其间至少要换透析液 2 次,透析才能完全。

(4)每次更换透析液时,暂时不要丢掉歪滤液,收集起来以防薄膜破裂造成的流失。

(5)小量体积溶液的透析,可在袋内放一截玻璃棒,以使透析袋沉入液面以下。

(6)透析袋如需灭菌可采用蒸汽灭菌,或暴露于环氧乙烷中。

(7)未使用的透析袋装于聚乙烯袋中,防止过于受潮,并避免被污染。

第三部分

生物化学基础实验

第十一章　糖与脂类

实验一　糖定量测定（蒽酮法）

一、目的

掌握蒽酮法测定糖的原理和方法。

二、原理

强酸可使糖类脱水生成糠醛。生成的糠醛或羟甲基糖醛与蒽酮脱水缩合，形成糠醛的衍生物，呈蓝绿色。颜色的深浅可作为定量的标准。

这一方法有很高的灵敏度，糖含量在 30μg 左右就能进行测定，所以可作为微量测糖之用。一般样品少的情况下，采用这一方法比较合适。

三、实验材料、器材和试剂

1. 实验材料

棉花。

2. 实验器材

①722 型分光光度计；②分析天平；③100mL 三角瓶；④漏斗；⑤滤纸；⑥坐标纸；⑦100mL 容量瓶；⑧刻度试管；⑨刻度吸管（0.5mL×1，5mL×1，1mL×1，2mL×2）；⑩25mL 量筒。

3. 实验试剂

(1)蒽酮试剂 100mL：称取蒽酮 2g，溶于 100mL 乙酸乙酯中。

(2)乙酸乙酯。

(3)浓 H_2SO_4。

(4)200μg/mL 的标准葡萄糖液 100mL。

称取分析纯葡萄糖（经 80℃烘干、过夜）20mg（20 000μg），加蒸馏水定容至 100mL。

四、操作步骤

1. 葡萄糖标准曲线的制作

在每支试管中立即加入蒽酮试剂 0.5mL

↓

缓慢加入浓 H_2SO_4 5mL

↓ 反应 10min

用 722 型分光光度计在 620nm 波长下比色

↓

以标准葡萄糖浓度作横坐标，以 *OD* 值作纵坐标

↓

作出标准曲线

取 6 支刻度试管，按表 11－1 数据配制一系列不同浓度的葡萄糖溶液。

表 11－1　不同浓度葡萄糖溶液的配制

试　剂	管　号					
	1	2	3	4	5	6
加葡萄糖原液(200μg/mL)(mL)	0	0.2	0.4	0.6	0.8	1.0
蒸馏水(mL)	2.0	1.8	1.6	1.4	1.2	1.0
葡萄糖含量(μg)	0	40	80	120	160	200

2. 植物样品中可溶性糖的提取

准确称取棉花 0.5g，置于 100mL 三角瓶中

↓

加蒸馏水 50mL

↓

在 80℃水浴中加热 20min(搅拌)

↓

过滤(100mL 容量瓶中)

↓

用蒸馏水定容至 100mL 刻度，摇匀，待测

↓

可溶性糖溶液

3. 测定

取 2 支刻度试管，各吸取 2mL 提取液

↓

加入 0.5mL 蒽酮试剂

↓

再缓慢加入 5mL 浓 H_2SO_4，摇匀

↓

反应 10min，用 722 型分光光度计在 620nm 波长下比色

五、计算

$$植物样品含糖量=\frac{查表所得的糖量(\mu g)\times 稀释倍数}{样品重(g)\times 10^6}\times 100$$

实验二 脂肪皂化值的测定

一、目的

熟悉和掌握测定脂肪皂化值的原理与方法。

二、原理

碱可以水解脂肪得甘油和脂肪酸，而脂肪酸可与碱中和生成脂肪酸盐，这种中和作用叫做脂肪的皂化作用。所谓皂化值，即皂化 1g 脂肪所需要氢氧化钾的毫克数。其皂化作用的反应方程式如下：

$$C_3H_3(OCOR)_3+3H_2O \rightarrow 3RCOOH+C_2H_5(OH)_3$$

$$RCOOH+KOH \rightarrow RCOOK+H_2O$$

$$C_3H_3(OCOR)_3+3KOH \rightarrow C_3H_3(OH)_3+3RCOOK$$

据上述方程可知，每皂化 1 分子脂肪，即需 3 分子的碱，因此，脂肪的分子质量大，其皂化值则愈小。故根据皂化值的高低，即可粗略地估计脂肪的平均分子质量。脂肪的分子质量取决于构成脂肪的脂肪酸碳链的长短，所以由长链脂肪构成的脂肪，其皂化值小，而由短链脂肪酸构成的脂肪，其皂化值一般在 190～200 之间。表 11－2 列举了部分油脂的皂化值。

另外，有些油脂(如蜡、树脂等)比较稳定，不易水解皂化。实验中如遇这类脂肪，一方面可延长加热时间至 1～4h，另一方面可加入等体积的某些高沸点物质(如苯、甲苯、二甲苯、丙醇、丁醇和戊醇等)和少许沸石，并用油浴加热以升高加热温度。由于加热时间延长，空气中的二氧化碳吸入，会使测得的皂化值高于实际值。为了避免空气中的二氧化碳被吸入，需在冷凝管上端装上碱石灰柱。

表 11－2 部分油脂的皂化值

油脂	皂化值	油脂	皂化值
液态动物脂肪	170～260	芥子油	174
植物油类	170～200	奶油	227
菜子油	173	松香	160～180

三、实验材料、器材和试剂

1. 实验材料

菜油。

2. 实验器材

①100mL 锥形瓶 2 个；②滴管 1 支；③漏斗 1 个；④水浴锅 1 个；⑤滴定管 1 支。

3. 实验试剂

(1)0.10mol/L 氢氧化钾乙醇溶液：称取氢氧化钾 2.8g 溶于 500mL 无水乙醇中，以草酸(或邻二甲酸氢钾)标定其浓度，并加以校正。

(2)0.05mol/L 盐酸：取浓盐酸(比重 1.18～1.19)10mL，用蒸馏水稀释至 1 000mL，混匀，用碳酸钠溶液标定其浓度，并加以校正。

(3)70%乙醇。

(4)1%酚酞指示剂：酚酞 1g 溶于 100mL 95%的乙醇中即成。

四、操作方法

(1)准确称取菜油 0.10～0.12g 加入 100mL 的锥形瓶中，再加入 0.1mol/L 氢氧化钾乙醇溶液 10mL。

(2)于瓶口插一漏斗，并用空心玻璃球塞住漏斗颈上端孔，便于回流之用。

(3)将锥形瓶置于沸水浴内加热 30～60min，直至瓶内脂肪完全皂化为止，此时瓶内溶液应澄清、无油珠(皂化过程中，由于乙醇蒸发，可适当补加 70%乙醇中性液，以维持溶液的体积)。

(4)皂化完毕，取出，稍微冷却，加 1%酚酞指示剂 2 滴，用 0.1mol/L 盐酸溶液以微量滴定管滴定剩余的碱，记录盐酸的用量。

(5)另取 1 个 100mL 锥形瓶，除不加菜油外，其他步骤均与上述操作相同，以作空白对照，记录盐酸用量。

五、计算

$$\text{皂化值}=(a-b)\times 0.1\times 56/\text{脂肪重量(g)}$$

式中：a 为滴定有脂肪瓶所耗 0.1mol/L 盐酸溶液毫升数；b 为滴定空白瓶所耗 0.1mol/L 盐酸溶液毫升数。

实验三　脂肪碘值的测定

一、目的

熟练掌握测定脂肪碘值的原理与方法。

二、原理

天然油脂中含有不饱和脂肪酸，脂肪的碘值是衡量脂肪中所含不饱和脂肪不饱和程度的一个重要指标。不饱和脂肪酸及其脂的双键能与卤元素发生加成反应，脂肪酸越不饱和，则吸收卤族元素愈多。利用这种反应可测定出脂肪的碘值。通常规定 100g 脂肪所能吸收碘的克数叫脂肪的碘值，显然，碘值越高，说明脂肪不饱和程度就越大。碘值可以用于判断油脂的干燥性质，也可以用于计算氧化过程中饱和油脂的氢量，还可以用于判断某些脂肪的纯度（如硬脂酸，碘值 2 为一级纯，4 为二级纯，6 为三级纯，16 为四级纯）。表 11－3 是某些油脂的碘值。

表 11－3　某些油脂内的碘值

油脂	碘值	油脂	皂化值
液态动物油	90～120	汽油	<10
固态动物油	60	松香	144～204
植物油类	80～200	虫胶片	5～25

具有一个双键或隔离双键的不饱和脂肪酸及其油脂与卤素加成作用极易反应，反应方程式如下：

$$R_1CH{=}CH(CH_2)_nCOOH + Br_2 \rightarrow R_1\underset{\displaystyle Br}{\underset{|}{C}}H{-}\underset{\displaystyle Br}{\underset{|}{C}}H\ (CH_2)_nCOOH$$

加成作用与不饱和脂肪酸及其油脂本身的结构有密切关系，而且也取决于卤素的活性，卤素的活性自氯至碘逐渐减小，氯化碘、溴化碘的活性则位于其中，它们的活性可以概括为下列不等式：

$$I_2 < IBr < Br_2 < ICl < Cl_2$$

其中，氯和溴最活泼，它们不仅能饱和双链，而且还能取代氢。碘较迟钝，一般情况下不能取代氢，甚至不能充分饱和双键，所以脂肪的加碘反应速度很慢；氯化碘和溴化碘在一定条件下可以定量地饱和双键而不发生取代作用。因此，在脂肪的碘值测定中，通常要用氯化碘（Wijs 氏法）或溴化碘（Hanus 氏法）促成之。本实验用溴化碘进行加成，其反应步骤如下：

$$RCH{=}CH(CH_2)_nCOOH + IBr \rightarrow R\underset{\displaystyle Br}{\underset{|}{C}}H{-}\underset{\displaystyle I}{\underset{|}{C}}H(CH_2)_nCOOH$$

为了加速反应，常使溴化碘过量，反应剩下的溴化碘可以加入碘化钾与其作用，析出游离碘，然后用硫代硫酸钠标准溶液滴定此游离碘，记录硫代硫酸钠用量。

$$IBr + KI \rightarrow KBr + I_2$$

$$I_2 + 2Na_2S_2O_3 \rightarrow 2NaI + Na_2S_4O_6$$

同时作一空白实验，记录硫代硫酸钠用量。

从空白实验与有脂肪酸的实验消耗的硫代硫酸钠溶液的体积之差，可以计算出脂肪的碘值。

三、实验材料、器材和试剂

1. 实验材料

菜油。

2. 实验器材

①100mL 碘量瓶 2 个；②吸管 1 支；③滴管 1 支；④微量滴定管 1 支。

3. 实验试剂

(1)氯仿。

(2)Hanus 氏试剂：称取碘 13.2g 溶于 1 000mL 冰醋酸，略加热，待冷却后，加溴约 3mL 即成。

(3)1%淀粉溶液：称取可溶性淀粉 1g，加蒸馏水 10mL，混匀，缓慢倾倒入约 60mL 的沸蒸馏水中，搅拌均匀后冷却，最后用蒸馏水稀释至 100mL。

(4)10%碘化钾溶液：称取碘化钾 10g 溶于 100mL 蒸馏水。

(5)0.025mol/L 硫代硫酸钠标准溶液：称取硫代硫酸钠 25g，溶于已煮沸过的冷蒸馏水中，定容至 1 000mL，此溶液浓度约为 0.5mol/L，用时再稀释 1 倍。用碘化钾溶液标定其浓度。

四、操作方法

(1)准确称取菜油 50～80mg 置于 100mL 碘量瓶中，加入氯仿约 3mL，轻轻摇动，使脂肪完全溶解(注意氯仿应纯净，如若不纯，它不断地放出碘，会大大延长滴定时间)。

(2)加入 Hanus 氏试剂，注意勿使试剂接触瓶颈，盖好瓶塞，滴 10%碘化钾溶液数滴于玻璃塞周围以防碘的外泄。将瓶置于暗处 30min，并不时轻摇之(如果溶液变浑浊，可再加入适量氯仿，以使之澄清)。

(3)30min 后，取出碘量瓶，小心拿出瓶塞，并沿瓶塞加入 10%碘化钾溶液 3mL 和蒸馏水 20mL(用其中一部分冲洗瓶塞及瓶颈)。立刻以 0.025mol/L 硫代硫酸钠标准液滴定，开始时可迅速滴入并剧烈振摇，直至溶液呈浅黄色时，加 1%淀粉溶液数滴作指示剂，继续滴定，将近终点时，盖上玻璃塞，用力振摇，以免碘残留于氯仿中，滴定至浅蓝色消退为止，记录滴定消耗硫代硫酸钠溶液的毫升数。

(4)另作一空白实验，除不加脂肪外，其他操作步骤均与上述相同。记录空白实验滴定消耗硫代硫酸钠溶液的毫升数。

五、计算

$$\text{碘值} = (a-b) \times 0.05 \times 127/1000 \times 100/\text{脂肪重量(g)}$$

式中：a 为有脂肪的实验所耗 0.025mol/L 硫代硫酸钠标准溶液的毫升数；b 为空白实验所耗 0.025mol/L 硫代硫酸钠标准溶液的毫升数。

第十二章　蛋白质

实验四　氨基酸的分离与鉴定

一、目的

(1)通过实验,了解氨基酸滤纸层析法的原理。

(2)掌握氨基酸滤纸层析操作的方法。

二、原理

滤纸层析是以滤纸作为惰性支持物的分配层析。展层溶剂由有机溶剂和水组成。滤纸纤维上的羟基具有亲水性,因此,将吸附在滤纸上的一层水作为固定相,而通常把有机溶剂作为流动相。纸层析可以看作是溶质(样品)在固定相与流动相之间的连续抽提。由于溶质在两相中的分配系数不同,不同氨基酸随流动相移动的速率就不同,于是将这些氨基酸分离开来,形成距原点距离不同的层析点。

溶质在滤纸上的移动速率用 R_f 值表示(图 12-1),计算公式如下:

$$R_f = X/Y$$

式中:X 为原点到层析斑点中心的距离;Y 为原点到展层溶剂前沿的距离。

在一定条件下某种物质的 R_f 值为常数。R_f 值的大小与样品的结构、性质、溶剂系统(溶剂的性质、溶剂的 pH)、层析的温度和层析滤纸有关。此外,样品中的盐分、其他杂质以及点样过多皆会影响样品的有效分离。

纸层析法分离氨基酸,一般操作是将样品溶解在适当溶剂(水缓冲液或有机溶剂)中,样品点在滤纸的一端,再选用适当的溶剂系统,从点样的一端通过毛细现象向另一端展开。展开完毕,取出滤纸晾干或烘干,再以适当的显色剂或在紫外灯下观察纸层析图谱。本实验用茚三酮作为显色剂,就可得到氨基酸样品的分离图谱。

纸层析操作按溶剂展开方向可分为上行、下行和径向 3 种。氨基酸分离一般采用上行法。上行法又可分为单向和双向,对一般成分较为简单的样品单向展开即能达到分离的目的。成分较为复杂的样品由于在单向层析中某些物质的斑点相互重叠难以分离,故必须采用双向层析,即先以一种溶剂系统展开后,再以另一种性质相异的溶剂系统在其垂直方向作第二次展开,从而达到分离的目的。

氨基酸是无色的,利用茚三酮反应,可将氨基酸层析点显色,作定性、定量分析。

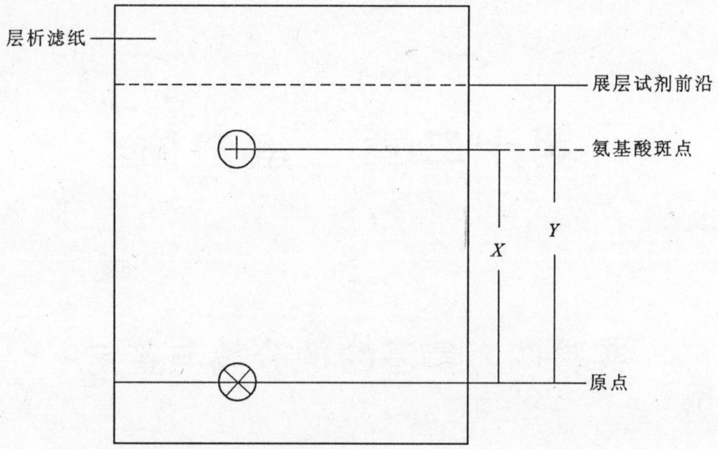

图 12-1 氨基酸迁移率 R_f 计算示意图

三、实验材料、器材和试剂

1. 实验材料

氨基酸溶液。

2. 实验器材

①层析缸或标本缸；②层析滤纸(新华一号)；③点样毛细管(直径 0.5mm)；④培养皿；⑤电吹风；⑥喷雾器；⑦烘箱；⑧针、尺子、剪刀、铅笔；⑨分液漏斗；⑩烧杯。

3. 实验试剂

(1)展层溶剂:正丁醇∶冰醋酸∶水=4∶1∶3。将正丁醇 100mL 和冰醋酸与醋酸 25mL 放入 250mL 分液漏斗中，与 75mL 水混合，充分振荡，静止后分层，放出下层水层后备用。

(2)氨基酸溶液:0.5%的赖氨酸、缬氨酸、苯丙氨酸、亮氨酸溶液及其混合液(各组分含量均为 0.5%)。

(3)显色剂:0.1%茚三酮正丁醇溶液。

四、操作方法

(1)将盛有平衡溶剂的培养皿置于密闭的层析缸或标本缸中。

(2)取层析滤纸一张，在纸的一端距边缘 2～3cm 处用铅笔轻轻划一条直线，在此直线上每间隔 1cm 用铅笔做一记号，共 5 个记号(图 12-2)。

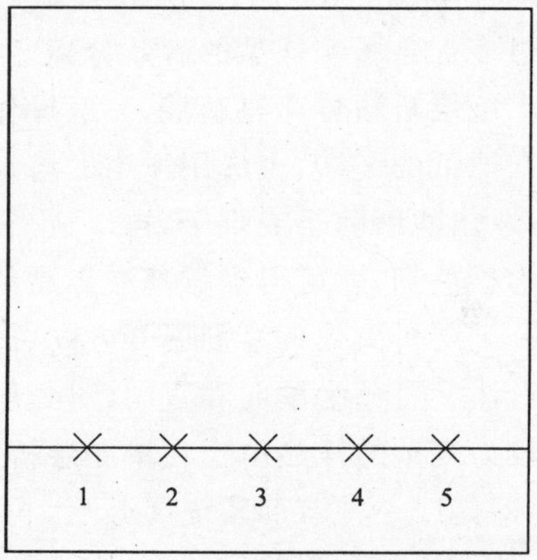

图 12-2 层析点样记号制作示意图

(3)点样:用毛细管将各种氨基酸样品分别点在上述 5 个位置上，干后再点一次。每个点在纸上扩散的直径最大不超过 5mm，否则分离效果不好，样品会因用量大而造成“拖尾”现象。

(4)展层:滤纸上的点样干燥后，用线将滤纸缝成筒状，纸的两边不能接触。然后把滤纸直立于盛有展层溶剂的培养皿中(点样的一端在下，展层溶剂的液面需低于点样线 1cm)。待展层溶剂上升至 13～15cm 时即取出滤纸，用铅笔描出展层溶剂前沿界线，自然干燥或用吹风机热风吹干。

(5)显色：用喷雾器均匀喷上 0.1%茚三酮正丁醇溶液，然后置 65℃烘箱中烘 30min 后取出或用吹风机热风吹干，使之呈现出紫红色斑点，用铅笔化出轮廓(图 12-3)。

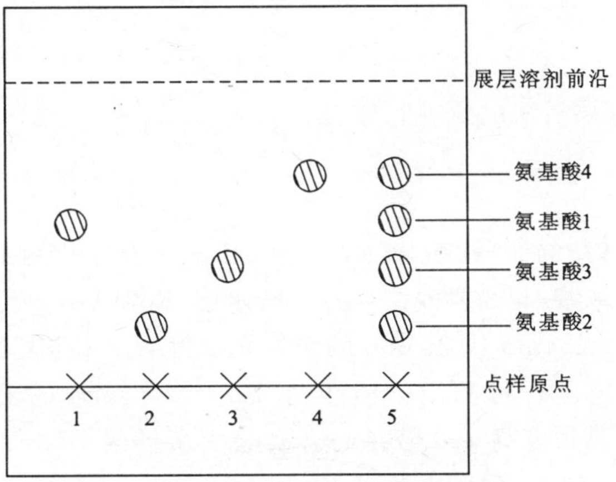

图 12-3　4 种氨基酸纸层析示意图

(6)R_f 值的计算：显色完毕后，用铅笔将各种氨基酸显色斑点的形状轻轻描出。然后量出每一显色斑点中心与原点之间的距离和原点到溶剂前沿的距离，计算各种氨基酸的 R_f 值，并确定混合氨基酸的组成，各组将实验结果的滤纸写上姓名后与实验报告一起交给教师。

(7)实验完毕后，将微量注射器内外用蒸馏水清洗干净，倒掉用过的展层液和平衡液，将培养皿洗净，整理好桌面上的仪器和试剂，并注意清洁自己的操作台。

五、注意事项

(1)选用合适、洁净层析滤纸。

(2)使用茚三酮显色法，在整个层析操作中，避免用手接触层析滤纸，因手上常有少量含氨物质，在显色时也显出紫色斑点，污染层析结果。因此，在操作过程中应戴手套或指套，同时也要防止空气中氨的污染。

(3)点样斑点不能太大(其直径应小于 5mm)，防止氨基酸斑点不必要的重叠。吹风机温度不宜过高，否则斑点变黄。

(4)根据一定目的、要求选择合适的溶剂系统。

(5)点样的一端朝下，扩展剂的液面需低于点样线 1cm。

注意：R_f 值常受实验条件的影响，如纸张的质地、溶剂的纯度、pH 值和含水量、层析的温度和时间等。因此，实验时对以上因素必须严格控制。

实验五 DNS－Cl法测定蛋白质N－末端的氨基酸

一、目的

(1)学习用DNS－Cl法分析蛋白质的N－末端氨基酸。

(2)掌握聚酰胺薄膜层析法的原理和方法。

二、原理

蛋白质N－末端氨基酸的2－氨基与荧光试剂DNS－Cl(二甲氨基萘磺酰氯)反应后得到Dansyl－蛋白质(二甲氨基萘-5磺氨酰蛋白)，经酸水解，得到Dansyl、氨基酸和各种游离氨基酸。DNS－氨基酸在波长254nm或265nm的紫外光照射下发出强烈的黄绿色荧光，易于进行色谱分离，用聚酰胺薄膜层析可测出含量仅为$10\sim10^{-1}$ mol的DNS－氨基酸，比FDNB(2,4－二硝基氟苯法)的灵敏度高100倍左右。实验中所得的DNS－氨基酸比相应的FDNB法得到DNP－氨基酸更稳定，且耐酸水解。

本实验的反应首先在碱性(pH值为9.5～10.5)条件下，使蛋白质N－末端氨基酸与DNS－Cl结合，得到二甲基氨萘-5－磺酰蛋白(DNS－蛋白)。此DNS－蛋白在6mol/L HCl中水解时，蛋白质中的肽键均发生断裂，得到游离的氨基酸，而N－末端的氨基酸形成DNS－氨基酸。对此DNS－氨基酸进行鉴定，即可确定蛋白质的N－末端氨基酸(图12－4)。

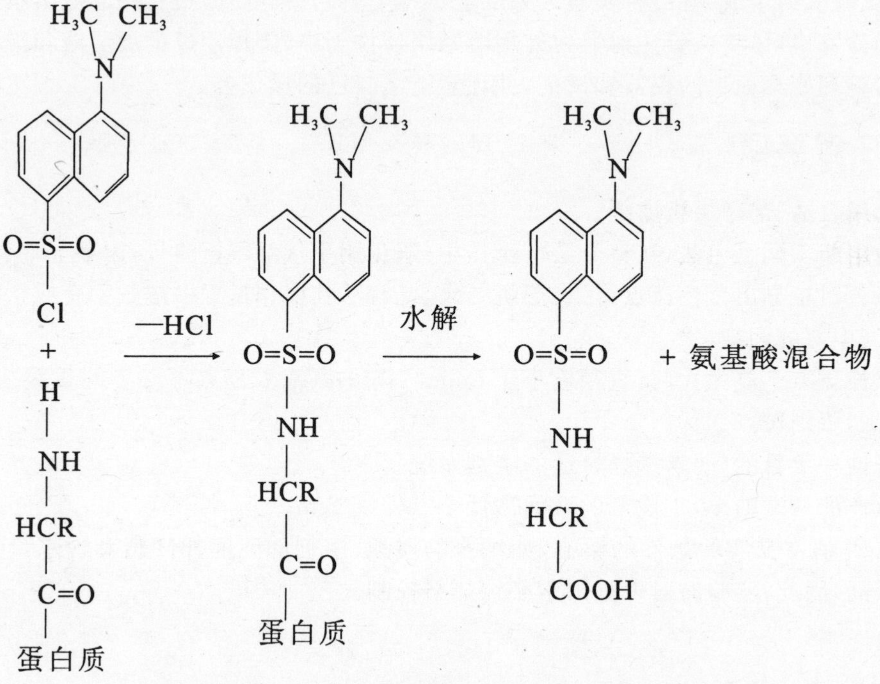

图12－4 DNS－Cl测定蛋白质N－末端氨基酸反应原理

DNS－Cl 能与所有的氨基酸作用生成具有荧光的衍生物，这些衍生物都相当稳定，在 5.7mol/L盐酸溶液中经 105℃条件下水解 22h，除 DNS－色氨酸全部被破坏外，DNS－脯氨酸、DNS－丝氨酸(35%)、DNS－甘氨酸(18%)及 DNS－丙氨酸(70%)也被破坏，但其他 DNS－氨基酸没有任何损失。

聚酰胺薄膜是将锦纶涂布于涤纶上制成。锦纶由己二酸和己二胺聚合而成，其中含有大量的酰胺基团。由于酰胺的－C－O 基及酰胺的－NH_2基可与被分离组分形成氢键，因此，可以吸收酸类、酚类、硝基及胺基化合物等。由于被分离物质与其形成氢键的能力不同，因此，对各种物质吸附的强度亦不同。由此应选择适当的溶剂，使被分离物质在膜表面与溶剂间的分配系数产生较大的差异，经过吸附与解吸附的展层过程，使被分离物质彼此分开。

与纸层析相比，聚酰胺薄膜层析在分析氨基酸衍生物时具有灵敏度高、分辨率强、速度快、操作方便等优点，在生物化学分析中起到了越来越重要的作用。

三、实验材料、器材和试剂

1. 实验材料

结晶胰岛素。

2. 实验器材

①紫外灯；②烘箱；③恒温箱；④聚酰胺薄膜；⑤层析缸；⑥吹风机；⑦毛细管。

3. 实验试剂

(1)0.2mol/L $NaHCO_3$。

(2)1mol/L NaOH。

(3)乙酸乙酯。

(4)DNS－Cl 丙酮溶液(25mg/mL)。

(5)6mol/L HCl。

(6)展层试剂：甲酸∶水＝1.5∶100(V/V)(第一相)；苯∶冰乙酸＝9∶1(V/V)(第二相)。

四、操作方法

(1)蛋白质样品的 Dansyl 化：用 0.2mol/L $NaHCO_3$将结晶胰岛素配成 2mg/mL 的溶液，用 1mol/L NaOH 调节 pH 值到 9.0～9.5。取上述溶液 4 滴于小离心管中，加入 4 滴 DNS－Cl 丙酮溶液，混匀，用胶布封口，置 40℃烘箱中保温 1h，取出后真空抽干(或 60℃蒸去丙酮)。固体混合物即为 DNS－胰岛素。

(2)DNS－胰岛素的水解和 DNS－氨基酸的抽提：在上述离心管内，加入 0.2mL 6mol/L HCl 溶液，使其溶解，转移到小安瓿管中，用火焰封口，置于 110℃烘箱水解 18h 左右。水解后开管，抽干真空或用吹风机吹干，加 2 滴 0.2mol/L Na_2CO_3 溶液，并用 1mol/L HCl 调 pH 值至 2.0～2.5，加入 5～6 滴乙酸乙酯，稍微晃动，安瓿管上层乙酸乙酯层内含 DNS－末端氨基酸，再用乙酸乙酯抽提 2～3 次，加入 0.1mL 丙酮溶解，待用。

(3)DNS－标准氨基酸的制备：由于已知胰岛素 A、B 链的 N－末端分别为甘氨酸和苯丙氨酸，因此，将标准甘氨酸和标准苯丙氨酸分别用 0.2mol/L $NaHCO_3$配成 0.5mg/mL 浓度的溶液，用 1mol/L NaOH 调 pH 值至 9.0～9.5。用滴管取标准甘氨酸溶液 3～4 滴装入安瓿管内，再取苯丙氨酸溶液 3～4 滴装入另一个安瓿管中，在每个安瓿管中加入等体积的 DNS－Cl

丙酮溶液，摇匀，用胶布封口，置于 40℃恒温箱中保温 1h。取出，蒸去丙酮，滴入 1mol/L 的 HCl 调 pH 值至 2.0～2.5，加入乙酸乙酯 5～6 滴，轻微摇动，安瓿管上层乙酸乙酯层即含 DNS-标准氨基酸，再用乙酸乙酯抽提 2～3 次，蒸去乙酸乙酯，加入 0.1mL 丙酮溶液，待用。

(4)DNS-氨基酸的层析：将聚酰胺薄膜剪成 7cm×7cm 的方块，距边 1cm 处画一直线作为基线，基线上画几个“×”点，作为点样起始点。

点样：将 DNS 胰岛素水解液与 DNS-甘氨酸、DNS-苯丙氨酸一起点在基线“×”处，点样直径不超过 2mm，每点完一次，用吹风机吹干。

展层：将点完样品的薄膜光面向外，聚酰胺面向内，用橡皮筋箍住，置于装有第一相展层溶解的培养皿中，进行单相展层，直到溶剂前沿距顶 1cm 处，取出薄膜吹干。将聚酰胺薄膜倒转 90°，在第二相展层溶剂进行展层，直到溶剂前沿距顶端 1cm 处，取出聚酰胺薄膜，吹干。

(5)结果分析：将层析后的薄膜置于 254nm 或 265nm 的紫外灯下观察，将绿色荧光点画在膜上，通过样品水解 N-末端氨基酸与 DNS-甘氨酸、DNS-苯丙氨酸的层析位置比较，证明胰岛素 N-末端是哪一种氨基酸。

实验六　蛋白质的沉淀作用

一、目的

(1)掌握沉淀蛋白质的各种方法。

(2)学习沉淀作用的两种类型。

二、原理

蛋白质分子在水溶液中，由于其表面形成了水化层和双电层而成为稳定的胶体颗粒，所以蛋白质溶液和其他亲水胶体溶液相似。但在一定的物理化学因素影响下，由于蛋白质胶体颗粒的稳定条件被破坏，如失去电荷、脱水，甚至变性，而以固态形式从溶液中析出，这个过程称为蛋白质的沉淀反应。这种反应可分为可逆沉淀和不可逆沉淀反应两种类型。

(1)可逆沉淀反应。蛋白质虽已沉淀析出，但其分子内部结构并未发生显著变化，如果把引起沉淀的因素去除后，沉淀的蛋白质能重新溶于原来的溶剂中，并保持其原有的天然结构和性质。利用蛋白质的盐析作用和等电点作用，以及在低温下，乙醇、丙酮短时间对蛋白质的作用等所产生的沉淀都属于这一类沉淀反应。

(2)不可逆沉淀反应。蛋白质发生沉淀时，其分子内部结构空间构象遭到破坏，蛋白质分子由规则性的结构变为无秩序的伸展肽链，使原有的天然性质丧失，这时蛋白质已发生变性。这种变性蛋白质的沉淀已不能再溶解于原来溶剂中。

引起蛋白质变性的因素有重金属、植物碱试剂、强酸、强碱、有机溶剂等化学因素，加热、振荡、超声波、紫外线、X 射线等物理因素。它们都能因破坏了蛋白质的氢键、离子键等次级键而使蛋白质发生不可逆沉淀反应。

天然蛋白质变性后，变性蛋白质分子互相凝聚或互相穿插缠绕在一起的现象称为蛋白质的凝固。凝固作用分两个阶段：首先是变性，其次是失去规律性的肽链聚集缠绕在一起而凝固或结絮。几乎所有的蛋白质都会因加热变性而凝固，变成不可逆的不溶状态。

三、实验材料、器材和试剂

1. 实验材料

①鸡蛋或鸭蛋；②酪蛋白。

2. 实验器材

①试管及试管架；②滴管；③移液管；④小玻璃漏斗；⑤滤纸；⑥透析袋；⑦玻璃棒；⑧线绳或透析袋夹；⑨烧杯；⑩量筒；⑪恒温水浴锅。

3. 实验试剂

(1)蛋白质溶液：取 5mL 鸡蛋清或鸭蛋清，用蒸馏水稀释至 100mL，搅拌均匀后用 4～8 层纱布过滤，新鲜配制。

(2)蛋白质氯化钠溶液：取 20mL 蛋清，加蒸馏水 200mL 和饱和氯化钠溶液 100mL，充分搅匀后，以纱布滤去不溶物(加入氯化钠的目的是溶解球蛋白)。

(3)其他试剂：①硫酸铵；②3%硝酸银溶液；③0.5%乙酸铅溶液；④10%三氯乙酸溶液；⑤饱和硫酸铵；⑥浓盐酸；⑦浓硫酸；⑧浓硝酸；⑨5%磺基水杨酸溶液；⑩0.1%硫酸铜溶液；⑪饱和硫酸铜溶液；⑫0.1%乙酸溶液；⑬饱和氯化钠溶液。

四、操作方法

1. 蛋白质的盐析作用

用大量的中性盐使蛋白质从溶液中沉淀析出的过程称为蛋白质的盐析作用。蛋白质是亲水胶体，蛋白质溶液在高浓度中性盐的影响下，蛋白质分子被中性盐脱去水化层，同时所带的电荷被中和，结果蛋白质的胶体稳定性遭到破坏而沉淀析出。析出的蛋白质仍保持其天然性质，当降低盐的浓度时，还能溶解。因此，蛋白质的盐析作用是可逆过程。

沉淀不同的蛋白质所需中性盐的浓度不同；而沉淀相同的蛋白质，因使用中性盐类不同所需的盐浓度也有差异。例如，向含有清蛋白和球蛋白的鸡蛋清溶液中加硫酸镁或氯化钠至饱和，则球蛋白沉淀析出；加硫酸铵至饱和，则清蛋白沉淀析出。另外，在等电点时，清蛋白可被饱和的硫酸镁或氯化钠或半饱和的硫酸铵溶液沉淀析出。所以在不同条件下，用不同浓度的盐类可将各种蛋白质从混合溶液中分别沉淀析出，该法称为蛋白质的分级盐析，在提纯蛋白质时常被应用。

取一支试管，加入 3mL 蛋白质氯化钠溶液和 3mL 饱和硫酸铵溶液，混匀，静置约 10min，则球蛋白沉淀析出，过滤后向滤液中加入硫酸铵粉末，边加边用玻璃棒搅拌，直至粉末不再溶解，达到饱和为止，此时析出的沉淀为清蛋白。静置，倒去上部清液，取出部分清蛋白沉淀，加水稀释，观察它是否溶解，留存部分做透析用。

2. 重金属盐沉淀蛋白质

重金属盐类易与蛋白质结合成稳定的沉淀而析出。蛋白质在水溶液中是酸碱两性电解质，在碱性溶液中(对蛋白质的等电点而言)，蛋白质分子带负电荷，能与带正电荷的金属离子结合成蛋白质盐，当加入汞、铅、铜、银等重金属的盐时，蛋白质形成不溶性的盐类而沉淀。这种蛋白质沉淀不再溶解于水中，说明它已发生变性。

重金属盐类沉淀蛋白质的反应通常很安全，因此在生物化学分析中，常用重金属盐除去体液中的蛋白质；在临床上用蛋白质解除重金属盐的食物性中毒。但应注意，使用乙酸铅或硫酸铜沉淀蛋白质时，试剂不可加过量，否则可使沉淀出的蛋白质重新溶解。

取3支试管，各加入约1mL蛋白质溶液，分别加入3%硝酸银溶液3～4滴，0.5%乙酸铅溶液1～3滴和0.1%硫酸铜溶液3～4滴，观察沉淀的生成。第一支试管的沉淀留做透析用，向第二、三支试管再分别加入过量的乙酸铅和饱和的硫酸铜溶液，观察沉淀的再溶解。

3. 无机酸沉淀蛋白质

浓无机酸（除磷酸外）都能使蛋白质发生不可逆沉淀反应。这种沉淀作用可能是蛋白质颗粒脱水的结果。过量的无机酸（硝酸除外）可使沉淀出的蛋白质重新溶解。临床诊断上，常利用硝酸沉淀蛋白质的反应，检查尿中蛋白质的存在。

取3支试管，分别加入浓盐酸15滴，浓硫酸、浓硝酸各10滴。小心地向3支试管中，沿管壁加入蛋白质溶液6滴，不要摇动，观察各管内两液面处有白色环状蛋白质沉淀出现。然后摇动每个试管，蛋白质沉淀应在过量的盐酸及硫酸中溶解；在含硝酸的试管中，虽经振荡，蛋白质沉淀也不溶解。

4. 有机酸沉淀蛋白质

有机酸能沉淀蛋白质。在酸性溶液中（对蛋白质的等电点而言），蛋白质分子带正电荷，能与带负电荷的酸根结合，生成不溶性蛋白质盐复合物而沉淀。三氯乙酸和磺基水杨酸是沉淀蛋白质最有效的两种有机酸。

5. 有机溶剂沉淀蛋白质

乙醇、丙酮都是脱水剂，它能破坏蛋白质胶体颗粒的水化层而使蛋白质沉淀。低温时，用乙醇（或丙酮）短时间对蛋白质的作用，还可保持蛋白质原有的生物活性；但用乙醇进行较长时间的脱水可使蛋白质变性沉淀。

取一支试管，加入蛋白质氯化钠溶液1mL，再加入95%乙醇2mL，并混匀，观察蛋白质的沉淀。

6. 加热沉淀蛋白质

蛋白质可因加热变性沉淀而凝固，然而盐浓度和氢离子浓度对蛋白质加热凝固有着重要影响。少量盐类能促进蛋白质的加热凝固；当蛋白质处于等电点时，加热凝固最安全、最迅速；在酸性或碱性溶液中，蛋白质分子带有正电荷或负电荷，虽加热蛋白质也不会凝固；若同时有足量的中性盐存在，则蛋白质可加热而凝固。

取5支试管编号，按表12-1加入有关试剂。

将各管混匀，观察记录各管现象后，放入100℃恒温水浴中保温10min，注意观察、比较管的沉淀情况。

7. 蛋白质可逆沉淀与不可逆沉淀的比较

(1)在蛋白质可逆沉淀反应中，将用硫酸盐析所得的清蛋白沉淀倒入透析袋中，用线绳或透析袋夹将透析袋口扎紧，把透析袋浸入装有蒸馏水的烧杯中进行透析，并经常用玻璃棒搅拌，每隔30min换一次水，仔细观察透析袋中蛋白质沉淀变化情况。

(2)在蛋白质不可逆沉淀反应中，将用硝酸银沉淀所得到的蛋白质沉淀倒入透析袋内，如前法进行透析，并观察透析现象。

表 12-1　加热沉淀蛋白质　　　　(单位:滴)

试剂 / 管号	蛋白质溶液	0.1%乙酸溶液	10%乙酸溶液	饱和NaCl溶液	10%NaOH溶液	蒸馏水
1	10	—	—	—	—	7
2	10	5	—	—	—	2
3	10	—	5	—	—	2
4	10	—	5	2	—	—
5	10	—	—	—	2	5

透析 1h 左右，比较以上两透析袋中蛋白质沉淀所发生的变化，并加以解释。

思考题

(1)何谓蛋白质的沉淀作用？可逆沉淀与不可逆沉淀的主要区别是什么？
(2)沉淀蛋白质的因素及它们为什么可以使蛋白质发生沉淀？
(3)在做沉淀反应时用卵清蛋白-氯化钠溶液，为什么？
(4)何谓透析？在实际工作中的应用及原理如何？
(5)何谓盐析？

实验七　蛋白质的两性反应与等电点的测定

一、目的

(1)了解蛋白质的两性解离性质。
(2)掌握一种通过沉淀测定蛋白质等电点的方法。

二、原理

蛋白质是两性电解质，除了含有自由羧基、氨基外，还有酚基、巯基、胍基、咪唑基等可解离基团。当溶液的 pH 值大于蛋白质的等电点时，蛋白质成为带负电荷的阴离子；反之，当溶液 pH 值小于蛋白质的等电点时，蛋白质成为带正电荷的阳离子。

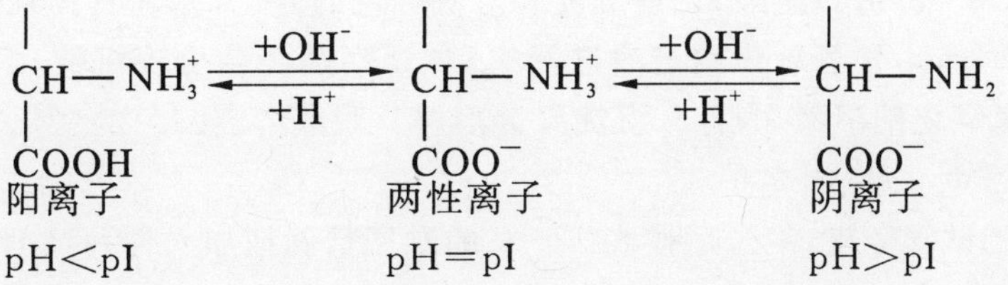

阳离子　　两性离子　　阴离子

pH<pI　　pH=pI　　pH>pI

蛋白质分子的解离状态和解离程度受溶液的酸碱度影响。当溶液的 pH 达到一定数值时，蛋白质颗粒上正、负电荷的数目相等，在电场中，蛋白质既不向阴极移动，也不向阳极移动，此时溶液的 pH 值称为此种蛋白质的等电点。不同的蛋白质各有特异的等电点。在等电点时，蛋白质的理化性质都有变化，可利用此种性质的变化测定各种蛋白质的等电点。最常用的方法是测其溶解度最低时的溶液 pH 值。

本实验通过观察不同 pH 溶液中的溶解度以测定酪蛋白的等电点。用醋酸与醋酸钠（醋酸钠混合在酪蛋白溶液中）配制各种不同 pH 值的缓冲液。向诸缓冲溶液中加入酪蛋白后，沉淀出现最多的缓冲液的 pH 值即为酪蛋白的等电点。

三、实验器材和试剂

1. 实验器材

试管、试管架、刻度吸量管（1mL，2mL，10mL）、塑料滴管。

2. 实验试剂

(1)0.01%溴甲酚绿指示剂。称取溴甲酚绿 0.005g，加入 0.29mL 的 1mol/L NaOH 溶液，然后加水至 50mL。

(2)0.2mol/L 盐酸。吸取 37.2%（密度为 1.19g/mL）盐酸 4.17mL，加水至 50mL，配成 1mol/L 盐酸，然后稀释至 0.2mol/L 盐酸。

(3)1mol/L 氢氧化钠溶液和 0.2mol/L 氢氧化钠溶液。先配制 1mol/L 氢氧化钠溶液，然后稀释成 0.2mol/L 氢氧化钠溶液。

(4)0.5%酪蛋白-乙酸钠（0.1mol/L）溶液。称取纯酪蛋白 0.25g，加蒸馏水 20mL，再准确加入 1.00mol/L 氢氧化钠溶液 5mL，摇荡使酪蛋白溶解。然后准确加入 1.00mol/L 乙酸溶液 5mL，最后加水稀释定容至 50mL，充分摇匀。

(5)1.00mol/L 乙酸溶液。吸取 99.5%乙酸（密度为 1.05g/mL）2.875mL，加水至 50mL。

(6)0.10mol/L 乙酸溶液。

(7)0.01mol/L 乙酸溶液。

四、操作方法

1. 蛋白质的两性反应

(1)取 1 支试管，加 0.5%酪蛋白溶液 1mL 和溴甲酚绿指示剂 5～7 滴，混匀，观察溶液呈现的颜色，并说明原因。

(2)用塑料滴管缓慢加入 0.2mol/L 盐酸，随滴随摇，直至有明显的大量沉淀产生，此时溶液的 pH 值接近于酪蛋白的等电点。观察溶液颜色的变化。

(3)继续滴入 0.2mol/L 盐酸，观察沉淀和溶液颜色的变化，并说明其原因。

(4)再滴入 0.2mol/L 氢氧化钠溶液进行中和，观察是否会出现沉淀，解释其原因。继续加入 0.2mol/L 氢氧化钠溶液，为什么沉淀又会溶解？观察溶液颜色的变化。

2. 蛋白质等电点的测定

取规格相同的试管 7 支，编号后按表 12 - 2 的顺序精确地加入各种试剂并混匀。

表 12－2　酪蛋白等电点的测定

试管号	酪蛋白乙酸钠溶液(mL)	H_2O(mL)	0.01mol/L HAc(mL)	0.1mol/L HAc(mL)	1mol/L HAc(mL)	pH	静置 10min 后实验现象
1	1	3.38	0.62	—	—	5.9	
2	1	2.75	1.25	—	—	5.6	
3	1	1.50	2.50	—	—	5.3	
4	1	3.50	—	0.50	—	5.0	
5	1	3.00	—	1.00	—	4.7	
6	1	2.00	—	2.00	—	4.4	
7	1	—	—	4.00	—	4.1	
8	1	3.20	—	—	0.80	3.8	
9	1	2.40	—	—	1.60	3.5	

室温下静置，观察各管沉淀出现的情况，并以“－，＋，＋＋，＋＋＋，＋＋＋＋”符号记录沉淀的多少。根据混浊度判断酪蛋白的等电点，混浊显著或静置后沉淀最多，上部溶液变得最清亮的一管的 pH 值，即为酪蛋白的等电点。

思考题

(1)解释蛋白质两性反应及沉淀变化的原因。

(2)是否所有的蛋白质都可用此方法测定其等电点？测定蛋白质等电点的其他方法。

(3)在分离蛋白质时等电点有何实际的应用意义？

实验八　氨基酸和蛋白质的颜色反应

一、目的

(1)学习氨基酸和蛋白质呈色反应的基本原理。

(2)掌握几种鉴定氨基酸和蛋白质的方法。

二、原理

使用颜色反应可以鉴定和分类碳水化合物，同样也可以把颜色反应应用于氨基酸、蛋白质化学的研究。有些颜色反应是所有蛋白质都具有的，有些具有一定的专一性。这些专一性的反应是由于蛋白质中所含的某些氨基酸的特殊基团产生的，因而凡含有这些氨基酸的蛋白质都有这些反应。因为几乎所有的蛋白质分子中都含有这些氨基酸，所以可利用这些反应鉴定蛋白质。

三、实验器材和试剂

1. 实验器材

①试管；②试管架；③水浴锅；④烧杯；⑤量筒；⑥玻璃棒；⑦pH 试纸；⑧电炉；⑨烧瓶。

2. 实验试剂

(1)米伦试剂：将 40g 汞溶于 60mL 浓硝酸中，在 50～60℃水浴中温热助溶。溶解后用 2 倍体积的水稀释(此试剂应在通风橱中操作)。

(2)1.5%的苯酚溶液。

(3)1%的白明胶溶液。

(4)标准氨基酸溶液(1mg/mL)：甘氨酸、酪氨酸、苯丙氨酸、精氨酸、组氨酸、色氨酸。

(5)卵清蛋白溶液(5%)或 1∶20 稀释液。

(6)15%的氢氧化钠溶液。

(7)0.5%硫酸铜。

(8)0.5%的茚三酮乙醇溶液：每 100mL 95%的乙醇中含 0.5g 茚三酮(应在使用前配制)。

(9)1%的对氨基苯磺酸溶液(用 1mol/L 的盐酸制备)。

(10)5%的亚硝酸钠溶液。

(11)10%的碳酸钠溶液。

(12)碱性次溴酸钠溶液：把 1.2g 溴溶于 150mL 5%的氢氧化钠中即可。

(13)尿素粉末。

(14)α-萘酚乙醇溶液(10mg/mL)。

(15)乙醛酸试剂：把 10g 镁粉放入一个 500mL 的烧瓶中，加入 25mL 的蒸馏水混合。把烧瓶放于冰浴中冷却，慢慢加入 250mL 冷的饱和草酸溶液；震荡烧瓶并使其保持在冰浴中。待固体物溶解后，过滤之；向滤液中加入 25mL 的冰乙酸，混合均匀后再加水至 1 000mL。

四、操作方法

1. 米伦反应

含苯羟基的化合物(如苯酚、酪氨酸)可与米伦试剂反应生成红色复合物。产生的红色复合物可能是邻醌肟和汞络合的结果。

无机离子，例如 NH_4^+ 和氯离子对此反应有干扰，水杨酸也给出阳性反应。

(1)向含有 1mL 0.5%苯酚溶液的试管中加入大约 5 滴米伦试剂，在沸水浴中加热，记录溶液的颜色。

(2)向盛有 1mL 酪氨酸溶液的试管中加入 5 滴米伦试剂，在沸水浴中加热煮沸，观察溶液颜色变化。

(3)用甘氨酸和苯丙氨酸重复上述操作。

(4)向盛有 1mL 卵清蛋白溶液的试管中加入 5 滴米伦试剂，将试管放于沸水浴中加热煮沸，记录观察到的结果。

(5)用 1%的白明胶溶液重复上述操作。

2. 双缩脲反应

将尿素加热，2 分子尿素缩合放出 1 分子氨而形成双缩脲。双缩脲(NH_2-CO-NH-CO

$-NH_2$)在碱性溶液中与 Cu^{2+} 结合成粉红色化合物。这是双缩脲的特征颜色反应,也是蛋白质和多肽以及含有类似于双缩脲结构的物质所特有的颜色反应。所以有双缩脲反应的物质不一定都是蛋白质或多肽。

双缩脲反应可用于检测蛋白质的水解程度,当蛋白质水解液不产生双缩脲反应时,可以认为水解液中只有氨基酸和二肽存在,蛋白质的水解是完全的。

(1)取少许尿素放于一支洁净、干燥的试管中,微火加热,尿素熔化,然后沸腾,在试管底部形成白色的固体双缩脲。待试管冷却,加入 1mL 15%的氢氧化钠溶液,加 1～2 滴 0.5%的硫酸铜溶液,充分振荡,记录观察到的结果。

(2)向试管中加入 1～2mL 卵清蛋白溶液,再加入等体积 15%的氢氧化钠溶液,充分混合,再加入 1 滴 0.5%的硫酸铜溶液,混合均匀,观察颜色的变化。

(3)用 1～2mL 白明胶代替卵清蛋白重复上述操作,然后用酪氨酸和苯丙氨酸重复。

3. 茚三酮反应

在 pH 值为 5～7 之间,茚三酮与 α-氨基酸、蛋白质一级蛋白质衍生物反应产生一种紫色化合物。一级胺和氨也能给出阳性反应,但没有 CO_2气体放出。亚氨基酸、脯氨酸和羟脯氨酸也与茚三酮反应,但产生黄色复合物。

茚三酮反应十分灵敏,控制合适的反应条件,可用于氨基酸的定性和定量分析。

(1)向试管中加入 0.5mL 标准氨基酸(甘氨酸或酪氨酸),然后加入 5 滴茚三酮乙醇溶液,煮沸 2min,观察溶液颜色的变化。

(2)向试管中加入 1mL 卵清蛋白溶液,再加入 0.5mL 0.5%的茚三酮乙醇溶液,混合后放于沸水浴中加热,观察溶液颜色的变化。

(3)用 1mL 白明胶溶液重复上述操作。

(4)记录并解释观察到的现象。

4. 坂口反应

在碱性溶液中,精氨酸与 α-萘酚、氧化剂如次溴酸钠或次氯酸钠反应产生一种红色化合物。

(1)将 1mL 15%的氢氧化钠和 1mL 精氨酸混合,加入 2 滴 α-萘酚,彻底混合并加入 4～5 滴次溴酸钠,观察溶液的颜色变化。

(2)向试管中加入 5 滴卵清蛋白溶液,再加入 5 滴 15%氢氧化钠和 2 滴 α-萘酚,混合后,加入 5 滴次溴酸钠溶液,充分振荡,观察溶液中颜色的变化。

5. Pauly 反应

在 0～4℃,重氮化的氨基苯磺酸与胺、酚类以及咪唑化合物反应形成具有鲜明色泽的重氮化合物。重氮化合物只有在冷却的条件下才能形成,所以在进行重氮化反应之前,所有的试剂均应在冰浴中冷却。

取一支试管,加入约 1mL 对氨基苯磺酸和 0.5mL 组氨酸或酪氨酸(1mg/mL)溶液,混合均匀。再加入 1mL 亚硝酸钠溶液,在冰浴上放置 5～10min;再加入 1mL 碳酸钠溶液使成碱性,观察溶液颜色的变化。

6. 乙醛酸反应

(1)向试管中加入约 0.5mL 色氨酸溶液和 0.5mL 浓硫酸,轻轻混合,再加入约 1mL 乙醛酸试剂,轻轻混合后静止,在两层溶液的界面处可看到有紫红色的环出现。

(2)用卵清蛋白溶液重复上述实验。

思考题

(1)米伦反应与何种氨基酸的存在有关?

(2)能否利用米伦反应检测尿蛋白,为什么?

(3)茚三酮反应的条件有哪些?若在做该反应时没有得到阳性结果,请分析其可能的原因是什么?

(4)如果蛋白质水解作用一直进行到双缩脲反应呈阴性结果,能对此现象作何结论?

实验九 牛乳中蛋白质的提取与鉴定

一、目的

(1)学习从牛奶中制备酪蛋白的原理和方法。

(2)掌握等电点沉淀法提取蛋白质的方法。

二、原理

牛乳和羊乳中含丰富的蛋白质,其中主要是酪蛋白。酪蛋白在羊乳中约占总蛋白量的3/4,在牛乳中约占总蛋白量的5/6。酪蛋白是一种含磷蛋白的不均一混合物。

蛋白质在其等电点pH值溶液中溶解度降低,根据这个原理,将牛乳的pH值调整至4.8,达到酪蛋白的等电点时,酪蛋白即沉淀出来。用乙醇除去酪蛋白沉淀中不溶于水的脂肪,得到纯的酪蛋白。所得蛋白供定性鉴定。

除去酪蛋白的滤液中,尚含有球蛋白、清蛋白等多种蛋白质。

三、实验材料、器材和试剂

1. 实验材料

牛乳或羊乳。

2. 实验器材

①天平;②烧杯:25mL,150mL,250mL;③量筒:100mL;④电炉;⑤温度计;⑥pH计;⑦细纱布或滤纸;⑧漏斗;⑨布氏漏斗;⑩抽滤装置;⑪表面皿;⑫试管8支;⑬滴瓶。

3. 实验试剂

①0.2mol/L醋酸钠缓冲液(pH值4.6);②米伦(Millon)试剂:将100g汞溶于140mL的浓硝酸(相对密度为1.42)中(在通风橱内进行),然后加2倍的蒸馏水稀释;③95%乙醇溶液;④乙醚;⑤10%NaCl溶液;⑥0.5%Na_2CO_3溶液;⑦0.1mol/L NaOH溶液;⑧0.2%HCl溶液;⑨饱和氢氧化钙[$Ca(OH)_2$]溶液;⑩5%醋酸铅溶液;⑪蒸馏水。

四、操作方法

1. 酪蛋白的制备

取新鲜牛乳或羊乳 100mL，放入 250mL 烧杯中，加热至 40℃。加入 100mL 加热至同样温度的醋酸缓冲液，一边加一边摇动，并用 pH 计检测，调整混合液的 pH 值为 4.8(用 1% NaOH 溶液或 10%醋酸溶液进行调整)。冷却至室温，继续放置 5min，然后用纱布或滤纸过滤。滤液为乳清，保留作鉴定用。将过滤所得沉淀物用少量蒸馏水洗几次，过滤。将洗净的沉淀物悬浮在约 30mL 95%乙醇溶液中，用布氏漏斗抽滤。所得沉淀用乙醇和乙醚等量混合液洗涤两次，抽干。最后用 50mL 乙醚洗一次并抽干。取出抽干的粉状物，摊开在表面皿上，使乙醚完全挥发。称其干重并计算其产量。

2. 酪蛋白的性质鉴定

(1)溶解度：取试管 6 支，分别加入水、10% NaCl 溶液、0.5% $NaCO_3$ 溶液、0.1mol/L NaOH 溶液、0.2%HCl 溶液及饱和 $Ca(OH)_2$ 溶液各 2mL，于每管中加入少量酪蛋白，不断振荡，观察并记录各管中的酪蛋白溶解度。

(2)米伦反应：取酪蛋白少许，置于试管中。加入 1mL 蒸馏水，再加入米伦试剂 10 滴，振摇，并徐徐加热，观察其颜色变化。

(3)含硫(胱氨酸、半胱氨酸和蛋氨酸)蛋白的测定：取少量酪蛋白溶于 1mL 0.1mol/L NaOH 溶液中，再加入 1～3 滴 5%醋酸铅溶液，加热煮沸，溶液变为黑色。

3. 乳清中可凝固蛋白质的鉴定

将制备酪蛋白时所得的滤液移入烧杯中，徐徐加热，即出现蛋白质沉淀，此为乳清中的球蛋白和清蛋白。

实验十 聚丙烯酰胺凝胶电泳分离蛋白质

一、目的

通过本实验学习聚丙烯酰胺凝胶电泳的操作技术。

二、原理

电泳法分离、检测蛋白质混合样品，主要是根据各蛋白质组分的分子大小和形状以及所带净电荷多少等因素所造成的电泳迁移率的差别。如果在聚丙烯酰胺凝胶不连续系统、碱性缓冲体系中分离蛋清或血清蛋白质，由于具有浓缩、电荷、分子筛 3 种效应，所以分离效果好，分辨率高，用聚丙烯酰胺凝胶不连续电泳可分出 30 多个条带清晰的成分。

三、实验材料、器材和试剂

1. 实验材料

鸡蛋清或动物血清。

2. 实验器材

①垂直板型电泳槽；②电泳仪(电压为 300～600V，电流为 50～100mA)；③微量注射器(50μL 或 100μL)；④离心管；⑤脱色摇床。

3. 实验试剂

(1)A 液：30.8%胶母液。称取 30g 丙烯酰胺，0.8gN，N′-甲叉双丙烯酰胺，加少量蒸馏水溶解后定容至 100mL。在 4℃的环境中保存。

(2)B 液：pH 值为 8.8 的分离胶缓冲液。取 27.2g Tris，加少量蒸馏水溶解。用浓盐酸调节 pH 值至 8.8 后，定容至 150mL。

(3)C 液：pH 值为 6.8 的浓缩胶缓冲液。取 9.08g Tris，加少量蒸馏水溶解。用浓盐酸调节 pH 值至 6.8 后，定容至 150mL。

(4)TEMED 溶液(N，N，N′，N -四甲基乙二胺)，避光保存。

(5)10%过硫酸铵(AP)溶液：称取 1g 过硫酸铵，溶于 10mL 蒸馏水中。临用前配制。

(6)电泳缓冲液(pH 值为 8.3)：取 Tris 6g、甘氨酸 28.8g，加少量蒸馏水溶解，调 pH 值至 8.3，定容至 1 000mL。

(7)40%蔗糖溶液。

(8)0.1%溴酚蓝指示剂。

(9)染色液(0.1%考马斯亮蓝 R250—45%甲醇—10%冰乙酸溶液)：取 0.1g 考马斯亮蓝 R250，加入 45mL 甲醇、10mL 冰乙酸，用水定容至 100mL。

(10)脱色液(7.5%冰乙酸—5%甲醇溶液)：取 75mL 冰乙酸、50mL 甲醇，加水定容至 1 000mL。

四、操作方法

1. 凝胶的制备

(1)装板：将垂直型电泳装置内的板状凝胶模子取出。凝胶模子由 3 部分组成：一个硅橡胶带，两块长短不等的玻璃板，样品槽模板。胶带的内侧有两条凹槽，可将两块相应大小的玻璃板嵌入槽内。玻璃板之间形成一个 0.5～2mm 厚的间隙，待制胶时，将胶灌入其中。灌胶前，先将玻璃板洗净、晾干、嵌入胶带凹槽中。将长玻璃板的下沿与胶带框底之间保持 1～2mm 距离，使此端的凝胶与一侧的电极槽相通，而短玻璃板的下沿则插入橡胶框的底槽内，由此便形成一个“夹心”凝胶腔(图 12 - 5)。

(2)配胶：将电泳槽、凝胶模子串成一体的垂直板型电泳装置，垂直放置在水平台面上，准备灌注胶液。根据所测蛋白质相对分子质量的范围，选择某一合适的分离胶浓度，按照表 12 - 3 所列的试剂用量和加样顺序配制某一合适浓度的凝胶。

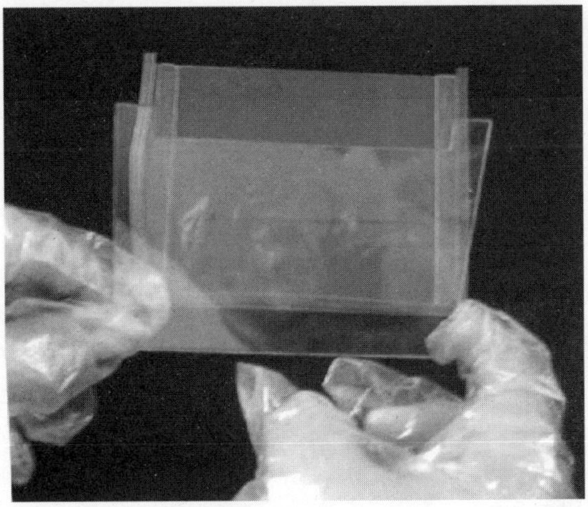

图 12－5　凝胶模具装板

表 12－3　不连续系统不同浓度凝胶配制用量表

分离胶浓度 / 试剂名称		配制 15 mL 不同浓度的分离胶液所需试剂量(mL)					配制 5mL 4%浓缩胶(mL)
		7.5%	10%	12%	15%	20%	
分离胶	30.8%胶母液	3.70	5.00	6.00	7.50	10.00	—
	Tris－Cl(pH 8.8)	1.80	1.80	1.80	1.80	1.80	
浓缩胶	30.8%胶母液	—	—	—	—	—	0.70
	Tris－Cl(pH 6.8)	—	—	—	—	—	0.63
10%TEMED		0.15	0.15	0.15	0.15	0.15	0.05
蒸馏水		9.20	7.80	6.80	5.30	2.80	3.40
10%过硫酸铵(AP)		0.20	0.20	0.20	0.20	0.20	0.05

(3)凝胶液的注入和聚合。

分离胶胶液的注入和聚合方法是:将所配制的凝胶液沿着凝胶腔长玻璃板的内面缓缓倒入或用滴管滴入,小心不要产生气泡。将胶液加到距短玻璃板上沿 2～3cm 处为止。用一注射器通过注射针头沿玻璃管内壁缓慢注入 0.5～1cm 高度的蒸馏水进行水封。水封的目的是隔绝空气中的氧,并有消除凝胶柱表面的弯月面,使凝胶柱顶部的表面平坦。水封切忌在注入蒸馏水时呈滴状垂直下落,否则会使顶部的凝胶浓度变稀,从而改变预定的凝胶空径,并造成凝胶表面不平坦。

水层封好后,静置凝胶液进行聚合反应,聚合时的温度要与电泳时的温度相同。正常情况下 10 min 开始聚合,应控制在 40min 左右聚合完成。刚加水时有界面,后逐渐消失,等到再出现界面时,表面凝胶已经聚合,再静置 30min 使聚合完全。

浓缩胶胶液的注入和聚合方法是:用注射器或滴管吸去分离胶胶面顶端的水封层,并用无毛边的滤纸条吸去残留的水液，滤纸尽量不要接触分离胶的胶面。

按比例混合浓缩胶，混合均匀后用滴管将凝胶液加到分离胶上方，当浓缩胶液面距短玻璃板上缘 0.2cm 时，把样品梳模板轻轻地插入胶液顶部。静置聚合，待出现明显界面时表示聚合完成。插入样品梳模板的目的是使胶液聚合后，在凝胶顶部形成数个相互隔开的凹槽。电泳前，将样品液分别加在这些凹槽中。

2. 蛋白质样品的处理

取 10μL 血清(2g/L)，加 5μL40％蔗糖，5μL 0.1％溴酚蓝指示剂，混匀。

3. 加样

聚丙烯酰胺凝胶垂直板型电泳的加样方法：在垂直型电泳装置的两个“半槽”，即电极上槽和下槽内，分别加电极缓冲液，电极上槽，即在铂金丝上方的“半槽”内所加的缓冲液必须高于铂金丝。

用微量注射器依次在各个样品槽内加样，各加 10～15μL(含蛋白质 10～15μg)，稀溶液可加 20～30μL(图 12－6)。

图 12－6　电泳样品上样

4. 电泳

上槽接负极，下槽接正极，打开电泳仪。对于垂直板型电泳，一般在样品进入浓缩胶前电流应控制在 15～20mA，持续大约 30min，待样品进入分离胶后，将电流调到 20～30mA，保持电流强度不变。待指示剂迁移至下沿 0.5～1cm 处停止电泳，需 1～2h。

5. 染色

电泳结束后，将两块玻璃板剥开，将胶取出放入平皿中，加入染色液，染色 30min。

6. 脱色

染色完毕，倒出染色液，加入脱色液。一天换 2～3 次脱色液，直至凝胶的蓝黑色背景褪去、蛋白质色带清晰为止。脱色时间一般约需一昼夜。

7. 绘图

根据所观察到的结果，绘制聚丙烯酰胺凝胶电泳结果示意图。

五、注意事项

1. 凝胶浓度的选择

根据所分离蛋白质的相对分子质量范围选择最适凝胶浓度，5%的凝胶最适于分离蛋白质的相对分子质量范围为25 000～200 000，10%的凝胶最适于分离蛋白质的相对分子质量范围为10 000～70 000，3.33%的凝胶可用于分离相对分子质量更高的蛋白质。

2. 凝胶聚合过程中过硫酸铵的作用

本实验采用的体系是过硫酸铵-四甲基乙二胺，以它为例，化学聚合的作用这样进行：由于TEMED的碱基催化过硫酸铵，使其形成自由氧基。当$(NH_4)_2S_2O_8$（过硫酸铵）溶解于水中时，形成自由基（$S_2O_8^{2-}$ $2SO_4^-$），这些自由基与丙烯酰胺接触，激活单体（丙烯酰胺）而形成单体长链。与此同时，由于交联剂Bis的存在，使长链与长链彼此交联形成凝胶。

由于过硫酸铵（AP）在凝胶的聚合过程中起着重要作用，所以在配制AP时应注意以下几个问题：

(1)最好用近期生产的过硫酸铵，否则可先将表面的一层去掉，尽量取下层称量，以防被氧化失效。

(2)当放入水中时，要听到有轻微的"啪啪"响声。

(3)临用前配制，盛于棕色瓶中，并存放在冰箱里，使用期不超过一星期。

实验十一　蛋白质总氮量的测定——凯氏定氮法

一、目的

(1)加深理解蛋白质是生命的物质基础。

(2)掌握半微量凯氏定氮法测定总氮含量的原理和方法。

二、原理

蛋白质是生命的物质基础，是构成生物体细胞组织的重要成分，蛋白质是含氮的有机化合物，是有机态氮的表现形式。样品与硫酸和催化剂一同加热消化，使蛋白质分解，分解的氨与硫酸结合生成硫酸铵，然后碱化蒸馏使氨游离，用硼酸吸收后再用盐酸标准溶液滴定，根据酸的消耗量乘以换算系数，即得蛋白质含量。用反应式表示如下：

$$2NH_2(CH_2)_2COOH + 13H_2SO_4 \longrightarrow (NH_4)_2SO_4 + 6CO_2\uparrow + 12SO_2 + 16H_2O$$

$$(NH_4)_2SO_4 + 2NaOH \longrightarrow 2NH_3\uparrow + Na_2SO_4 + 2H_2O$$

$$2NH_3 + 4H_3BO_3 \longrightarrow (NH_4)_2B_4O_7 + 5H_2O$$

$$(NH_4)_2B_4O_7 + 2HCl + 5H_2O \longrightarrow 2NH_4Cl + 4H_3BO_4$$

三、实验材料、仪器和试剂

1. 实验材料

植物、动物组织及食品。

2. 实验仪器

(1)自动回流消化仪。

(2)凯氏定氮仪(图 12－7)。

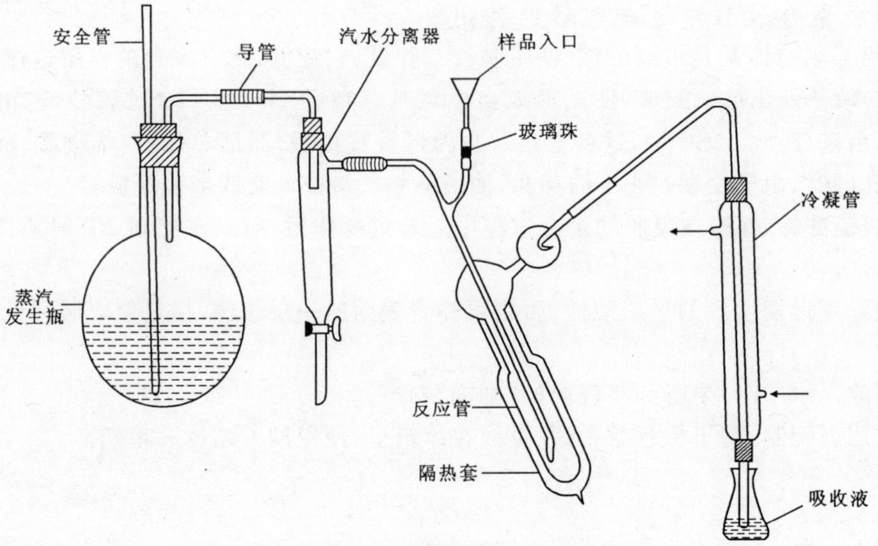

图 12－7　凯氏定氮仪示意图

3. 实验试剂

(1)0.1%甲基红乙醇液：称取 0.1g 甲基红溶于 100mL 60%乙醇中。

(2)0.1%溴甲酚绿乙醇溶液：称取 0.1g 溴甲酚绿溶于 100mL 20%乙醇中。

(3)0.2%溴甲酚绿乙醇溶液：称取 0.2g 溴甲酚绿溶于 100mL 20%乙醇中。

(4)40%氢氧化钠：称取 40g NaOH 溶于水中，定容至 100mL。

(5)2%硼酸：称取 2g 硼酸用水溶解并定容至 100mL。

(6)0.05mol/L 盐酸标准溶液配制：量取 4.5mL 盐酸，加水稀释至 1 000mL。

(7)溴甲酚绿-甲基红混合指示剂制备：量取 30mL 0.2%溴甲酚绿乙醇溶液加入 20mL 0.1%甲基红乙醇溶液，混匀。

(8)甲基红-溴甲酚绿混合指示剂：1 份(5mL)0.1%甲基红乙醇溶液与 5 份(25mL)0.1%溴甲酚绿乙醇溶液临用时混合。

(9)其他试剂：无水碳酸钠、硫酸、硫酸铜，硫酸钾均为分析纯。

四、操作方法

1. 样品消化

称取适量样品 0.1～2.0g(固体)，移入干燥的消化管中，加入 0.2g 硫酸铜，3g 硫酸钾及

20mL 硫酸，轻轻摇匀后进行消化。待消化液呈蓝绿色澄清透明后，再继续加热 0.5h。停火冷却后，将消化液移入 100mL 容量瓶中，用水定容至 100mL。取与处理样品相同量的硫酸铜、硫酸钾、硫酸按同一方法作试剂空白试验。

2. 碱化蒸馏

向接收瓶内加入 10mL 2%硼酸及 2 滴混合指示剂并使冷凝管下端插入液面下，吸取 10mL 样品消化稀释液注入凯氏定氮仪的反应室中，用 10mL 蒸馏水冲洗进样入口，再加 10mL 50%氢氧化钠溶液，打开水蒸气发生器与反应室之间的夹子，蒸汽通入反应室使氨气被蒸发出来，并通过冷凝管进入接收瓶内，以第一滴馏液滴下开始计时，蒸馏 5min，取下接收瓶。松开水蒸气发生器瓶上的夹子，迅速夹紧水蒸气发生器与反应室之间的夹子，将废液排出。

3. 滴定

用微量酸式滴定管，以 0.05mol/L 盐酸标准溶液进行滴定，溶液由蓝绿色变为灰红色为终点。

4. 空白实验

同时取 10mL 空白消化稀释液同上操作。

5. 盐酸标定

称取约 0.08g 无水碳酸钠，加入 50mL 水使之溶解，加 10 滴溴甲酚绿-甲基红混合指示剂，用配制的盐酸标准液滴定至溶液由绿色变为紫红色，煮沸 2min，冷却至室温，继续滴定至溶液由绿色变为暗紫色。

盐酸标准溶液的摩尔浓度计算：$C=m/(V_1-V_2)\times 0.0530$

式中：C 为盐酸标准溶液的摩尔浓度(mol/L)；m 为无水碳酸钠的质量(g)；V_1 为样品滴定消耗盐酸标准溶液的体积(mL)；V_2 为空白滴定消耗盐酸标准溶液的体积(mL)；0.053 0 为每毫摩尔无水碳酸钠的克数。

五、结果计算

$$X=\frac{(V_1-V_2)\times C\times 0.014}{m\times 10}\times F\times 100$$

式中：X 为样品中蛋白质的含量(%)；V_1 为样品消耗盐酸标准液的体积(mL)；V_2 为空白实验消耗盐酸标准液的体积(mL)；C 为盐酸标准溶液通过标定后的摩尔浓度(mol/L)；0.014 为每毫升盐酸标准液相当于氮的克数；m 为样品质量(g)；F 为氮换算为蛋白质的系数为 6.25。

六、注意事项

(1)蒸馏时，蒸汽发生要均匀充足，蒸馏中途不得停火断汽，否则会发生倒吸。加碱要足量(反应室液体呈深蓝色或褐色)且碱液不能污染冷凝管及接收瓶。

(2)蒸馏是否完全，可用精密 pH 试纸测试冷凝管出口的冷凝液是否呈碱性来确定。

思考题

(1)总氮测定时，消化至关重要，样品消化时注意事项有哪些？

(2)样品脂肪较多时，应如何处理？

实验十二　凝胶层析法测定蛋白质相对分子质量

一、目的

(1)了解凝胶层析的原理及其应用。

(2)通过测定蛋白质相对分子质量的训练,初步掌握凝胶层析技术。

二、原理

凝胶层析又称排阻层析、凝胶过滤、渗透层析或分子筛层析等。它广泛地应用于分离、提纯、浓缩生物大分子及脱盐等,而测定蛋白质的相对分子质量也是它的重要应用之一。凝胶是一种具有立体网状结构且呈多孔的不溶性珠状颗粒物质。主要是根据多孔凝胶对不同半径的蛋白质分子具有不同的排阻效应来分离物质,是根据分子大小这一物理性质进行分离纯化。对于某种型号的凝胶,一些大分子不能进入凝胶颗粒内部而完全被排阻在外,只能沿着颗粒间的缝隙流出柱外;而一些小分子不被排阻,自由扩散,渗透进入凝胶内部的筛孔,而后又被流出的洗脱液带走。分子越小,进入凝胶内部就越深,所走的路程也越长,故小分子最后流出柱外,而大分子先从柱中流出。一些中等大小的分子介于大分子与小分子之间,只能进入一部分凝胶较大的孔隙,亦即部分排阻,因此,这些分子从柱中流出的顺序也介于大、小分子之间。这样样品经过凝胶层析后,分子便按照从大到小的顺序依次流出,达到分离的目的。

对于任何一种被分离的化合物在凝胶层析柱中被排阻的范围均在 0～100%之间,其被排阻的程度可以用有效分配系数 K_{av}(分离化合物在内水和外水体积中的比例关系)表示,K_{av}值的大小和凝胶柱床的总体积(V_t)、外水体积(V_0)以及分离物本身的洗脱体积(V_e)有关:

$$K_{av}=(V_e-V_0)/(V_t-V_0)$$

在限定的层析条件下,V_t和 V_0都是恒定值,而 V_e随着分离物相对分子质量的变化而改变。相对分子质量大,则 V_e值小,K_{av}值也小。反之,相对分子质量小,则 V_e值大,K_{av}值也大。

有关凝胶层析柱中凝胶自身(基质)体积(V_g)、外水体积(V_0)、内水体积(V_i)及柱床总体积(V_t)见图 12-8。

有效分配系数 K_{av}是判断分离效果的一个重要参数,同时也是测定蛋白质相对分子质量的一个依据。在相同层析条件下,被分离物质 K_{av}值差异越大,则分离效果越好。反之,分离效果差或根本不能分开。在实际的实验中,我们可以实测出 V_g、V_0及 V_e的值,从而计算出 K_{av}的大小。对于某一特定型号的凝胶,在一定的相对分子质量范围内,K_{av}与 $\log M_w$(M_w表示物质的相对分子质量)成线性关系:

$$K_{av}=-b\log M_w+C$$

式中:b、C 为常数。

同样可以得到:

$$V_e=-b'\log M_w+C'$$

式中:b'、C'为常数。即 V_e与 M_w也成线性关系。我们可以通过在一凝胶柱上分离多种已知相

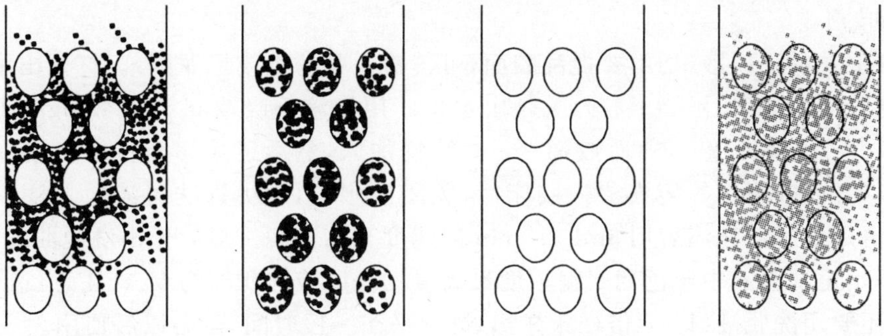

图 12-8　凝胶层析柱各组分体积示意图

对分子质量的蛋白质后，并根据上述的线性关系绘出标准曲线，然后用同一凝胶柱测出其他未知蛋白的相对分子质量。

三、实验器材与试剂

1. 实验器材

①玻璃层析柱（20mm×60cm）；②恒流泵；③自动部分收集器；④紫外分光光度计；⑤100mL 试剂瓶；⑥1 000mL 量筒；⑦250mL 烧杯，⑧50mL，100mL 烧杯；⑨10mL 刻度试管。

2. 实验试剂

(1)标准蛋白：牛血清白蛋白(67 000Da)、鸡卵清清蛋白(45 000Da)、胰凝乳蛋白酶原 A(24 000Da)、溶菌酶(14 300Da)。

(2)未知蛋白样品：由实验室准备核糖核酸酶。

(3)洗脱液：0.025mol/L KCl－0.2mol/L HAc(乙酸)。

(4)蓝色葡聚糖—2 000。

四、操作方法

1. 凝胶的溶胀

称取 7g Sephadex G－75 于 250mL 烧杯中加入洗脱液 100mL，置室温溶胀 2～3d，反复倾泻去掉细颗粒，然后减压、抽气去除凝胶孔隙中的空气，沸水浴中煮沸 2～3h(可去除颗粒内部的空气及灭菌)。

2. 装柱

(1)准备。取洁净的玻璃层析柱垂直固定在铁架台上。

(2)凝胶柱总体积(V_t)的测定。在距柱上端约 5cm 处作一记号，关闭柱出水口，加入去离子水，打开出水口，液面降至柱记号处。即关闭出水口，然后用量筒接收柱中去离子水(水面降至层析柱玻璃筛板)，读出的体积即为柱床总体积 V_t。

(3)在柱中注入洗脱液(约 1/3 柱床高度)，将凝胶液缓慢倾倒入柱中，待凝胶沉积 1～2cm 高度后打开出水口，流速一般用 3～6mL/10min。胶面上升到柱记号处则装柱完毕，注意装柱过程中凝胶不能分层。然后关闭出水口，静置片刻，等凝胶完全沉降，则接上恒流泵，用 1～2

倍柱床体积的洗脱液平衡柱子，使柱床稳定。

3. V_0的测定

吸去柱上端的洗脱液（切不要搅乱胶面，可覆盖一张滤纸或尼龙网）。打开出水口，使残余液体降至与胶面相切（但不要干胶），关闭出水口。用细滴管吸取 0.5mL（2mg/mL）蓝色葡聚糖—2 000，小心地绕柱壁一圈（距胶面 2mm）缓慢加入，然后迅速移至柱中央慢慢加入柱中，打开出水口（开始收集），等溶液渗入胶床后，关闭出水口，用少许洗脱液加入柱中，渗入胶床后，柱上端再用洗脱液充满后用 3mL/10min 的速度开始洗脱。最后作出洗脱曲线。收集并量出从加样开始至洗脱液中蓝色葡聚糖浓度最高点的洗脱液体积即为 V_0。注意：蓝色葡聚糖洗下来之后，还要用洗脱液（1～2 倍柱床体积）继续平衡一段时间，以备以后使用。

4. 标准曲线的制作

（1）用洗脱液配制标准蛋白溶液，溶液中 3 种蛋白的浓度分别为：牛血清清蛋白（2.5mg/mL）、鸡卵清清蛋白（6.0mg/mL）和溶菌酶（2.5mg/mL）。

（2）加入上述标准蛋白溶液（0.5～1mL），以 1.5mL 每管/5min 的速度洗脱并收集洗脱液。

（3）用紫外分光光度计逐管测定 A_{280}，并确定各种蛋白的洗脱峰最高点，然后量出各种蛋白的洗脱体积 V_e。由于每管只收集了 1.5mL 洗脱液，量比较少，因此比色时要加入一定量的洗脱液进行测定（一般的比色杯可以盛装 3mL 溶液）。

（4）以 A_{280} 为纵坐标，V_e为横坐标画出标准蛋白的洗脱曲线。

（5）以 K_{av}为纵坐标，$\log M_w$为横坐标作图画出一条标准曲线。

（6）以 V_e为纵坐标，$\log M_w$为横坐标作图画出一条标准曲线。

5. 未知蛋白相对分子质量的测定

测定方法同标准曲线制作的前三步相同，然后在标准曲线上查得 $\log M_w$，其反对数便是待测蛋白质的相对分子质量。

注意：实验完毕后，将凝胶全部回收处理，以备下次实验使用，严禁将凝胶丢弃或倒入水池中。

实验十三　细胞色素 c 的制备及其测定

一、目的

（1）学习细胞色素 c 的理化性质及其生物学功能。

（2）掌握制备细胞色素 c 的原理。

（3）掌握制备细胞色素 c 的操作技术及浓度测定方法。

二、原理

细胞色素是多种能传递电子的含铁蛋白质的总称。它广泛存在于各种动物、植物组织和微生物中。细胞色素是呼吸链中极重要的电子传递体，细胞色素 c（cytochrome c）只是细胞色素中的一种，主要存在于线粒体中，需氧最多的组织如心肌及酵母细胞中，细胞色素 c 含量丰富。

细胞色素 c 为含铁卟啉的结合蛋白质，相对分子量约为 13 000，蛋白质部分由 104 个左右的氨基酸残基组成。它溶于水，在酸性溶液中其溶解度更大，故可从酸性溶液中提取。其制品分为氧化型和还原型两种，前者水溶液呈深红色，后者水溶液呈桃红色。细胞色素 c 对热、酸和碱都比较稳定，但三氯乙酸和乙酸可使之变性，引起失活。

本实验以新鲜猪心为材料，经过酸溶液提取、人造沸石吸附、硫酸铵溶液洗脱和三氯乙酸溶液沉淀等步骤制备细胞色素 c，并测定其含量。

三、实验材料、器材和试剂

1. 实验材料

新鲜猪心。

2. 实验器材

①捣碎机；②离心机；③电动搅拌机；④可见分光光度计；⑤玻璃层析柱（2.5cm×30cm）；⑥透析袋；⑦纱布；⑧磁力搅拌器；⑨广口瓶；⑩烧杯（2 000mL，1 000mL 和 500mL）；⑪量筒；⑫移液器；⑬玻璃漏斗；⑭玻璃棒。

3. 实验试剂

(1)2mol/L H_2SO_4溶液。

(2)1mol/L NH_4OH（氨水）溶液。

(3)0.2%NaCl 溶液：取 0.2g NaCl 溶于水中，定容至 100mL。

(4)25%$(NH_4)_2SO_4$溶液：取 25g$(NH_4)_2SO_4$溶于水中，定容至 100mL，相当于 25℃时40%的饱和度。

(5)12%$BaCl_2$溶液：取 12g $BaCl_2$溶于水中，定容至 100mL。

(6)20%三氯乙酸（TCA）溶液：取 20g 三氯乙酸溶于水中，定容至 100mL。

(7)人造沸石（$Na_2O \cdot Al_2O_3 \cdot xSiO_2 \cdot yH_2O$）：过 60～80 目筛。

(8)联二亚硫酸钠（dithionite，$Na_2S_2O_4 \cdot 2H_2O$）。

(9)固体硫酸铵。

四、操作方法

1. 材料处理

取新鲜或冰冻猪心，除尽脂肪、血管和韧带，洗尽积血，切成小快，放入捣碎机捣碎。

2. 提取

称取心肌碎肉 150g，放入 1 000mL 烧杯中，加水 300mL。用电动搅拌机搅拌，加入 2mol/L H_2SO_4溶液调 pH 值至 4.0（此时溶液呈暗紫色），在室温下搅拌提取 2h。用 1mol/L NH_4OH 溶液调 pH 值至 6.0，用数层纱布挤压过滤，收集滤液，滤渣加入 750mL 水按上述条件重复提取 1h，合并两次提取液。

3. 中和

用 1mol/L NH_4OH 溶液将上述提取液调 pH 值至 7.2，静置 10min 后过滤，所得红色滤液通过人造沸石柱吸附。

4. 吸附

人造沸石容易吸附细胞色素 c，吸附后能被 25%$(NH_4)_2SO_4$溶液洗脱下来，利用此特性将细胞色素 c 与其他杂蛋白分开。具体操作如下：

(1)取人造沸石 11g 放入烧杯中，加水后搅拌，用倾泻法除去 12s 内不下沉的细小颗粒。

(2)安装玻璃层析柱，将柱架垂直放置，柱下端连接乳胶管，用夹子夹住，向柱内加水至2/3体积，然后将预处理好的人造沸石装填入柱，避免柱内出现气泡。装柱完毕，打开柱下端夹子，使柱内沸石面上剩一薄水层。将中和好的澄清滤液装入下口瓶，使之沿柱壁缓缓流入柱内，进行吸附，流出液的速度约为 10mL/min。随着细胞色素 c 的被吸附，人造沸石逐渐由白色变为红色，流出液应为淡黄色或微红色。

(3)吸附完毕，将红色人造沸石自柱内取出，放入烧杯中，先用自来水、后用蒸馏水洗涤至水清，再用 100mL 0.2%NaCl 溶液分 3 次洗涤沸石，然后用蒸馏水洗涤至水清，重新装柱。也可在柱内用同样方法洗涤沸石，然后用 25%$(NH_4)_2SO_4$溶液洗脱，流速控制在 2mL/min 以下，收集红色洗脱液(洗脱液一旦褪色，立即停止收集)。洗脱完毕，人造沸石可再生利用。

5. 盐析

为了进一步提纯细胞色素 c，在洗脱液中继续慢慢加入固体$(NH_4)_2SO_4$，边加边搅拌，使$(NH_4)_2SO_4$溶液含量为 45%(相当于 67%的饱和度)，放置 30min 以上(最好过夜)，则杂蛋白沉淀析出，过滤，收集红色透明的细胞色素 c 滤液。

6. 三氯乙酸沉淀

在搅拌下，每 100mL 细胞色素 c 溶液加入 2.5～5.0mL 20%三氯乙酸溶液，细胞色素 c 沉淀析出，立即以 3 000r/min 的转速离心 15min，倾去上清液(如上清液带红色，应加入适量三氯乙酸，重复离心)，收集沉淀的细胞色素 c，加入少许蒸馏水，用玻璃棒搅动，使沉淀溶解。

7. 透析

将沉淀的细胞色素 c 溶解于少量蒸馏水后，装入透析袋，放进 500mL 烧杯中(用磁力搅拌器搅拌)，对蒸馏水透析，每 15min 换水一次。换水 3～4 次后，检查 SO_4^{2-} 是否已被除净(检查方法是：取 2mL BaCl 溶液放入一支试管，滴加 2～3 滴透析外液至试管中，若出现白色沉淀，表示 SO_4^{2-} 未除净；若无沉淀出现，表示透析完全)。将透析液过滤，即得清亮的细胞色素 c 粗品溶液。

8. 细胞色素 c 含量的测定

本实验方法制备的细胞色素 c 是氧化型和还原型的混合物，因此，在测定含量时，要加入联二硫酸钠，使混合物中的氧化型细胞色素 c 变为还原型。还原型细胞色素 c 的水溶液在波长 520nm 处有最大光吸收。根据这一特性，作出细胞色素 c 浓度对相应光吸收值的标准曲线，然后根据所测溶液的光吸收值，由标准曲线的斜率求出所测样品的含量。具体操作如下：

取 1mL 标准样品(81mg/mL)用水稀释至 25mL，从中取 0.2mL，0.4mL，0.6mL，0.8mL，1.0mL 分别放入 5 支试管中，每管补加蒸馏水至 4mL，并加少许联二亚硫酸钠作还原剂，然后在波长 520nm 处测得各管的消光值(A_{520nm})。以上述经稀释 25 倍标准样品的体积(mL)或计算得到的浓度值(mg/L)为横坐标、A 值为纵坐标，作出标准曲线图。

取样品 1mL 稀释适当倍数(本实验稀释 25 倍)，再取此稀释液 1mL，加水 3mL，再加少许联二硫酸钠，然后在波长 520nm 处测得 A_{520nm} 值。

五、结果计算

根据所测得 A_{520nm} 值查标准曲线，得细胞色素 c 的浓度，即可计算出样品原液的浓度。在本实验中，每 100g 猪心碎肉应获得 75mg 以上的细胞色素 c 的粗制品。

六、注意事项

(1)尽量除尽猪心的非心肌组织，包括脂肪、血管、韧带和积血。

(2)提取、中和过程中要注意调节 pH 值。吸附、洗脱步骤应严格掌握流速，保证细胞色素 c 充分被吸附及洗脱。

(3)盐析时，加入固体硫酸铵时要边加边搅拌，不要一次快速加入。

(4)三氯乙酸是一种蛋白质变性剂，可使蛋白质变性沉淀。本实验通过控制三氯乙酸的浓度和作用时间，使其产生的是可逆沉淀，达到进一步纯化作用。因此，必须逐滴加入三氯乙酸，搅匀后尽快离心，避免局部酸浓度过大和接触时间过长、产生细胞色素 c 不可逆的变性沉淀而造成损失。

(5)使用离心机之前，一定要平衡。

(6)透析之前要检查透析袋。

(7)在 520nm 处测得各管的光吸收值时，要加少许联二亚硫酸钠作还原剂。

(8)加入过多联二亚硫酸钠会使测定溶液迅速变混浊而无法比色，因此应严格控制加入量(约 3mg)，并迅速比色。必须是加一管后立即比色，不能各管全加完后再比色。吸光度值有不断升高的趋势表明溶液出现混浊，此读数为无效值，不能使用。也可以加入 1mL 3mg/mL 的联二亚硫酸钠水溶液(水减少为 2mL)，但该溶液不稳定，见光易变混浊而失去作用。

注：人造沸石的再生方法为将使用过的沸石用自来水洗去硫酸铵，再用 0.2～0.3mol/L NaOH 和 1mol/L NaCl 混合液洗涤至沸石呈白色，最后用水反复洗至 pH 值为 7～8，即可重新使用。

思考题

(1)制备细胞色素 c 通常选取什么动物组织？为什么？

(2)做好细胞色素 c 制备实验应注意哪些关键环节？为什么？

(3)本实验应用到哪些基本的生化分离纯化方法？

实验十四　醋酸纤维薄膜电泳分离血清蛋白质

一、目的

(1)了解醋酸纤维薄膜电泳分离蛋白质的原理。

(2)熟悉和掌握醋酸纤维薄膜电泳的操作方法。

二、原理

血清蛋白质约有 200 多种成分，主要成分包括清蛋白 A、α_1、α_2、β 及 γ 球蛋白(表 12－4)等，其等电点(pI)pH 值一般都小于 7.5，采用 pH 值为 8.6 的缓冲液使血清蛋白质均带负电。由于各蛋白质成分的 pI 不同，所带电荷量 q 不同，加之分子大小 r 和形状的差别，依 $V=Eq/6\pi r\eta$ 可知，不同蛋白质成分向正极泳动的速度不同，电泳一定时间就可相互分离，不同的电泳方法得到的血清蛋白质的区带数也有很大差异(表 12－5)。分离后的蛋白质需经显色才能检测鉴定，通常用氨基黑 10B 显色血清蛋白质。各区带的颜色深浅与蛋白质的含量几乎成正比。

表 12－4　血清蛋白质成分(醋酸纤维薄膜电泳)

蛋白质	相对含量(%)	分子质量	pI	m(cm^2/v. sec)
清蛋白 A	57～72	69 000	4.88	5.9×10^{-5}
α_1	2～5	200 000	5.06	5.1×10^{-5}
α_2	4～9	300 000	5.06	4.1×10^{-5}
β	6～12	9 000～150 000	5.12	2.8×10^{-5}
γ 球蛋白	12～20	156 000～300 000	6.58～7.50	1.0×10^{-5}

表 12－5　不同电泳方法的血清蛋白质区带数

电泳方法	醋酸纤维薄膜电泳	聚丙烯酰胺凝胶电泳	等点聚集电泳	梯度聚丙烯酰胺凝胶电泳
区带数	5	20＋	30＋	60＋

用醋酸纤维薄膜电泳可将血清蛋白质分离成 5 个区带(图 12－9)。

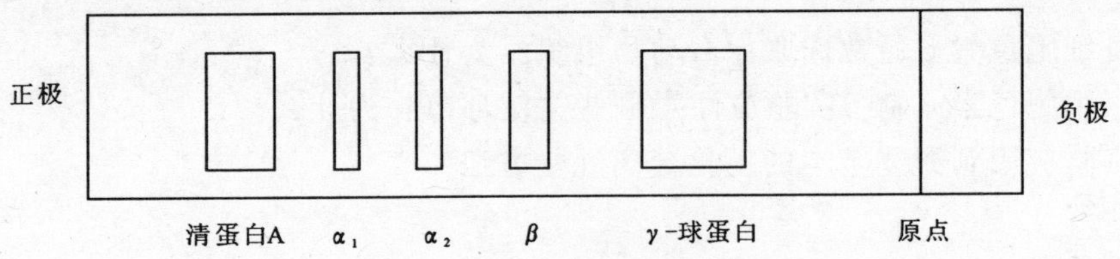

图 12－9　血清蛋白质电泳图谱

三、实验器材和试剂

1. 实验器材

①电泳仪；②电泳槽；③醋酸纤维薄膜；④移液器；⑤培养皿(供染色和洗脱用)；⑥722 型可见光分光光度计。

2. 实验试剂

(1)新鲜血清。

(2)电泳缓冲液(巴比妥缓冲液):巴比妥钠15.458g、巴比妥2.768g溶于1 000mL蒸馏水中,pH=8.6。

(3)氨基黑10B染色液:氨基黑10B 0.5g,加冰醋酸10mL及甲醇50mL,混匀,用蒸馏水稀释至100mL。

(4)浸洗液:95%乙醇45mL,冰醋酸5mL,混匀,用蒸馏水稀释至100mL。

(5)0.4mol/L氢氧化钠溶液。

四、操作方法

(1)泡膜:戴橡胶手套,取薄膜,于毛面距一端1.5cm处用铅笔轻画一直线。小心将膜浮于巴比妥缓冲液上,待下面湿润后再将膜完全浸入,浸泡约1h。

(2)仪器准备:检查电源,接好电线,注意正、负极。加巴比妥缓冲液于电泳槽内,调整水平。

(3)点样:取出浸泡的薄膜,用滤纸吸去多余的缓冲液。毛面向上,于毛面膜的一端画线处点样,注意点样量要适量。待样品渗入膜内后,将点样面翻面下方(以防电泳时薄膜表面蒸发干燥)置于电泳槽的支架上,点样端放在负极。

(4)电泳:检查正、负极,盖上电泳仪盖平衡5min后通电,$E=15V/cm$,$I=0.4\sim0.6$ mA/cm,电泳约1h后停止电泳。

(5)染色:停止电泳后,取出膜浸入氨基黑10B溶液中5min。

(6)浸洗:依次在3个培养皿中用浸洗液漂洗,每次5min,至背景无色,区带清晰,然后晾干,辨认结果。

(7)定量:剪下各区带,如表12-6分别浸泡于氢氧化钠溶液中约30min,然后在722型可见光分光光度计上于波长620nm处比色。

表12-6　醋酸纤维薄膜电泳分离区带的定量测定

管号 / 加入物	空白	A	α_1	α_2	β	γ
膜	空白膜	A	α_1	α_2	β	γ
0.4 mol/L NaOH (mL)	4.0	4.0	4.0	4.0	4.0	4.0
OD_{620}						

五、结果计算

相对含量:各部分吸光度之和 $T=A+\alpha_1+\alpha_2+\beta+\gamma$

相对百分含量$=(OD_{620}/T)\times100\%$

实验十五 血红蛋白的凝胶过滤

一、目的

学习并掌握凝胶过滤的基本操作技术、分离原理及其应用。

二、原理

凝胶过滤(gelfiltration)色谱,又称为分子筛色谱(molecular sieve chromatography)或排阻色谱(exclusion chromatography)。凝胶过滤色谱所用的介质载体由具有一定孔径的多孔亲水性凝胶颗粒组成。当分子大小不同的混合物通过这种凝胶柱时,直径大于孔径的分子将不能进入凝胶内部,便直接沿凝胶颗粒的间隙流出,称为全排出。较小的分子则容纳在它的空隙内,自由出入,造成在柱内保留时间长。这样,较大的分子先被洗脱下来,而较小的分子后被洗脱下来,从而达到相互分离的目的。

本实验利用凝胶过滤的特点,用葡聚糖凝胶(dextran gel,商品名 Sephadex)对血红蛋白与硫酸铜混合液进行分离。混合液中血红蛋白(呈红色)分子量大,不能进入凝胶颗粒中的静止相,只能留在凝胶颗粒之间的流动相中,因而以较快的速度流过层析柱;而硫酸铜(呈蓝绿色)分子量较小,能自由地出入凝胶颗粒,因而通过凝胶床的速度较慢。因此,对混合液进行洗脱时,呈红色的血红蛋白色带在前,而蓝绿色的硫酸铜色带则远远地落在后边,形成鲜明的两条色带,从而可形象直观地观察到凝胶过滤的效果。

由于凝胶过滤具有设备简单、操作条件温和、分离效果好、重现性强、凝胶柱可反复使用等优点,所以被广泛地使用于蛋白质等大分子的分离纯化、分子量测定、浓缩、脱盐等操作中。

三、实验器材和试剂

1. 实验器材

层析柱(ϕ10mm×150mm)、真空泵、真空干燥器、抽滤瓶、铁架台及固定夹、恒流泵、刻度吸量管等。

2. 实验试剂

(1)葡聚糖凝胶:Sephadex G-25。

(2)铜盐溶液:取 3.73g $CuSO_4 \cdot 5H_2O$ 溶于 10mL 热的蒸馏水中,冷却后稀释至 15mL;另取柠檬酸钠 17.3g 和 $Na_2CO_3 \cdot 2H_2O$ 10g,溶于 60mL 热蒸馏水中,冷却后稀释至 85mL,最后把硫酸铜溶液慢慢倒入柠檬酸钠-碳酸钠溶液中,混匀,若有沉淀,过滤。

(3)洗脱液:蒸馏水。

(4)抗凝血试剂(10~20mL)。

四、操作方法

1. 凝胶溶胀

取 5g Sephadex G－25，加 200mL 蒸馏水充分溶胀（在室温下约需 6h 或在沸水浴中溶胀 5h）。待溶胀平衡后，用倾泻法除去细小颗粒，在真空干燥器中减压除气，准备装柱。

2. 装柱

将层析柱垂直固定，旋紧柱下端的螺旋夹，把处理好的凝胶连同适当体积的蒸馏水用玻璃棒搅匀，然后边搅拌边倒入柱中。最好一次连续装完所需的凝胶，若分次装入，需用玻璃棒轻轻搅动柱床上层凝胶，以免出现界面而影响分离效果。装柱后形成的凝胶床至少长 8cm，最后放入略小于层析柱内径的滤纸片保护凝胶床面。注意：整个操作过程中凝胶必须处于溶液中，不得暴露于空气中，否则将出现气泡和断层。

3. 平衡

用蒸馏水洗脱，调整流量，使胶床表面保持 2cm 液层，平衡 20min。

4. 样品制备

取 2mL 抗凝血试剂放入试管中，加入等体积的铜盐溶液，混匀待用。

5. 上样

当胶床表面仅留约 1mm 液层时，吸取 0.5mL 血红蛋白与铜盐混合样品溶液，小心地注入层析柱胶床面中央，注意切勿冲动胶床，慢慢打开螺旋夹，待大部分样品进入胶床且床面上仅有 1mm 液层时，用胶头滴管加入少量蒸馏水，使剩余样品进入胶床，然后再用胶头滴管小心加入 3～5cm 高的洗脱蒸馏水。

6. 洗脱

继续用蒸馏水洗脱，调整流速，使上下流速同步保持每分钟约 6 滴，观察并记录实验现象。最后用洗脱液把柱内有色物质洗脱干净，保留凝胶柱重复使用或回收凝胶。

五、结果

描述并解释实验现象，讨论凝胶过滤的效果。

思考题

（1）凝胶过滤又称为分子筛，大小不同的分子经过凝胶过滤被洗脱出来的次序与一般普通过滤有什么不同？为什么？

（2）凝胶过滤在生物化学实验研究中有哪些用途？

实验十六　SDS－聚丙烯酰胺凝胶电泳（PAGE）测定蛋白质相对分子质量

一、目的

（1）学习 SDS－PAGE 测定蛋白质分子量的原理。

(2)掌握 SDS - PAGE 测定蛋白质分子量的操作方法。

二、原理

聚丙烯酰胺凝胶是由单体——丙烯酰胺(acrylamide,简称 Acr)和交联剂——N,N -甲叉双丙烯酰胺(methylene - bisacrylamide,简称 Bis)在加速剂和催化剂的作用下聚合而成的高分子物质,具有三维网状结构和分子筛性质。以此凝胶为支持物的电泳称为聚丙烯酰胺凝胶电泳(polyacryl amide gel electrophoresis,简称 PAGE)。

由于各种蛋白质所带的净电荷、分子量大小和形状不同,在电泳中会产生不同的电荷效应和分子筛效应,不连续电泳还有浓缩效应,因而有不同的迁移率。蛋白质在聚丙烯酰胺凝胶中电泳时,其迁移率取决于它所带电荷以及分子的大小和形状等因素。

聚丙烯酰胺凝胶由于富含酰胺基,故它是稳定的亲水凝胶。结构中不带电荷,因而在电场中电泳电渗现象极为微小。网状结构能限制蛋白质大分子的扩散运动,具有良好的抗对流作用。在合适的浓度范围内还具有较好的透明度,一定的机械强度以及化学上惰性、吸附作用很小等优点。

十二烷基硫酸钠(简称 SDS)是阴离子表面活性剂,在水溶液中它以单体和分子团的混合形式存在。单体 SDS 能与蛋白质结合生成蛋白质- SDS 复合物。由于 SDS 带有大量负电荷,所以生成的蛋白质- SDS 复合物所带的负电荷大大超过了天然蛋白质原有的电荷,因而消除或掩盖了不同种类蛋白质所带净电荷的差异,均带有相同密度的负电荷。在蛋白质溶液中加入 SDS 和巯基乙醇,巯基乙醇可使蛋白质分子中的二硫键还原,使多肽组分分成单个亚单位,SDS 可使蛋白质亚单位中的氢键、疏水键打开,因此 SDS 与蛋白质结合后,还引起蛋白质构象的改变,蛋白质- SDS 复合物形状近似雪茄形的长椭圆棒,不同复合物的短轴相同,约 1.8nm,而长轴改变则与蛋白质的分子量成正比。基于上述两种情况,蛋白质- SDS 复合物在凝胶电泳中的迁移率不再受原有电荷和形状的影响,而只是与椭圆棒的长度有关,也就是只与蛋白质分子量有关。在电泳体系中加入十二烷基硫酸钠(简称 SDS),则电泳迁移率主要依赖于蛋白质分子量,而与所带的净电荷和形状无关,这种电泳方法称为 SDS -聚丙烯酰胺凝胶电泳(SDS - PAGE)。

蛋白质分子量在 10 000～200 000 之间时,电泳迁移率与分子量的对数呈线性关系,可用下式表示:

$$\lg M_r = K - bm$$

式中:M_r 为蛋白质分子量;K 为常数;b 为斜率;m 为相对迁移率(即蛋白质的电泳迁移距离除以示踪染料迁移距离)。

根据上述方程将已知分子量的标准蛋白质电泳迁移率与分子量的对数作图,可制作出一条标准曲线。在相同条件下只要测得未知分子量的蛋白质的电泳迁移率,即可从标准曲线求得其近似分子量。

不同的凝胶浓度适用于不同的分子量范围(表 12 - 7),可根据所测分子量的范围选择最合适凝聚浓度,并尽可能地选择分子量范围和性质与待测样品相近的蛋白质作标准蛋白。

由于 SDS - PAGE 具有设备简单、快速、分辨率和灵敏度高等优点,广泛应用于生物化学、分子生物学、基因工程、医学及免疫学等方面。

表 12-7　分子量范围与凝胶浓度的关系

凝胶浓度(%)	交联度(%)	分子量范围
5	2.6	25 000～200 000
10	2.6	10 000～70 000
15	2.6	10 000～50 000

SDS-PAGE 作为一种测定蛋白质分子量的方法，尽管对大部分蛋白质来说，在比较广泛的分子量范围内，蛋白质的迁移率与其分子量的对数确实存在着线性关系，但有许多蛋白质是由亚基或两条以上肽链组成的(如血红蛋白、胰凝乳蛋白酶等)，它们在变性剂和强还原剂的作用下解离成亚基或单条肽链。因此，对这一类的蛋白质，SDS-PAGE 测定的只是它们的亚基或单条肽链的分子量，而不是完整蛋白质的分子量。为此，测定这类样品的分子量，还必须采用其他测定方法作参照。当然这也使得 SDS-PAGE 特别适用于寡聚蛋白及其亚基的分析鉴定和分子量的测定。

另外，还有一些电荷异常和构象特殊的蛋白质(如组蛋白 F1)、含有较大辅基的糖蛋白和含有二硫键较多的蛋白质以及一些结构蛋白(如胶原蛋白)等，它们在 SDS-凝胶系统中电泳的迁移率与分子量的对数不呈线性关系。因此，为了测得真实和完整的蛋白质分子量，通常可采用多种方法进行测定和相互验证。

三、实验器材和试剂

1. 实验器材

①夹心式垂直板电泳槽(附带凝胶模 135mm×100mm×1.5mm)；②电泳仪(电压 300～600V，电流 50～100mA)；③移液管(1mL，5mL，10mL)；④移液器；⑤移液枪头；⑥烧杯(50mL，100mL)；⑦滴管；⑧1mL 注射器及 6 号长针头；⑨微量注射器(50 或 100μL)；⑩大培养皿(φ120～160mm)；⑪滤纸；⑫移液管架。

2. 实验试剂

1)连续体系 SDS-PAGE 的有关试剂

(1)0.2mol/L pH 值为 7.2 的磷酸盐缓冲液：称取磷酸氢二钠 $Na_2HPO_4 \cdot 12H_2O$ 51.58g(或 25.63g $Na_2HPO_4 \cdot 2H_2O$)及磷酸二氢钠 $NaH_2PO_4 \cdot 2H_2O$ 8.74g(或 7.73g $NaH_2PO_4 \cdot H_2O$)，溶于重蒸水中，定容至 1 000mL。

(2)样品溶解液(上样液)：溶液中含有 1%SDS、1%巯基乙醇、10%甘油和 0.02%溴酚蓝。用来溶解标准蛋白质及待测蛋白质样品。配制方法见表 12-8。

表 12-8　连续体系样品溶解液的配制

SDS	巯基乙醇	甘油	溴酚蓝	0.2 mol/L pH 7.2 磷酸盐缓冲液	加重蒸水至最后总体积为
100mg	0.1mL	1mL	2mg	0.5mL	10mL

(3)凝胶储液：称取丙烯酰胺(Acr)30g 和甲叉双丙烯酰胺(Bis)0.8g，加重蒸水至 100mL，

过滤后置于棕色瓶内，4℃储存，可用1～2个月。

(4)凝胶缓冲液：称取SDS 0.2g，加入0.2mol/L pH值为7.2的磷酸盐缓冲液至100mL，4℃储存，用前稍加温，使SDS溶解。

(5)1％N，N，N′，N′-四甲基乙二胺(TEMED)溶液：取TEMED 1mL，加重蒸水至100mL，置棕色瓶内4℃储存。

(6)10％过硫酸铵(AP)：称AP 1g，加重蒸水10mL，使之溶解，置于棕色瓶内于4℃下储存(此溶液应每周新配)。

(7)电极缓冲液(0.1％SDS，0.1mol/L pH值为7.2的磷酸盐缓冲液)：称取1g SDS，加入500mL 0.2mol/L pH值为7.2的磷酸盐缓冲液，再用蒸馏水定容至1 000mL。

(8)1％琼脂(糖)：称琼脂(糖)1g，加入100mL上述电极缓冲液，使其溶解，于4℃下储存。

2)不连续体系SDS-PAGE的有关试剂

(1)100g/L的SDS溶液：称取5g SDS，加重蒸水至50mL，微热使其溶解，置于试剂瓶内，于4℃下储存。

(2)1％(体积比)的TEMED溶液：量取1mL TEMED，加双蒸水稀释至100mL，置于棕色瓶内，于4℃下储存。

(3)100g/L的AP溶液：称取1g AP，加双蒸水溶解至10mL。最好临用前配制。

(4)样品溶解液(内含2％的SDS、5％的巯基乙醇、40％的蔗糖、0.02％的溴酚蓝的0.01mol/L pH值为8.0的Tris-HCl缓冲液)：先配制0.05mol/L pH值为8.0的Tris-HCl缓冲液：称取0.6g Tris，加入50mL双蒸水，再加入约3mL 1mol/L的HCl溶液，调pH值至8.0，最后用双蒸水定容至100mL。

按表12-9添加各组分。

表12-9　不连续体系样品溶解液的配制

SDS	巯基乙醇	蔗糖	溴酚蓝	0.05 mol/L Tris-HCl缓冲液	总体积(加双蒸水)
200mg	0.5mL	4g	2mg	2mL	10mL

(5)凝胶储液：①30％的分离胶储液：配制方法与连续体系相同，称取30g Acr及0.8g Bis，溶于双蒸水中，定容至100mL，过滤后置于棕色瓶内，于4℃下储存；②10％的浓缩胶储液：称取10g Acr及0.5g Bis，溶于双蒸水中，最后定容至100mL，过滤后置于棕色瓶中，于4℃下储存。

(6)凝胶缓冲液：①分离胶缓冲液(3.0mol/L pH值为8.9的Tris-HCl缓冲液)：称取36.3g Tris，加少许双蒸水使其溶解，再加1mol/L的HCl溶液约48mL，调pH值至8.9，最后用双蒸水定容至100mL，于4℃下储存；②浓缩胶缓冲液(0.5mol/L pH值为6.7的Tris-HCl缓冲液)：称取6.0g Tris，加少量双蒸水使其溶解，再加1mol/L的HCl溶液约48mL，调pH值至6.7，最后用双蒸水定容至100mL，于4℃下储存。

(7)电极缓冲液[内含0.1％的SDS pH值为8.3的Tris(0.05mol/L)-甘氨酸(0.384mol/L)缓冲液]：称取6.0g Tris和28.8g甘氨酸，加入10mL 10％的SDS，再加双蒸水使其溶解，最后定容至1 000mL。

(8)1%的琼脂糖溶液：称取 1g 琼脂糖于 100mL 电极缓冲液中，加热使其溶解，于 4℃下储存备用。

3)固定液

取 50%甲醇 454mL 和冰乙酸 46mL，混匀备用。

4)染色液

称取 0.125g 考马斯亮蓝 R250，加 250mL 上述固定液，过滤后备用。

5)脱色液

冰乙酸 75mL，甲醇 50mL，加蒸馏水定容至 1 000mL。

四、操作方法

(一)安装夹心式垂直板电泳槽

夹心式垂直板电泳槽操作简单，不易渗漏。这种电泳槽两侧为有机玻璃制成的电极槽，两个电极槽中间夹有一个凝胶模，该模由 1 个“凵”形硅胶框、长与短玻璃板及样品槽模板(梳子)所组成。电泳槽由上储槽(白金电极在上或面对短玻璃板)、下储槽(白金电极在下或面对长玻璃板)和回纹冷凝管组成。两个电极槽与凝胶模之间靠储液槽螺丝固定。各部分按下列顺序组装：

(1)装上储槽和固定螺丝销钉，仰放在桌面上。

(2)将长、短玻璃板分别插到“凵”形硅胶框的凹形槽中。注意勿用手接触灌胶面的玻璃。

(3)将已插好玻璃板的凝胶模平放在上储槽上，短玻璃板应面对上储槽。

(4)将下储槽的销孔对准已装好螺丝销钉的上储槽，双手以对角线的方式旋紧螺丝帽。

(5)竖直电泳槽，用细长头滴管吸取已熔化的 2%琼脂(糖)加在长玻璃板下端与硅胶框交界的缝隙内，其目的是封住空隙，加琼脂(糖)溶液时应避免有气泡。

(二)配胶及凝胶板的制备

1. 配胶

根据所测蛋白质分子量范围，选择适宜的分离胶浓度。表 12－10 表示配制 20mL 不同浓度分离胶所需的各种试剂用量。

2. 凝胶板的制备

(1)SDS－不连续体系凝胶的制备：

①分离胶的制备。按表 12－10 配制 20mL 10%的聚丙烯酰胺溶液，混匀后用细长头滴管将凝胶液加至长、短玻璃板间的缝隙内，约 8cm 高，用 1mL 注射器取少许蒸馏水，沿长玻璃板壁缓慢注入，约 3～4mm 高，以进行水封。水封的目的是隔绝空气中的氧，并有助于消除凝胶柱表面的弯月面，使凝胶柱顶部的表面平坦，水封切忌注入的蒸馏水呈滴状垂直下落，否则会使顶部的凝胶浓度变稀，从而改变预定的凝胶孔径，并造成凝胶表面不平坦。30min 后，凝胶与水封层间出现折射率不同的界线，表示凝胶完全聚合。倒掉水封层的蒸馏水，再用滤纸条吸去多余水分。

表 12－10　SDS－不连续体系凝胶配制　　(单位:mL)

试剂名称 \ 胶浓度		配制 20 mL 不同浓度的分离胶液所需试剂量					配制 10mL 3%浓缩胶所需试剂量
		5%	7.5%	10%	12.5%	15%	
分离胶	30%胶母液	3.33	5.00	6.66	8.33	10.00	—
	Tris－Cl(pH 8.9)	2.50	2.50	2.50	2.50	2.50	
浓缩胶	30%胶母液	—	—	—	—	—	3.00
	Tris－Cl(pH 6.7)	—	—	—	—	—	1.25
10% SDS		0.20	0.20	0.20	0.20	0.20	0.10
1% TEMED		2.00	2.00	2.00	2.00	2.00	1.00
蒸馏水		11.87	10.20	8.54	6.87	3.20	4.60
10%过硫酸铵(AP)		0.10	0.10	0.10	0.10	0.10	0.05

②浓缩胶的制备。按表 12－10 配制 10mL 3%的聚丙烯酰胺溶液，混匀后用滴管将浓缩胶加到已聚合的分离胶上方，直至距离玻璃板上缘约 0.5cm 处，轻轻将样品梳插入浓缩胶内，约 30min 后凝胶聚合。小心拔去样品梳，将 pH 值为 8.3 的 Tris－甘氨酸缓冲液倒入上、下储槽中，应没过短玻璃板 0.5cm 以上，即可准备加样。

(2)SDS－连续体系凝胶板的制备。按表 12－11 配制 20mL 所需浓度的聚丙烯酰胺溶液，用滴管将分离胶混合液加到两块玻璃板的缝隙内直至距离短玻璃板上缘 0.5cm 处，插入样品梳。约 30min 凝胶聚合，继续放置 20～30min，小心拔出样品梳。倒入电极缓冲液即可进行加样。电极缓冲液为 0.1mol/L 且 pH 值为 7.2 的磷酸缓冲液，内含 0.1%的 SDS。

表 12－11　配制 20mL 不同浓度的分离胶所需的各种试剂用量　　(单位:mL)

试剂名称 \ 胶浓度	5%	7.5%	10%
凝胶储液(30% Acr－0.8% Bis)	3.33	5.00	6.66
0.2 mol/L pH 值为 7.2 的磷酸缓冲液(内含 0.2% SDS)	10.00	10.00	10.00
1% TEMED	2.00	2.00	2.00
蒸馏水	4.57	2.90	1.23
10%过硫酸铵(AP)	0.10	0.10	0.10

(三)样品的处理与加样

1. 样品的处理

(1)标准蛋白质样品的处理。称取标准蛋白质样品各 1mg 左右，分别放入带塞的小试管中，按 1.0～1.5mg/mL 溶液比例，向样品加入样品溶解液。待样品充分溶解后轻轻盖上盖(不要盖紧，以免加热时迸出)在 100℃的沸水浴中保温 3min，取出，冷却至室温。

(2)待测蛋白质样品的处理。若待测蛋白质样品是固体，则与标准蛋白质样品的处理相同；如待测样品已在溶液中，可先配制“浓度大的样品溶解液”，将待测样品与“浓度大的样品溶解液”等体积混匀，然后同上加热。若待测样品浓度太稀可事先浓缩，若盐浓度太高则需先行透析，再进行上述处理。

处理好的样品溶液即可用于电泳，如处理好的样品暂时不用，可放在－20℃冰箱内保存，使用前在100℃沸水中加热3min，以除去亚稳态聚合物。

2. 加样

一般每个样品槽中，只加一种样品或已知分子质量的混合标准蛋白质，加样体积要根据凝胶厚度及样品浓度灵活掌握，一般加样体积为10～15μL；如样品较稀，加样体积可达100μL。如样品槽中有气泡，可用注射器针头挑除。加样时，将微量注射器的针头穿过电极缓冲液伸入加样槽内，应尽量接近底部，轻轻推动微量注射器，注意针头勿碰破凹形样品槽胶面。由于样品溶解液中含有相对密度较大的蔗糖或甘油，因此，该溶解液会自动沉降在凝胶表面而形成样品层。

(四)电泳

上槽接负极，下槽接正极，打开电源，将电流调至20mA，待样品进入分离胶后，将电流调至50mA，大约15～20min；样品进胶后，将电流调至40～50mA，保持电流强度不变，待指示染料溴酚蓝(BPB)迁移至下沿1～1.5cm处，停止电泳，需5～6h。

(五)剥胶与固定

电泳结束后，取下凝胶模，卸下硅胶框，用注射器针头撬开短玻璃板，在凝胶板切下一角作为前沿标记。在溴酚蓝区带的中心作好标志(插入细金属丝)，用水慢慢冲洗一下胶面，将胶置于培养皿内，放入固定液(或10%W/V三氯乙酸)，没过凝胶板，固定2h以上。

(六)染色与脱色

1. 银染色法

一般认为银离子(Ag^+)或银氨络离子$[Ag(NH_3)_2]^+$与蛋白质或SDS蛋白质复合物结合或吸附，结合成附着于蛋白质分子表面的银离子，被还原剂甲醛还原成单质金属银析出，呈现出棕黄色蛋白质区带或点。具体操作如下：

(1)凝胶先在5%甲醇、10%冰醋酸中浸泡30min，再在5%甲醇、7%冰醋酸中浸泡30min。

(2)在10% 戊二醛中固定30min。

(3)用重蒸馏水漂洗至少2h，过夜，其间更换3次重蒸馏水。

(4)在5μg/mL 二硫苏糖醇(DTT)溶液中浸泡30min。

(5)在0.1%$AgNO_3$(含0.11mol/L NH_4OH，2mol/L，NaOH)中浸泡30min。

(6)在重蒸馏水中漂洗3次，每次5min。

(7)用显影液(在100mL 3%的Na_2CO_3中加入50μL 37%甲醛，经Millipore膜过滤后使用)浸泡至蛋白质区带显现，此过程大约需要5min。

(8)在50mL显影液中加入5mL 2.3mol/L的柠檬酸，终止显影过程，凝胶需在此终止液中至少浸泡10min。

(9)用重蒸馏水漂洗3遍，每次10min。

(10)凝胶的保存。①置凝胶于0.33%的Na_2CO_3溶液中，浸泡10min，凝胶在微碱性环境中，蛋白质区带不易褪色；②凝胶用 3%的甘油浸泡 30min，增加其柔软性后，用干胶机或简单地夹在两张事先润湿的透气玻璃纸中(中间不得留有气泡)。用固定夹封住，制成干胶片。

银染法的灵敏度较高，为 10～100ng，常用于蛋白质的纯度鉴定。但不同蛋白质与银离子的结合能力不同，蛋白质显色[步聚(7)]的时间长短，可明显改变蛋白质区带颜色的深浅度，所以银染蛋白质区带的深浅度不易准确确定蛋白质的深浅度，不适合于蛋白质的定量。

2. 考马氏亮蓝染色法

考马氏亮蓝是一类特异与蛋白质结合的蓝色色素。首先将凝胶浸入考马氏亮蓝中，整个凝胶着色，接着进行脱色，胶中被固定并染色的蛋白质不脱色，而不含蛋白质的凝胶部分则全部脱色，结果出现蛋白质区带。考马氏亮蓝有 R－250 和 G－250 两种，考虑凝胶染色的检出灵敏度，一般常用 R－250。具体操作如下：

(1)将凝胶浸入染色液[0.1%考马氏亮蓝 R－250(CBBR250)，40%甲醇(或乙醇)和 10%冰醋酸]中，染色 0.5～1h，弃去染色液。

(2)加入脱色液[10%甲醇(或乙醇)和 10%冰醋酸]，脱色 6h 以上或过夜，其间更换 4～6 次脱色液，然后将胶浸泡脱色液中过夜，至背景透明清楚为止，即可计算相对迁移率。

染色液中的甲醇和冰醋酸，在染色过程中，还起固定蛋白质的作用。此法的检测灵敏度为 0.2～1μg，虽然不如银染色法的灵敏度高，但操作简便，背景干净清楚，显色带的颜色深浅一般与蛋白质的量成正比，可用于蛋白质的定量测定。

(七)绘制标准曲线

将大培养皿放在一张坐标纸上，量出加样端距细铜丝间的距离(cm)(即染料迁移距离)以及各蛋白质样品区带中心与加样端的距离(cm)(即样品迁移距离)，如图 12－10 所示。按下式计算相对迁移率 m_R：

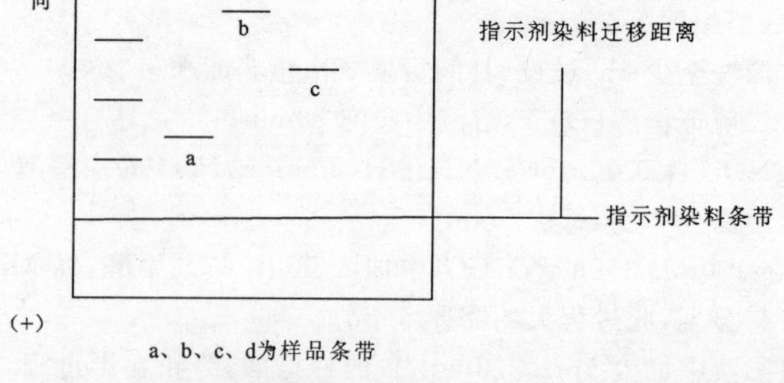

图 12－10　样品及标准蛋白在连续 SDS－PAGE 分离示意图

样品槽 1：标准蛋白；样品槽 2、3、4、5：待测样品

$$相对迁移率\ m_R = \frac{样品迁移距离(cm)}{染料迁移距离(cm)}$$

以标准蛋白质的分子量为纵坐标，对应的相对迁移率为横坐标在半对数坐标纸上作图，可得到一条标准曲线(图 12-11)，根据待测样品相对迁移率可直接在标准曲线上查出其分子量。

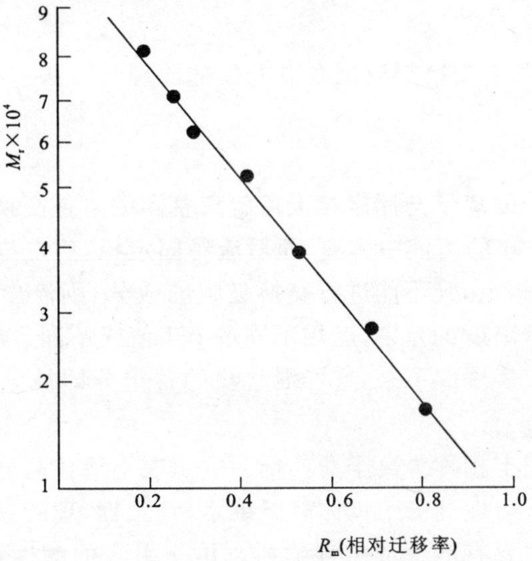

图 12-11　标准曲线示意图

五、注意事项

(1)电泳操作要求细致，所用器材必须洁净，试剂配制宜用重蒸馏水。操作过程中，尤其在处理凝胶板时，切勿玷污凝胶。

(2)试剂新鲜配制，电泳缓冲液使用 4～5 次后需重新配制。

(3)测定蛋白质分子量时，必须同时作标准曲线，不能利用这一次凝胶电泳的标准曲线作为下一次标准曲线。这是由于在凝胶电泳中，影响迁移率的因素很多，而在制胶和电泳的过程中，很难将每次的各项条件控制得完全一致。还应注意的是，尽量选择分子量范围和性质与待测样品相近的蛋白质作标准蛋白质，标准蛋白质的相对迁移率最好在 0.2～0.8 之间均匀分布。

思考题

(1)简述 SDS-PAGE 测定蛋白质分子量的原理。

(2)在 SDS-PAGE 操作过程中应当注意的地方有哪些？

(3)样品溶解液中各种试剂的作用是什么？

(4)影响实验误差可能的原因是什么？根据你的实验进行分析。

实验十七 DEAE-离子交换剂纯化血清 IgG

一、目的

熟悉和掌握 DEAE 离子交换剂纯化血清 IgG 的原理与方法。

二、原理

离子交换是指液相中的离子与固定相上可解离基团的可逆交换反应。利用这个反应先将要分离的混合物在一定 pH 的溶液中解离，而后流经固定相，使之与固定相上的可解离基团进行离子交换，吸附于固定相上，凡不能进行交换吸附的成分，则流出层析柱外。再根据交换吸附于固定相上的各组分解离度的差别，运用不同的 pH 值或不同盐浓度的溶液作流动相，流过层析柱将各组分分别再交换洗脱下来，这样混合物的各组分即被分开，达到了分离的目的，此即为离子交换层析。

离子交换层析中的固定相称为离子交换剂。它由在不溶性高分子母体上引入不同的可解离基团所构成。常用的不溶性高分子母体有纤维素、葡聚糖、琼脂糖及人工合成的树脂等。引入于母体上的活性基团主要有酸性或碱性物质。由于引入的酸性物质可解离出 H^+ 离子，能与液相中的阳离子交换，故这类离子交换剂称为阳离子交换剂；引入的碱性物质可解离出 OH^- 离子，能与液相中的阴离子交换，故将这类离子交换剂称为阴离子交换剂。

由于引入的酸或碱的强弱不同，两类离子交换剂又分为不同类型。

酸类物质以磺酸基（$-SO_3H$）最强，引入磺酸基的阳离子交换剂称为强酸型；引入磷酸基（$-PO_3H_2$）、亚磷酸基（$-PO_2H$）的称中强酸型；引入羧基（$-COOH$）、酚羟基（$-OH$）的称为弱酸型。

碱类物质主要是引入胺碱。引入季胺[$-N^+(CH_3)_3OH^-$]基的称为强碱型；引入叔胺[$-N(CH_3)_2$]、仲胺（$-NHCH_3$）、伯胺（$-NH_2$）基的称为弱碱型。

各型离子交换剂在国内外都已定型生产，性能和规格均可查到，本书附录中列举了一部分。

各型离子交换剂的使用，将由用以分离的物质特性及分离的目的而定。

分离蛋白质（包括酶）常用纤维离子交换剂。由于蛋白质（酶）的分子量很大，在交换反应后要占有离子交换剂很大的空间位置，不溶性母体空间位置小的交换剂将无法与蛋白质交换。纤维素作为不溶性母体是因为纤维素具有亲水性强、容易溶胀；溶胀后具有舒展的长链，表面积大，使大分子特质容易接触并容纳。所以以纤维素形成的离子交换剂对蛋白质（酶）等大分子物质的交换容量大、分辨力强，可以获得较好的分离效果及较高的回收率；另外纤维构成的离子交换剂对交换的离子吸附力较弱，在比较温和的条件下即可洗脱下来，不影响蛋白质（酶）等生物大分子物质的活性。纤维素的这些特点使它构成的纤维素离子交换剂在生物大分子的分离和纯化中得到广泛的使用。

纤维素上可以引入不同的解离基团而形成各型离子交换剂，其中最常用的是 DEAE-纤维素和羧甲基纤维素。

DEAE－纤维素(diethylaminoethyl－cellulose,DEAE)是在纤维素上引入二乙基氨基乙基,它是弱碱型阴离子交换剂。吸附蛋白质的最适pH值范围为7～9,pH值超过9.5,DEAE基团则不解离带电荷。每克DEAE含0.96～1.24mmol/L可解离基团,与蛋白质的交换量可达75～122mg/100mg DEAE。

交换吸附于离子交换剂上的物质,通常利用改变洗脱液pH或提高洗脱液中离子强度的方法洗脱下来,从而获得较纯的特质。当在离子交换剂上吸附有几个物质成分时,可用两种方法分别洗脱。其一是用pH或离子强度不同的几种洗脱液分别洗脱,即在第1种洗脱液洗脱下第1个成分后,换成第2种洗脱液洗脱另一成分,再换第3种洗脱液洗脱下第3个成分,如此洗脱下所有的成分,这种方法称为分段洗脱法;其二是在洗脱的过程中逐步改变洗脱液的离子强度,从稀到浓,逐步将各种成分洗脱下来,这种方法称为梯度洗脱法。与分段洗脱法相比,梯度法使被洗脱成分的“拖尾”现象较小,分辨率高。

应用离子交换剂来纯化物质,可以先把要纯化的物质成分交换吸附于离子交换剂上,然后再分别洗脱下来获得纯品,或者把不需要的成分吸附于离子交换剂上,需要的成分直接流出,得到纯品。本实验采用DEAE－纤维素层析柱纯化血清IgG,利用pH值6.7的缓冲液溶解样品IgG,此时IgG粗物中除IgG外,其他杂蛋白均带上不同数量的负电荷,可以和DEAE上的阴离子发生交换吸附于柱上。IgG因不解离带电,而不发生交换吸附,利用此特点,让溶解后的样品流过DEAE－纤维素柱,即可直接收集到较纯的IgG。

三、实验器材和试剂

1. 实验器材

①层析柱;②黑、白比色盘;③烧杯;④恒流泵;⑤紫外检测仪;⑥记录仪;⑦部分收集器。

2. 实验试剂

(1)DEAE－纤维素的活化:称取1g DEAE－32或52,放入5mL量筒中,加蒸馏水浸泡过夜,观察溶胀后DEAE的体积。根据所需层析柱的柱床体积计算所需的DEAE用量,称取所需DEAE用蒸馏水浸泡过夜,其间换几次水,每次除去细小颗粒。可用布氏漏斗抽干,再用0.5mol/L NaOH溶液浸泡1h以上,然后再抽干,用无离子水漂洗,使pH值至8左右(用pH试纸检查)。再改用0.5mol/L HCl溶液浸泡1h以上,去酸溶液,用无离子水洗至pH值为6左右。本实验中在用前应以0.017 5mol/L、pH值为6.7磷酸盐缓冲液浸泡平衡后使用。

用过的离子交换剂可以反复使用,使其恢复原状的方法俗称“再生”。再生并非每次用酸、碱反复处理,通常只要“转型”处理即可。所谓转型就是使交换剂带上所希望的某种离子,如希望阳离子交换剂带上NH_4^+则可用NH_4OH浸泡,如希望阴离子交换剂带上Cl^-则用NaCl溶液处理。本实验中DEAE－纤维素在酸碱处理后,用0.017 5mol/L、pH值为6.7的磷酸盐缓冲溶液浸泡即可转型,以HPO_4取代DEAE中的OH^-。一般由于DEAE－纤维素使用后因带有大量杂蛋白,所以再生时先用0.5mol/L NaOH浸洗,用无离子洗至pH值为8左右,再转型,即可再使用。

(2)0.017 5mol/L、pH值为6.7的磷酸盐缓冲溶液。

(3)奈氏试剂。

(4)20%(W/V)磺基水杨酸溶液。

四、操作方法

(1)装柱。用0.017 5mol/L、pH值为6.7的磷酸盐缓冲溶液浸泡已处理好的DEAE-纤维素,并更换1~2次。然后搅拌均匀,灌入层析柱中,直至纤维素柱床高约17cm为止。柱床形成后,在洗脱瓶装入0.017 5mol/L、pH值为6.7的磷酸盐缓冲溶液,接在层析柱上口,打开柱下端出口,使磷酸盐缓冲溶液流过纤维素,直至流出液的pH值与磷酸盐缓冲溶液的pH值完全相同(用pH试纸不断检查)为止。

(2)上样。上述平衡过程完毕后,关闭柱下口。用滴管吸去纤维素柱面上的深液(但不能低于柱下口,控制流速使样品慢慢进入纤维素内。待全部样品进入柱后,在柱床面上加一层0.017 5mol/L、pH值为6.7的磷酸盐缓冲溶液。

(3)洗脱。连接洗脱瓶,打开柱下口开始洗脱。控制流速为0.5mL/min,用试管收集洗脱液,每管10滴。从每滴中取1滴收集液放入黑色比色盘孔中,加入1滴20%磺基水杨酸检查是否产生白色沉淀。在此条件下,在收集液中首先出现的蛋白质即为纯化的IgG。因此,从洗脱开始就应收集洗脱液,直至收集液中无蛋白质出现为止(加磺酰水杨酸不呈白色沉淀),合并含有蛋白质的各管收集液中无蛋白质即为纯化的IgG溶液。

柱内DEAE-纤维素经再生转型后可再用。

(4)鉴定。纯化后获得的蛋白质样品均应进行鉴定后方能证明产品的合格证。

第十三章 酶

实验十八 酶的性质研究

酶是生物体内具有催化功能的蛋白质,因此也叫生物催化剂。生物体内存在多种多样的酶,从而使生物体在温和的条件下能够迅速完成复杂的生物化学反应。

酶具有高度的专一性(特异性)。温度和 pH 对酶的活性有显著的影响。能使酶的活性增加的作用称为酶的激活作用,使酶的活性增加的一些物质称为酶的激活剂;能使酶的活性减弱的作用称为酶的抑制作用,使酶的活性减弱的一些物质称为酶的抑制剂。激活剂与抑制剂常表现某种程度的特异性。

物质代谢是生命现象的基本特征。机体中不断进行的同化和异化作用绝大多数都是在酶的影响下进行的。所以生物机能在某种程度上可以说是由机体内酶类的含量及活性决定的。食品、发酵、制革、造纸、纺织等工业部门以及临床检验等都与酶有密切关系。因此,酶的研究在生物化学理论上及生产实践上都占有极其重要的位置。

温度对酶活性的影响

一、目的

通过检验不同温度下唾液淀粉酶的活性,了解温度对酶活性的影响。进一步明确最适温度的概念。

二、原理

酶的催化作用受温度的影响很大,一方面与一般化学反应一样,提高温度可以增加酶促反应的速度。通常温度每升高 10℃,反应速度就加快 1 倍左右,通常用温度系数表示,一般情况下的温度系数约等于 2,最后反应速度达到最大值。另一方面,酶是一种蛋白质,温度过高可引起蛋白质变性,导致酶的失活。因此,反应速度达到最大值以后,随着温度的升高,反应速度反而逐渐下降,以至完全停止反应。反应速度达到最大值时的温度称为某种酶的最适温度。高于或低于最适温度时,反应速度逐渐降低。大多数动物酶的最适温度不是完全固定的,它与作用时间的长短有关。通常测定酶的活性时，在酶反应的最适温度下测定酶促反应的初速度。为了维持反应过程中温度的恒定，一般利用恒温水浴等恒温装置。

酶对温度的稳定性与其存在的形式有关。大多数酶在干燥的固体状态下比较稳定，能在室温下保持数月至一年，在低温下保存的时间更长。因此，酶制剂一般以冻干粉状在低温下冷冻保存。溶液中的酶一般不如固体的酶稳定，且易为微生物污染，通常很难长期保存而不丧失其活性。溶液状态的酶在保存时都要加入等体积的甘油，并储存在4℃冰箱中，酶活性可保持两周至几个月。酶在高温下就更不稳定了。

酶的活性通常是用测定酶作用基质在酶作用前后的变化来进行观察的。

本实验在不同温度条件下使淀粉酶作用于其作用基质——淀粉，并用碘液来检查酶促淀粉水解程度，并说明温度与酶活力之间的关系。

唾液淀粉酶可将淀粉逐步水解成各种不同大小分子的糊精及麦芽糖。它们遇碘各呈不同的颜色。直链淀粉(即可溶性淀粉)遇碘呈蓝色；糊精按分子大小从大到小的顺序为遇碘可呈蓝色、紫色、暗褐色和红色；最小的糊精和麦芽糖遇碘不呈颜色，使整个反应系统呈现出加入碘液的颜色。由于在不同的温度下唾液淀粉酶的活性高低不同，则淀粉被水解的程度也不同，所以可由酶反应混合物遇碘呈现的颜色来判断。

三、实验器材和试剂

1. 实验器材

①移液管：1mL×2，2mL×1；②试管3支；③试管架；④恒温水浴锅；⑤电炉；⑥塑料吸管。

2. 实验试剂

(1)1%淀粉溶液(含0.3%的NaCl)：将1g可溶性淀粉及0.3g NaCl混悬于5mL蒸馏水中，搅动后缓慢倒入60mL沸腾的蒸馏水中，搅动煮沸1min，凉至室温后加蒸馏水至100mL，置于冰箱中储存。

(2)淀粉酶液：每人用自来水漱口3次，然后取20mL蒸馏水置于一小烧杯中，向烧杯中吐入一口唾液，摇匀，备用。

(3)pH值为7.0的磷酸缓冲液(PB)：取772.5mL 0.2M$Na_2HPO_4 \cdot 12H_2O$(称取$Na_2HPO_4 \cdot 12H_2O$ 71.64g，加蒸馏水定容至1 000mL和227.5mL 0.1M柠檬酸溶液(称取柠檬酸10.505g，加蒸馏水至500mL)混匀，即可得到pH值为7.0的PB。

(4)碘液：称取2g KI溶于5mL蒸馏水中，随后加1g碘，待碘溶解后，加蒸馏水至300mL，混合均匀储存于棕色试剂瓶中，或碘试剂(KI－I溶液)：将20g KI及碘10g溶于100mL蒸馏水中，使用前做10倍稀释。

四、操作方法

取3支试管，依次编号，按照表13－1所示数据依次加入各种试剂，混匀。

表 13-1　温度对酶活性的影响

项目＼管号	1	2	3
淀粉酶液(mL)	1	1	1
酶液处理 5 min	0℃	37℃	100℃
pH 7.0 缓冲液(mL)	2	2	2
1%淀粉溶液(含 0.3%的 NaCl)	1	1	1
反应条件 10 min	0℃	37℃	100℃
冷却 3 min	流动水冷却		
碘液(滴)	1	1	1
结果			
现象解释			

pH 对酶活性的影响

一、目的

了解 pH 对酶活力的影响及最适 pH 的概念，学习测定最适 pH 的方法。

二、原理

酶的活力受 pH 的影响极为显著。通常各种酶只在一定的 pH 范围内才表现其活性。一种酶表现其活性最高时的 pH，称为该酶的最适 pH。酶在最适 pH 条件下具有最大的活力。低于或高于最适 pH 时，酶的活性逐渐降低。pH 能影响底物和酶分子的解离状态，而酶只能和某种解离状态下的底物形成络合物。在最适 pH 时，酶分子上的活性基团的解离状态最适于与底物结合，此时底物分子本身含有的解离基团也处于最佳解离状态，酶和底物的结合力最大。pH 高于或低于最适 pH 时酶的活性基团的解离状态发生变化，酶和底物的结合力降低，因而酶反应速度降低。酶处于强酸或强碱的环境下时，会使酶发生完全变性，使酶完全丧失其催化活性。不同的酶的最适 pH 不同，大多数酶的最适 pH 值在 4～8 范围内，动物酶的最适 pH 值大多在 6.5～8.0 之间，植物和微生物酶的最适 pH 值多在 4.5～6.5 之间，但也有例外，例如，胃蛋白酶的最适 pH 值为 1.5～2.5，胰蛋白酶的最适 pH 值为 8，精氨酸酶的最适 pH 值为 10。

酶的最适 pH 受底物和缓冲液性质的影响。如唾液淀粉酶的 pH 值约为 6.8，但在磷酸缓冲液中，其最适 pH 值为 6.4～6.6，在醋酸缓冲液中则为 5.6。

本实验在不同 pH 条件下使淀粉酶作用于其作用基质——淀粉，并用碘液来检查酶促淀粉水解程度，并说明 pH 与酶活力之间的关系。

唾液淀粉酶可将淀粉逐步水解成各种不同大小分子的糊精及麦芽糖。它们遇碘各呈不同的颜色。直链淀粉(即可溶性淀粉)遇碘呈蓝色；糊精按分子大小从大到小的顺序为遇碘可呈蓝色、紫色、暗褐色和红色；最小的糊精和麦芽糖遇碘不呈颜色，使整个反应系统呈现出加入碘液的颜色。由于在不同的 pH 下唾液淀粉酶的活性高低不同，则淀粉被水解的程度不同，所以，可由酶反应混合物遇碘所呈现的颜色来判断。

三、实验器材和试剂

1. 实验器材

①移液管 5mL×3，1mL×2；②吸耳球；③试管 3 支；④试管架；⑤恒温水浴锅；⑥白瓷反应盘；⑦塑料滴管；⑧记号笔。

2. 实验试剂

(1)1%淀粉溶液(含 0.3%的 NaCl)：同温度对酶活性的影响。

(2)唾液淀粉酶液：同温度对酶活性的影响。

(3)碘液：同温度对酶活性的影响。

(4)缓冲系统：①0.2M $Na_2HPO_4 \cdot 12H_2O$：称取 $Na_2HPO_4 \cdot 12H_2O$ 71.64g，加蒸馏水定容到 1 000mL；②0.1M 柠檬酸溶液：称取柠檬酸 10.505g，加蒸馏水至 500mL。

按照表 13－3 所示数据配制 pH 缓冲系统。

表 13－3 缓冲溶液配制

溶液浓度 / pH 值	0.2 M $Na_2HPO_4 \cdot 12H_2O$(mL)	0.1 M 柠檬酸溶液(mL)
5.0	257.5	242.5
7.0	411.75	88.25
8.0	486.25	13.75

四、操作方法

取 3 支试管，依次编号，按照表 13－2 所示数据依次加入各种试剂，混匀。

表 13－2 pH 对酶活性的影响

管号 / 操作项目	1	2	3
pH 5.0 缓冲液(mL)	3	—	—
pH 7.0 缓冲液(mL)	—	3	—
pH 8.0 缓冲液(mL)	—	—	3
1%淀粉溶液(含 0.3%的 NaCl)	1	1	1
唾液淀粉酶液(mL)	1	1	1
保温	将上述各管混匀后在 37℃水浴中保温		
检查水解程度	保温约 2 min 后，从第 2 号试管中取出 1 滴溶液置于白瓷盘上，用碘液检查淀粉的水解程度		
碘液(滴)	1	1	1
结果			
现象解释			

酶的激活和抑制

一、目的

(1)了解酶促反应的激活和抑制。

(2)学习测定激活剂和抑制剂影响酶反应的方法和原理。

二、原理

酶的活性常受某些物质的影响,有些物质能使酶的活性增加,称为酶的激活剂,使酶的活性增加的作用称为酶的激活作用;而有些物质能使酶的活性降低,称为酶的抑制剂,使酶的活性降低的作用称为酶的抑制作用。例如,NaCl为唾液淀粉酶的激活剂,$CuSO_4$为其抑制剂。

很少量的激活剂或抑制剂就会影响酶的活性,而且常具有特异性。值得注意的是,激活剂和抑制剂不是绝对的,有些物质在低浓度时是某种酶的激活剂,而在高浓度时则为该酶的抑制剂。例如,NaCl达到1/3饱和度时就可抑制唾液淀粉酶的活性。

三、实验器材和试剂

1. 实验器材

①移液管5mL×1,1mL×4;②吸耳球;③试管3支;④试管架;⑤恒温水浴锅;⑥白瓷反应盘;⑦塑料吸管。

2. 实验试剂

(1)1%NaCl。

(2)1%$CuSO_4$。

(3)0.1%淀粉溶液:称取淀粉1g溶于100mL沸水中,搅动煮沸1min,凉至室温后,于冰箱中储存备用。

(4)蒸馏水。

(5)唾液淀粉酶液:同温度对酶活性的影响。

(6)碘液:同温度对酶活性的影响。

四、操作方法

取3支试管,依次编号,按照表13-4所示数据依次加入各种试剂,混匀。

表 13-4 激活剂与抑制剂对酶活性的影响

管号 / 操作项目	1	2	3
1% NaCl(mL)	1	—	—
1% $CuSO_4$(mL)	—	1	—
蒸馏水(mL)	—	—	1
唾液淀粉酶液(mL)	1	1	1
将上述各管试剂混匀			
0.1%淀粉溶液(mL)	3	3	3
保温	各管混匀后在37℃水浴中保温		
检查淀粉水解程度	保温 1min 左右，即可检查 1 号管中淀粉的水解程度，方法同 pH 实验；待 1 号试管的溶液不再变色时取出所有的试管，各加 2 滴碘液，观察现象		
结果			
现象解释			

实验十九　细胞色素氧化酶的作用

一、目的

(1)掌握细胞色素氧化酶的作用原理。

(2)理解细胞色素氧化酶的生理意义以及酶抑制剂的生理毒害作用。

二、原理

心肌含有细胞色素以及细胞色素氧化酶，后者能促进前者的氧化。细胞色素氧化酶也能催化二甲基对苯二胺与 α-萘酚生成蓝紫色的靛青蓝，所以可借该颜色反应来观察细胞色素氧化酶的作用。细胞色素氧化酶不耐热，能与 KCN、H_2S 等结合而失去活性。

三、实验材料、器材和试剂

1. 实验材料

新鲜牛心或猪心。

2. 实验器材

①研钵；②试管(5mL)；③刻度吸量管(0.5mL)；④剪刀。

3. 实验试剂

(1)1/15mol/L Na_2HPO_4溶液：将 9.47g Na_2HPO_4溶于蒸馏水并稀释至 1 000mL。

(2)1%二甲基对苯二胺溶液：将 1g 二甲基对苯二胺溶于 100mL 蒸馏水中。

(3)1%α-萘酚乙醇溶液：将 1g α-萘酚溶于 100mL 95%乙醇中。

(4)0.1%氰化钾溶液：将 0.1g KCN 溶于 100mL 蒸馏水中。

四、操作方法

(1)取新鲜牛心或猪心 2g 剪碎，用纱布包好，在蒸馏水中洗至洗液不显红色，置于研钵中，加 1/15mol/L Na_2HPO_4溶液 4mL 研磨成浆，放置约 0.5h，间歇搅拌，最后用纱布包裹挤出提取液备用。

(2)取小试管 3 支，编号，按表 13－5 加入各试剂，每加一种试剂必须混匀后再加下一种试剂。

表 13－5　细胞色素氧化酶的颜色反应　(单位：mL)

试管号	酶提取液	0.1% KCN	蒸馏水	1%α-萘酚乙醇溶液	1%二甲基对苯二胺溶液
1	0.5	—	0.2	0.1	0.1
2	0.5	0.1	0.1	0.1	0.1
3	0.5	—	0.2	0.1	0.1

五、结果

观察各试管中液体的颜色是否发生变化，解释各试管中液体颜色变化或不变化的原因。

实验二十　胰蛋白酶抑制剂的制备与抑制活性的测定

一、目的

(1)了解胰蛋白酶抑制剂的制备方法。

(2)熟悉和掌握胰蛋白酶抑制剂抑制活性测定的原理和方法。

二、原理

胰蛋白酶抑制剂(trypsin inhibitor)在许多动植物中都存在。在动植物体内起保护、防御和调整作用。生物体内高含量的胰蛋白酶抑制剂能专一性地强烈抑制外源的蛋白水解酶，而对自身来源的蛋白水解酶的作用不大。植物体内胰蛋白酶抑制剂的生理功能可能与植物对病虫害的抗性有关，是植物抵抗昆虫侵袭的天然防御体系。昆虫吃了蛋白酶抑制剂后，体内的胰蛋白酶、胰凝乳蛋白酶等活性受到抑制而死亡。在临床治疗上，胰蛋白酶抑制剂的应用也非常广泛。因此，对胰蛋白酶抑制剂的深入研究将具有极高的理论意义和实用价值。

胰蛋白酶抑制剂是对胰蛋白酶有抑制活性的蛋白质。利用蛋白质可溶于水或提取液中的性质，可用水或提取液从富含胰蛋白酶抑制剂的材料中抽提胰蛋白酶抑制剂，利用盐析使胰蛋白酶抑制剂沉淀，得到含有胰蛋白酶抑制剂的蛋白质制品。再用凝胶层析或离子交换柱层析的方法对其进行纯化，获得较纯的胰蛋白酶抑制剂。在纯化过程中通过测定对胰蛋白酶的抑制活性进行跟踪。

胰蛋白酶抑制剂的抑制活性可利用它与胰蛋白酶竞争底物的性质来测定。胰蛋白酶可用于其底物甲酰-L-精氨酰-β-萘酰胺(BANA)，使BANA发生水解，在水解产物中加入N-萘基-乙二胺二盐酸乙醇溶液后，可使溶液变成蓝色。如果在此活性测定系统中加入过量的胰蛋白酶抑制剂，过量的抑制剂与胰蛋白酶竞争底物抑制了胰蛋白酶的水解活性，不能使底物水解，在反应体系中加入N-萘基-乙二胺二盐酸乙醇溶液后，不能使溶液变成蓝色，而呈现无色，从而表现出胰蛋白酶的抑制活性。

此外胰蛋白酶可作用于底物苯甲酰-L-精氨酰-对硝基苯胺(BAPNA)，使BAPNA发生水解，水解产物中生成淡茶色的对硝基苯胺(PNA)，加入过量抑制剂，过量的抑制剂与胰蛋白酶竞争底物，抑制了胰蛋白酶的水解活性，不能使底物水解，溶液最终呈现无色，从而表现出胰蛋白酶的抑制活性。

本实验以大豆为主要原料，制备胰蛋白酶抑制剂，并测定其抑制活性。

三、实验材料、器材和试剂

1. 实验材料

新鲜大豆、豇豆等；活草鱼或鲫鱼；葡聚糖凝胶(G-25、G-50、G-75、G-100等，根据实验要求选择适当的层析介质)。

2. 实验器材

①绞碎机；②台式低速离心机；③台式高速离心机；④pH仪；⑤试管；⑥离心管；⑦纱布；⑧烧杯；⑨分析天平；⑩玻璃棒；⑪量筒；⑫恒温水浴锅；⑬紫外可见光分光光度计。

3. 实验试剂

(1)2 mol/L的盐酸溶液。

(2)0.2 mol/L pH值为8.0的磷酸缓冲液：用0.2 mol/L NaH_2PO_4 5.3mL与0.2 mol/L Na_2HPO_4 94.7mL配制。

(3)0.2 M $NaHPO_3$ 溶液。

(4)0.2 M NaH_2PO_3 溶液。

(5)固体硫酸铵。

(6)10M NaOH。

(7)0.25% BANA乙醇溶液：取0.012 5g BANA溶于5mL无水乙醇中，储于冰箱中可用两周。

(8) 0.1% $NaNO_2$ 溶液：0.05g $NaNO_2$ 溶于50mL水中，用前配制。

(9)0.5%氨基磺酸铵溶液：0.25g溶于50mL水中，储于冰箱中可用4周。

(10) 0.05%的N-1-萘基乙二胺二盐酸(NEDA)的乙醇溶液：用75%的乙醇配制，4℃，可稳定4周。

四、操作方法

1. 蛋白酶抑制剂的提取

(1)选取富含胰蛋白酶抑制剂的组织或个体,如大豆、豇豆等材料。

(2)将实验材料大豆 50g 充分绞碎,并加蒸馏水 350mL,用 HCl 调至 pH 值为 5.0,静置,在 4℃条件下过夜。

(3)用纱布对提取液过滤后,2 000rpm 离心 20min。

(4)将上清液倒入烧杯,用 10M NaOH 调至 pH 值为 7.0。

(5)在上清液中加入$(NH_4)_2SO_4$至 60%饱和度静置 40～60min。

(6)将得到悬浮沉淀的溶液分装于 2mL 离心管中,10 000rpm 离心 10min,弃上清液,留沉淀。

(7)向沉淀中加 1mL 蒸馏水溶解即得胰蛋白酶抑制剂粗品。

2. 胰蛋白酶的制备

活草鱼或鲫鱼的肝脏,称重后,按 1g 组织加 4mL 缓冲液的比例加入适量的 0.2mol/L pH 值为 8.0 的磷酸缓冲液,在 4℃条件下搅拌 2h,6 000rpm 离心 20min,上清液即为胰蛋白酶提取液,量其总体积。

3. 胰蛋白酶抑制剂活性的测定

(1)取 3 支试管,编号后按表 13-6 所示加入试剂。

表 13-6 胰蛋白酶抑制剂活性的测定

管 号	1	2	3
0.25%的 BANA(mL)	0.1	0.1	0.1
磷酸缓冲液 pH 值为 8.0(mL)	0.4	0.4	0.4
胰蛋白酶提取液(mL)	1.0	1.0	1.0
2mol/L 盐酸(mL)	0.5	0.0	0.0
胰蛋白酶抑制剂提取液(mL)	0.0	0.0	0.5
在 37℃条件下反应 15 min			
2 mol/L 盐酸(mL)	0.0	0.5	0.5
0.1%的亚硝酸钠(mL)	1.0	1.0	1.0
静置 3 min			
0.5%的氨基磺酸铵(mL)	1.0	1.0	1.0
混合除去过量的亚硝酸钠,静置 2 min			
N-1-萘基-乙二胺二盐酸(0.05%)(mL)	2.0	2.0	2.0
OD_{560nm}			

(2)溶液逐渐呈蓝色,25℃以下放置 30min 使反应完全后,测定各管的OD_{560nm}。

$$\text{酶活力单位数(BANA)} = OD_{560nm}(\text{管 2})/t \times 0.01$$

式中:0.01 为在上述条件下,每分钟光密度值增加 0.01 时所需酶量定为 1 个 BANA 单位;t

为保温时间。

$$胰蛋白酶抑制剂活力=OD_{560nm}(管2)/t\times 0.01-OD_{560nm}(管3)/t\times 0.01$$

也可以根据提取液的体积，换算成每克或每毫克样品中所含胰蛋白酶抑制剂的单位数。

实验二十一　亲和层析法从鸡蛋清中分离溶菌酶

一、目的

(1)了解溶菌酶制备的方法和原理。

(2)了解和掌握溶菌酶活性测定的方法。

二、原理

亲和层析(affinity chromatography)是在一种特制的具有专一吸附能力的吸附剂上进行层析，又称为功能层析、选择层析和生物专一吸附。生物大分子具有与其相应的专一分子可逆结合的特性，如酶与底物、酶与竞争性抑制剂、酶与辅酶、抗原与抗体、RNA与其互补的DNA、激素与受体等，并且结合后可在不丧失生物活性的情况下用物理或化学的方法解离，这种生物大分子和配基之间形成专一的可解离的络合物的能力称为亲和力。亲和层析的方法就是根据这种具有亲和力的生物分子间可逆的结合及解离的原理而建立和发展起来的。首先是层析柱的准备，如将酶的底物或抑制剂(称其为配体)与固体支持物(称其为载体)通过化学方法连接起来，制成专一吸附剂，然后将其装入柱中，再将含酶的样品溶液通过该层析柱，在合适的条件下该酶便被吸附在层析柱上，而其他蛋白质则不被吸附，全部通过层析柱流出。然后，再用适当的缓冲液洗脱，该酶又被解离而淋洗下来，收集流出液便可得到欲分离酶的纯品。

亲和层析的吸附剂制备应注意以下几个问题：①选择合适的配基，这是实验成败的关键；②载体的选择，目前有琼脂糖凝胶、交联琼脂糖凝胶、聚丙烯酰胺凝胶、葡聚糖凝胶、聚丙烯酰胺-琼脂糖凝胶(GCA)、纤维素和多孔玻璃等多种，其中较为理想和广泛使用的是珠状琼脂糖凝胶；③将载体活化；④配基和活化载体进行偶联形成共价键，从而将配基接到载体上。由于载体性质不同，活化和偶联的方式也不同。多糖类载体亲和吸附剂的制备方法有：溴化氢活化及偶联法、双环氧活化及偶联法和高碘酸盐活化及偶联法。聚丙烯酰胺载体的酰胺键活化的方式有：羧基衍生物、酰肼衍生物和氨乙基衍生物的产生，然后再连接配基。

亲和层析的主要影响因素有：样品的体积、柱流速和温度。亲和层析应用的范围很广，如酶和抑制剂的纯化、抗原和抗体的纯化、结合蛋白的纯化、激素受体的纯化以及分离纯化细胞等。

溶菌酶(EC.3.2.1.17)是糖苷水解酶，由129个氨基酸残基组成，在鸡蛋清中含量丰富。此外，它还广泛存在于哺乳动物的唾液、泪液、血浆、乳汁、白细胞及其他组织、体液的分泌液中。从一个鸡蛋清中可获得20mg左右的冻干酶，是其商品酶的主要来源。在鸡蛋清中除溶菌酶以外，还有其他许多蛋白质，但溶菌酶有两个显著特点：一是具有很高的等电点，pI=11.0；二是其相对分子质量低，$Mr=14.6\times 10^3$。溶菌酶能溶解革兰氏阳性菌，但对革兰氏阴性菌不起作用。溶菌酶之所以溶菌是因为它能催化革兰氏阳性细菌的细胞壁肽聚糖水解，溶菌酶催化水解细菌细胞壁的N－乙酰胞壁酸和N－乙酰葡萄糖胺之间的$\beta-1,4$糖苷键，溶菌酶也能水解甲壳素的N－乙酰葡萄糖胺之间的$\beta-1,4$糖苷键，因此，可以利用溶菌酶与甲壳素的亲和性来提纯溶菌酶。

溶菌酶的活性测定过去常用细胞溶菌法，即用对溶菌酶敏感的溶性微球菌（*Micrococcus-lysodeikticus*）作为底物进行比浊测定，但此法往往不能得到重复的结果。也有用寡聚和多聚N－乙酰葡萄糖胺的衍生物为底物，通过黏度法或还原糖分析法进行测定，但操作比较复杂。本实验采用比色测定法，本法是以活性染料艳红K－2BP所标记的溶性微球菌为底物，由于活性染料的标记部位并不是酶的作用点，因此，当溶菌酶将这种底物水解以后即产生染料标记的水溶性碎片，除去未经酶作用的多余底物，溶液颜色的深浅就能代表酶活性的相对大小，在540nm波长处可直接进行比色测定。

三、实验材料、器材和试剂

1. 实验材料

鸡蛋清和壳聚糖。

2. 实验器材

①捣碎机；②层析柱（1cm×15cm）；③蠕动泵；④核酸蛋白质检测仪；⑤自动部分收集器；⑥记录仪；⑦可见紫外分光光度计；⑧恒温水浴锅；⑨烧杯；⑩真空泵；⑪量筒。

3. 实验试剂

(1)6％HAc溶液：取60mL冰乙酸加入940mL水中。

(2)甲醇。

(3)乙酸酐。

(4)10％NaOH溶液：取10g NaOH溶于80mL水中，定容至100mL。

(5)2％$NaNO_2$溶液：取1g $NaNO_2$溶于40mL水中，定容至50mL。

(6)5mmol/L $NaHCO_3$溶液（含0.2mol/L NaCl溶液）：取0.4g $NaHCO_3$、11.69g NaCl溶于900mL水中，定容至1 000mL。

(7)溶壁微球菌（*Micrococcus Lysodeiktcus*）。

(8)0.1mol/L磷酸缓冲液（pH值为6.2）：取13.6g KH_2PO_4溶于800mL水中，加入0.1mol/L NaOH溶液162mL，定容至1 000mL。

(9)考马斯亮蓝测蛋白质试剂。

(10)溶菌酶标准品。

(11)溶菌酶底物：取1g艳红K－2BP标记溶性微球菌悬于100mL 0.5mol/L pH值为6.5的磷酸缓冲液内，置冰箱中保存备用。

四、操作方法

1. 蛋清准备

取2～3枚新鲜鸡蛋，洗净擦干，在小头用镊子轻轻捣一直径为4mm的小孔，下用烧杯或量筒接好，再在大头扎一细小针孔进气，此时蛋清缓缓自动流出。取蛋清的操作应很细致，避免蛋黄破裂混入蛋清而影响实验结果。将所得80mL左右的鸡蛋清用电磁搅拌器充分混匀

(约 15min)。然后用纱布滤去杂质,测量体积,记录 pH 值,置冰箱冷藏。

2. 亲和层析柱的制备

(1)称取乙酰甲壳素(壳聚糖)5g,用 300mL 6%HAc 溶液溶解,不断搅拌,呈胶状。

(2)加入甲醇稀释后,搅拌均匀,边搅拌边加入乙酸酐,形成透明胶状甲壳素。

(3)将胶状甲壳素用捣碎机打碎成细颗粒,倒入烧杯内,加入少量 10%NaOH 溶液于 60℃水浴中保温 3h,用真空泵抽滤,水洗至中性,倒入烧杯中。

(4)向甲壳素中加入 6%HAc 溶液,搅拌均匀后,边搅拌边加入 2%$NaNO_2$溶液进行脱氨反应,再用 HAc 溶液调 pH 值至中性,用真空泵抽滤,反复洗涤,脱去甲壳素分子上的游离氨基,即制得甲壳素凝胶。

3. 鸡蛋清溶菌酶的亲和层析

鸡蛋清溶菌酶的亲和层析步骤如下:

(1)平衡:将上述凝胶倒入 5mmol/L $NaHCO_3$溶液(含 0.2mol/L NaCl)中,搅拌 10min,抽滤,重复操作,进行平衡。

(2)上柱:取新鲜鸡蛋清 20mL,用 5mmol/L $NaHCO_3$溶液(含 0.2mol/L NaCl)稀释至 200mL,作为粗酶液,测定其蛋白质含量和酶活性。取 1mL 原酶液加入上述平衡过的甲壳素凝胶中,充分搅拌 1h,装入层析柱。

(3)将层析柱入口与蠕动泵出口连接,层析柱出口连接到核酸蛋白质检测仪与部分收集器。

(4)洗脱:用 5mmol/L $NaHCO_3$溶液(含 0.2mol/L NaCl)洗脱,当洗出液的 A_{280nm}小于 0.1 时,改用 6%HAc 溶液洗脱,控制流速为 1mL/min,每管收集 4mL。

(5)检测:测定有蛋白吸收峰的管的酶活性,收集合并活性较高的管内溶液,此液即为纯化酶液,量其体积。

4. 溶菌酶活力的测定

活性单位定义:在 pH 值为 6.5、温度为 37℃的条件下作用 15min,水解 0.1mg 艳红 K-2BP 标记溶性微球菌的酶量为一个活性单位。

(1)标准曲线的制作。取试管 6 支,按表 13-7 操作。

表 13-7 标准曲线制作表 (单位:mL)

	试管号					
	1	2	3	4	5	6
底物溶液	0.0	0.1	0.2	0.3	0.4	0.5
0.5mol/L pH 6.5 磷酸缓冲液	0.5	0.4	0.3	0.2	0.1	0.0
溶菌酶标准品溶液	0.5	0.5	0.5	0.5	0.5	0.5
在 37℃条件下反应 10min						
乳化剂	2.0	2.0	2.0	2.0	2.0	2.0
3 000rpm 离心后取上清液						
A_{540}						

(2)样品测定。样品测定按表 13-8 操作。

表 13－8　样品测定操作表　　　　(单位:mL)

	试管号		
	1.0	2.0	3.0
底物溶液/mL	0.0	0.5	0.5
0.5mol/L pH 6.5 的磷酸缓冲液	0.5	—	—
溶菌酶溶液/mL	0.5	0.5	0.5
在 37℃条件下反应 10 min			
乳化剂/mL	2.0	2.0	2.0
3 000rpm 离心后取上清液			
A_{540}			

五、结果计算

取样品的平均吸收值,由标准曲线查得活性单位数,再由稀释倍数换算出溶菌酶的比活性。

六、注意事项

(1)慎重选择好合适的配基、缓冲液的种类和 pH 值范围。
(2)确定好样品体积和控制流速。
(3)严格控制实验时的温度。
(4)清洗杂蛋白应彻底,只有当 $A_{280nm} \leqslant 0.1$ 时才能进行亲和洗脱。

实验二十二　聚丙烯酰胺凝胶分离过氧化物同工酶

一、目的

通过本实验掌握电泳技术的原理、方法、装置、凝胶配制等知识,熟悉主要的操作过程。

二、原理

同工酶是指催化同一化学反应,但其酶蛋白本身的分子结构组成却有不同的一组酶。它们是 DNA 编码的遗传信息表达的结果。研究表明,同工酶与生物的遗传、生长发育、代谢调节及抗性等有一定的关系,测定同工酶在理论和实践上都有重要的意义。过氧化物酶是植物体内普遍存在的、活性较高的一种酶,过氧化物酶能催化以下反应:$2H_2O_2 = O_2 + 2H_2O$,这一类酶以铁卟啉为辅基,属血红素蛋白类。过氧化物酶在细胞代谢的氧化还原过程中起重要作用,它与呼吸作用、光合作用及生长素的氧化都有关系。在植物生长发育过程中,它的活性不断发生变化。因此，测定这种酶的活性或其同工酶，可以反映某一时期植物体内代谢的变化。

1. 电泳

带电粒子在电场中向与其自身所带电荷相反的电极方向移动，这种现象称为电泳(electrophoresis，简称 EP)。近几十年，电泳作为一项分离、分析、鉴定和制备技术发展很快，在生产、科研特别是医疗工作中得到了广泛的应用。用电泳技术分离、分析蛋白质、酶、核酸等生物大分子有较高的分辨率，目前已成为生物科学研究中必不可少的手段之一。

2. 聚丙烯酰胺凝胶

聚丙烯酰胺凝胶电泳是以聚丙烯酰胺凝胶作为载体的一种区带电泳。这种凝胶由丙烯酰胺单体(acrylamide，简称 Acr)和交联剂 N′,N′-甲叉双丙烯酰胺(N′,N′- methylena bisacrylamide，简称 Bis)在催化剂的作用下聚合而成。Acr 和 Bis 单独存在或混合在一起时是稳定的，但在具有自由基团体系时，它们就聚合。使聚丙烯酰胺凝胶聚合的体系有两种，即化学聚合和光聚合。化学聚合的引发剂是过硫酸铵($(NH_4)_2S_2O_8$(简称 AP)催化剂是 N,N,N′,N′-四甲基乙二胺(tetramethyl ethylenediamine，简称 TEMED)。在催化剂 TEMED 的作用下，由过硫酸铵(AP)形成氧的自由基，后者又使单体形成自由基，从而引起聚合作用。TEMED 在低 pH 值时失效，会使聚合作用延迟，冷却也可使聚合速度变慢。光聚合以光敏感物质核黄素(即 VB_2)作为催化剂，在恒量氧存在下，核黄素经光解形成无色基，无色基被氧再氧化成自由基，从而引起聚合作用。光聚合形成的凝胶孔径较大，而且随着时间的延长而逐渐变小，不太稳定，所以用它制备大孔径的浓缩胶较为合适。采用化学聚合形成的凝胶孔径较小，重复性好，常用来制备分离胶。

聚丙烯酰胺的基本结构为丙烯酰胺单位构成的长链，链与链之间通过甲叉桥联结在一起。链间纵横交错，形成三维网状结构，使凝胶具有分子筛性能。网状结构还能限制蛋白质等样品的扩散运动，使凝胶具有良好的抗对流作用。此外，长链上富含酰胺基团，使聚丙烯酰胺成为稳定的亲水凝胶。该结构中不带电荷，在电场中电渗现象极为微小。这些特点使得聚丙烯酰胺特别适于作区带电泳的支持介质。

聚丙烯酰胺凝胶的质量主要由凝胶浓度和交联度决定。每 100mL 凝胶溶液中含有的单体(Acr)和交联剂(Bis)总克数称为凝胶浓度，用 $T\%$表示。凝胶溶液中，交联剂(Bis)占单体(Acr)和交联剂(Bis)总量的百分数称为交联度，用 $C\%$表示。改变凝胶浓度($T\%$)和交联度($C\%$)，可获得不同密度、黏度、弹性、机械强度和孔径大小的凝胶，以适应各种样品的分离。一般常用 7.5%浓度的聚丙烯酰胺凝胶分离蛋白质，而用 2.4%的聚丙烯酰胺凝胶分离核酸。根据蛋白质与核酸相对分子质量不同，使用的凝胶浓度也不相同。

3. 聚丙烯酰胺凝胶电泳的原理

聚丙烯酰胺凝胶电泳(polyacryamide gel electrophoresis，简称 PAGE)根据其有无浓缩效应分为连续的和不连续的两种。前者电泳体系中缓冲液 pH 值与凝胶浓度相同，带电颗粒在电场作用下主要有电荷及分子筛效应；后者电泳体系中由于缓冲液离子成分、pH 值、凝胶浓度及电位梯度的不连续性，带电颗粒在电场中的泳动不仅有电荷效应、分子筛效应，还具有浓缩效应。下面就这 3 种物理效应分别加以说明。

(1)电荷效应：各种样品分子按其所带电荷的种类和数量，在电场作用下向一定电极、以一定速度泳动。

(2)分子筛效应：相对分子质量或分子大小和形状不同的样品分子，通过一定孔径分离胶时，受阻碍程度不同而表现出不同的迁移率，这就是分子筛效应。相对分子质量小、形状为球形的分子在电泳过程中受到的阻力较小，移动较快；反之，相对分子质量大、形状不规则的分子在电泳过程中受到的阻力较大，移动较慢。这种效应与凝胶过滤过程中的情况不同。

(3)浓缩效应：待分离样品中的各组分在浓缩胶中会被压缩成层，而使原来很稀的样品得到高度浓缩。

三、实验材料、器材和试剂

1. 实验材料

小麦幼苗或幼嫩植物的根、茎、叶。

2. 实验器材

①电泳仪；②夹心式垂直电泳槽；③高速离心机；④量筒；⑤烧杯；⑥微量注射器；⑦离心管；⑧研钵。

3. 实验试剂

(1)pH值为8.8的分离胶缓冲液：取27.2g Tris，加少量蒸馏水溶解。用浓盐酸调节pH值至8.8后，定容至150mL。

(2)30.8%胶母液：称取30g丙烯酰胺，0.8g N,N′-甲叉双丙烯酰胺，加少量蒸馏水溶解后定容至100mL，在4℃条件下保存。

(3)浓缩胶缓冲液(pH值为6.8)：取9.08g Tris，加少量蒸馏水溶解。用浓盐酸调节pH值至6.8后，定容至150mL。

(4)10%过硫酸铵(AP)溶液：称取1g过硫酸铵，溶于10mL蒸馏水中。临用前配制。

(5)电极缓冲液(pH值为8.3)：取6g Tris，甘氨酸(Gly)28.8g，加蒸馏水至800mL，调节pH值至8.3后，定容至1 000mL，用时稀释10倍。

(6)样品提取液(pH值为8.0)：取1.21g Tris，加水至80mL，调pH值至8.0后，定容至100mL。

(7)40%蔗糖溶液：取20g蔗糖用水溶解，定容至50mL。

(8)TEMED(N,N,N′,N′-四甲基乙二胺)溶液，避光保存。

(9)乙酸缓冲液(pH值为4.7)：取70.52g乙酸钠，溶于500mL水中，再加36mL冰醋酸，定容至1 000mL。

(10)7%乙酸溶液：取19.4mL 36%乙酸溶液稀释至100mL。

(11)0.5%溴酚蓝溶液：0.5g溴酚蓝溶于100mL蒸馏水中。

(12)抗坏血酸-联苯胺染色液：取抗坏血酸70.4mg，联苯胺储存液20mL(2g联苯胺溶于18mL加热的冰醋酸中，再加入72mL水)，水50mL，使用前加0.6%过氧化氢20mL。

(13)固定保存液：甲醇∶冰醋酸∶水=5∶1∶5。

四、操作方法

1. 安装夹心式垂直电泳槽

凝胶模子由3部分组成：一个硅橡胶带、两块长短不等的玻璃板和样品槽模板。胶带的内侧有两条凹槽，可将两块相应大小的玻璃板嵌入槽内。玻璃板之间形成一个0.5～2mm厚的间隙，待制胶时，将胶灌入其中。灌胶前，先将玻璃板洗净、晾干、嵌入胶带凹槽中。将长玻璃板的下沿与胶带框底之间保持 1～2mm 距离，使此端的凝胶与一侧的电极槽相通，而短玻璃板的下沿则插入橡胶框的底槽内，由此便形成一个“夹心”凝胶腔。

2. 凝胶制备

(1)配胶：将电泳槽、凝胶模子串成一体的垂直板型电泳装置，垂直放置在水平台面上，准备灌注胶液。根据所测蛋白质相对分子质量范围，选择某一合适的分离胶浓度，按照表 12-10 所列的试剂用量和加样顺序配制某一合适浓度的凝胶。

(2)凝胶液的注入和聚合。

①分离胶胶液的注入和聚合方法是：将所配制的凝胶液沿着凝胶腔的长玻璃板的内面缓缓倒入或用滴管滴入，小心不要产生气泡。将胶液加到距短玻璃板上沿 2～3cm 处为止。用一注射器通过注射针头沿玻璃管内壁缓慢注入 0.5～1cm 高度的蒸馏水进行水封。水封的目的是隔绝空气中的氧，并有消除凝胶柱表面的弯月面，使凝胶柱顶部的表面平坦。水封切忌注入蒸馏水时呈滴状垂直下落，否则会使顶部的凝胶浓度变稀，从而改变预定的凝胶空径，并造成凝胶表面不平坦。

水层封好后，静置凝胶液进行聚合反应，聚合时的温度要与电泳时的温度相同。正常情况下 10min 开始聚合，应控制在 40min 左右聚合完成。刚加水时有界面，后逐渐消失，等到再出现界面时，表面凝胶已经聚合，再静置 30min 使聚合完全。

②浓缩胶胶液的注入和聚合方法是：用注射器或滴管吸去分离胶胶面顶端的水封层，并用无毛边的滤纸条吸去残留的水液，滤纸尽量不要接触分离胶的胶面。

按比例混合浓缩胶，混合均匀后用滴管将凝胶液加到分离胶上方，当浓缩胶液面距短玻璃板上缘 0.2cm 时，把样品梳模板轻轻地插入胶液顶部。静置聚合，待出现明显界面时表示聚合完成。插入样品梳模板的目的是使胶液聚合后，在凝胶顶部形成数个相互隔开的凹槽。电泳前，将样品液分别加在这些凹槽中。

3. 样品的制备

称取小麦幼苗茎部 0.5g，放入研钵中，加 pH 值为 8.0 的提取液 1mL，于冰水浴中研成匀浆，然后以 2mL 提取液分几次清洗研钵并转入离心管，在高速离心机上以 8 000rpm 离心 10min，倒出上清液，加入等量的 40%蔗糖溶液，再加 1～2 滴 0.5%溴酚蓝溶液，混合均匀，备用。

4. 加样

用微量注射器按号向凝胶样品槽中加样，每个样品槽加样体积为 20～30μL。

5. 电泳

加样完毕，上槽接负极，下槽接正极，打开直流稳压电源，开始可先低压(50～100V)，过了浓缩胶，再升压至 100V 以上进行电泳。待指示剂迁移至距凝胶下端约 1cm 处，停止电泳。

6. 染色

电泳完毕，移去玻璃板，取出凝胶平板，将凝胶浸没于 pH 值为 4.7 的乙酸缓冲液中，活化 10min。倒去乙酸缓冲液，加入抗坏血酸-联苯胺染色液，使之淹没整个胶板，于室温下显色 20min，即得到过氧化物酶同工酶的红褐色酶谱。倒掉染色液，重新加入 7%的乙酸溶液固定。

五、结果分析

记录酶谱，绘图或照相，并予以比较分析。

六、注意事项

(1)Acr 和 Bis 在单独存在时具有神经毒性，操作时应避免接触皮肤。

(2)注胶过程中应防止气泡产生。

(3)加样量不宜过多，以免条带分辨不清或拖尾。

(4)如室温过高，可适当减小电流，延长电泳时间，有条件的最好将电泳温度控制在 4℃左右，以免酶的活性降低。

实验二十三　水果或蔬菜中抗坏血酸的测定（2,6-二氯酚靛酚法）

一、目的

学习维生素 C 的生理功能和性质，掌握用 2,6-二氯酚靛酚法测定维生素 C 的原理和方法。

二、原理

维生素 C 是一种水溶性维生素，是人类营养中最重要的维生素之一，人体缺乏维生素 C 时会出现坏血病，因此，它又被称为抗坏血酸。此外维生素 C 还有预防和治疗感冒以及抑制癌物质产生的作用。

维生素 C 广泛存在于植物中，尤其在水果（如猕猴桃、橘子、柠檬、山楂、柚子、草莓等）和蔬菜（苋菜、芹菜、菠菜、黄瓜、番茄等）中的含量更为丰富。

维生素 C 有强的还原性，在中性和微酸性环境中它能将呈蓝色的染料 2,6-二氯酚靛酚还原成无色的还原型 2,6-二氯酚靛酚，同时自身被氧化成脱氢抗坏血酸。

不同的栽培条件、不同的成熟度和不同的加工储藏方法，都可以影响水果、蔬菜中的抗坏血酸含量。测定抗坏血酸含量是了解果蔬品质高低及其加工工艺成效的重要指标。

还原型抗坏血酸能被染料 2,6-二氯酚靛酚氧化为脱氢型，该染料在碱性溶液中呈蓝色，在酸性溶液中呈红色，被还原后变为无色。因此，用2,6-二氯酚靛酚滴定含有维生素 C 的酸性溶液，且维生素 C 尚未全部被氧化时，则滴下的染料立即使溶液变成粉红色，当溶液中的抗坏血酸全部被氧化成脱氢抗坏血酸时，滴入的 2,6-二氯酚靛酚立即使溶液呈现淡红色。用这种染料滴定抗坏血酸至溶液呈淡红色为滴定终点，根据染料的消耗量即可计算出样品中还原型抗坏血酸的含量。

此方法操作简单，但存在以下缺点：①生物组织中的脱氢抗坏血酸及结合抗坏血酸同样具有维生素 C 的生理作用，不能用此法测出；②生物材料提取液中含有的其他还原性物质，也可使 2,6-二氯酚靛酚还原脱色而引起误差；③提取液中常存在的色素类物质干扰滴定终点的观察。

由于提取液中其他还原 2,6-二氯酚靛酚的速度较慢，故可将滴定过程控制在 2min 之内，

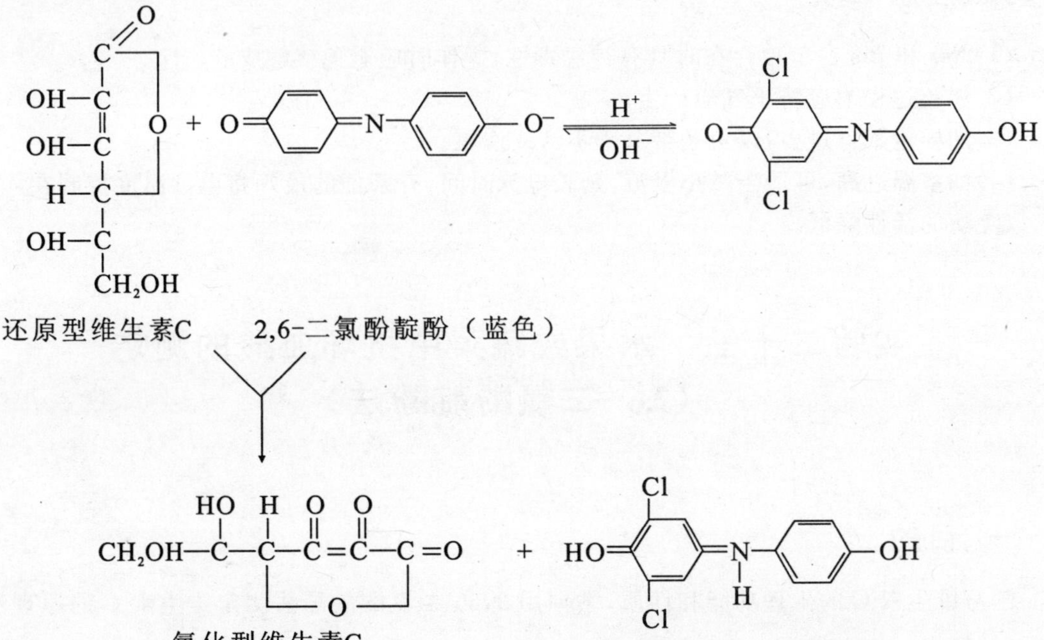

氧化型维生素C　　还原型2,6-二氯酚靛酚（无色）

并判断终点以淡红色 15～30s 内不消失为准。当提取液绿色素太多，严重干扰终点判断时，可先用白陶土或 $Al(OH)_3$乳液脱色。这些措施可在一定程度上减少测量误差。

三、实验材料、器材和试剂

1. 实验材料

新鲜水果或蔬菜。

2. 实验器材

①分析天平；②50mL 三角瓶 4 个；③50mL 容量瓶 1 个；④离心管；⑤20mL 量筒 1 个；⑥移液管 10mL 2 支；⑦离心机；⑧研钵；⑨滴定管 1 支；⑩铁架台；⑪烧杯。

3. 实验试剂

(1)1%草酸溶液：草酸 1g 溶于 100mL 蒸馏水中。

(2)2%草酸溶液：草酸 2g 溶于 100mL 蒸馏水中。

(3)0.1mg/mL 标准维生素 C 溶液：准确称取维生素 C 10mg(应为洁白色，如变色为黄色则不能使用)，用 1%草酸溶液溶解并定容至 100mL。临用时配，冰箱中储存。

(4)0.05%2,6-二氯酚靛酚溶液：称取 500mg 2,6-二氯酚靛酚溶于300mL含 104mg 碳酸氢钠($NaHCO_3$)的热水中，冷却后用蒸馏水稀释至1 000mL，滤去不溶物，储存于棕色瓶中，4℃下冷藏可稳定 1 周，临用前以标准抗坏血酸标定。

四、操作方法

1. 维生素 C 的提取

取 1g 蔬菜或水果样品，加 5mL 2%草酸溶液，于研钵中研磨成浆状，将提取液及渣子一起转移到离心管中，用 20mL 2%草酸溶液分 2～3 次冲洗研钵，洗液一并转入离心管中。在其中加入 6mL $Al(OH)_3$乳液（可用适量白陶土代替），摇匀并静置约 5min，然后以 3 000rpm 离心 15～20min，上清液转移到 50mL 容量瓶中，用 2%草酸溶液定容至刻度，摇匀备用。

2. 标准液的滴定

准确吸取 0.1mg/mL 标准维生素 C 溶液 2mL，放入 100mL 三角瓶中，加 18mL 1%草酸，用滴定管以 0.05%2,6-二氯酚靛酚溶液滴定至淡红色，并保持 15s 不褪色，即达到滴定终点，记录滴定所用的染料溶液的毫升数。吸取 20mL 1%草酸溶液于另一个 100mL 三角瓶中作空白对照，用已标定的 2,6-二氯酚靛酚溶液滴定至粉红色出现，且 15s 内不消失，记录所用染料的毫升数。计算 1mL 2,6-二氯酚靛酚溶液所能氧化的抗坏血酸的毫克数。

3. 样品的滴定

准确吸取样液两份，每份 10mL，分别放入两个 100mL 的锥形瓶中，用标定过的 2,6-二氯酚靛酚溶液滴定，另取 10mL 1%草酸做空白样，滴定方法同前。

五、结果计算

取两份样品滴定所耗用染料体积的平均值，代入下式计算 100g 样品中还原型抗坏血酸的含量：

$$\text{抗坏血酸含量(mg/100g 样品)}=\frac{(V_1-V_2)\times V\times M\times 100}{V_3\times W}$$

式中，V_1为滴定样品所耗用的染料的平均毫升数（mL）；V_2为滴定空白对照所耗用染料的毫升数（mL）；V 为样品提取液的总体积（mL）；V_3为滴定时所取的样品提取液体积（mL）；M 为 1mL 染料所能氧化抗坏血酸的量（mg）；W 为待测样品的重量（g）。

六、注意事项

（1）样品提取制备和滴定的过程中，要避免阳光照射和与铜、铁器具接触，以免破坏抗坏血酸。

（2）滴定过程宜迅速进行，一般不应超过 2min，滴定所用染料应在 1～4mL 之间，若超出此范围，应增加或减少样品提取液的用量。

（3）提取的浆状物如不易过滤，亦可进行离心收集上清液。

实验二十四　超氧化物歧化酶（SOD）活力测定

一、目的

学习和掌握氯化硝基四氮唑蓝（NBT）光化还原法测定 SOD 活力的方法和原理，并了解 SOD 的作用特性。

二、原理

植物叶片在衰老的过程中发生一系列生理生化变化，如核酸和蛋白质含量下降、叶绿素降解、光合作用降低及内源激素平衡失调等。这些指标在一定程度上反映衰老过程的变化。近来大量的研究表明，植物在逆境胁迫或衰老过程中，细胞内自由基代谢平衡被破坏而有利于自由基的产生。过剩自由基的毒害之一是引发或加剧膜脂过氧化作用，造成细胞膜系统的损伤，严重时会导致植物细胞死亡。自由基是具有未配对价电子的原子或原子团。生物体内产生的自由基主要有超氧自由基(O_2^-)、羟自由基(OH)、过氧自由基(ROD)、烷氧自由基(RO)等。植物细胞膜有酶促和非酶促两类过氧化物防御系统，超氧化物歧化酶(SOD)、过氧化氢酶(CAT)、过氧化物酶(POD)和抗坏血酸过氧化物酶(ASA-POD)等是酶促防御系统的重要保护酶。抗坏血酸(V_C)、V_E和还原型谷胱甘肽(GSH)等是非酶促防御系统中的重要抗氧化剂。SOD、CAT等活性氧清除剂的含量水平和O_2^-、H_2O_2、OH和O_2等活性氧的含量水平可作为植物衰老的生理生化指标。

自1968年发现SOD后，立刻引起了科学界的高度重视，近40年来这方面的研究进展非常迅速，其应用领域日益拓宽，SOD也有了产品。20世纪80年代后期，我国关于SOD的研究及应用也形成了热点，如今已在化妆品添加剂、饮料及医药方面显示了特殊效果。

超氧自由基(O_2^-)是生物细胞某些生理生化反应常见的中间产物。自由基是本身带有不成对价电子的分子、原子、原子团或离子，化学性质非常活泼，是活性氧的一种。如果细胞中缺乏清除自由基的酶时，机体就会受到各种损伤。超氧化物歧化酶(superoxide dismutase，简称SOD)能通过歧化反应清除生物细胞中的超氧自由基(O_2^-)，生成H_2O_2和O_2。H_2O_2由过氧化氢酶(CAT)催化生成H_2O和O_2，从而减少自由基对有机体的毒害。

SOD是含金属辅基的酶。高等植物含有两种类型的SOD：Mn-SOD和Cu，Zn-SOD，它们都催化下列反应：

$$O_2^- + O_2^- + 2H^+ \xrightarrow{SOD} H_2O_2 + O_2 \xrightarrow{CAT} H_2O + (1/2)O_2$$

由于超氧自由基(O_2^-)为不稳定自由基，寿命极短，测定SOD活性一般为间接方法，并利用各种呈色反应来测定SOD的活力。核黄素在有氧条件下能产生超氧自由基负离子O_2^-，当加入NBT后，在光照条件下，与超氧自由基反应生成单甲月替(黄色)，继而还原生成二甲月替，它是一种蓝色物质，在560nm波长下有最大吸收。当加入SOD时，可以使超氧自由基与H^+结合生成H_2O_2和O_2，从而抑制NBT光还原的进行，使蓝色二甲月替生成速度减慢。通过在反应液中加入不同量的SOD酶液，光照一定时间后测定560nm波长下各液光密度值，抑制NBT光还原相对百分率与酶活性在一定范围内呈正比，以酶液加入量为横坐标，以抑制NBT光还原相对百分率为纵坐标，在坐标纸上绘制出二者的相关曲线，根据SOD抑制NBT光还原相对百分率计算酶活性。找出SOD抑制NBT光还原相对百分率为50%时的酶量作为一个酶活力单位(U)。

三、实验材料、器材与试剂

1. 实验材料

小麦、玉米、水稻、棉花等新鲜叶片。

2. 实验器材

①722型或其他型号的可见分光光度计；②1/10000分析天平；③高速冷冻离心机；④冰箱；⑤光照培养箱；⑥带盖瓷盘；⑦移液管架；⑧研钵；⑨离心管：5mL数个；⑩小烧杯：10～

15mL 多个；⑪移液管：0.5mL×4，1mL×2，2mL×2，5mL×1；⑫微量进样器：50μL×2，100μL×2；⑬烧杯：50mL×3，100mL×5，500mL×1，1 000mL×2；⑭量筒：50mL×1，100mL×2；⑮容量瓶：50mL×1，100mL×5，250mL×1，1 000mL×2；⑯细口瓶：125mL×5。

3. 实验试剂

(1)0.1mol/L pH 值为 7.8 的磷酸钠（$Na_2HPO_4-NaH_2PO_4$）缓冲液：A 液（0.1mol/L Na_2HPO_4溶液）：准确称取 $Na_2HPO_4\cdot12H_2O$（*MW*=358.14）3.581 4g 于 100mL 小烧杯中，用少量蒸馏水溶解后，移入 100mL 容量瓶中，用蒸馏水定容至刻度，充分混匀。于 4℃冰箱中保存备用；B 液（0.1mol/L NaH_2PO_4 溶液）：准确称取 $NaH_2PO_4\cdot2H_2O$（*MW*=156.01）0.780g 于 50mL 小烧杯中，用少量蒸馏水溶解后，移入 50mL 容量瓶中，用蒸馏水定容至刻度，充分混匀。于 4℃冰箱中保存备用。取上述 A 液 183mL 与 B 液 17mL 充分混匀后即为 0.1mol/L pH 值为 7.8 的磷酸钠缓冲液。在 4℃冰箱中保存备用。

(2)0.026mol/L 蛋氨酸（Met）磷酸钠缓冲液：准确称取 L-蛋氨酸（$C_5H_{11}NO_2S$，*MW*=149.21）0.387 9g 于 100mL 小烧杯中，用少量 0.1mol/L pH 值为 7.8 的磷酸钠缓冲液溶解后，移入 100mL 容量瓶中，并用 0.1mol/L pH 值为 7.8 的磷酸钠缓冲液定容至刻度，充分混匀（现用现配）。在 4℃冰箱中保存可用 1～2d。

(3)7.5×10^{-4}mol/L NBT 溶液：准确称取 NBT（$C_4OH_3OCl_2N$，*MW*=817.7）0.153 3g 于 100mL 小烧杯中，用少量蒸馏水溶解后，移入 250mL 容量瓶中，用蒸馏水定容至刻度，充分混匀（现配现用）。在 4℃冰箱中保存可用 2～3d。

(4)含 1.0μmol/L EDTA 的 2×10^{-5}mol/L 核黄素溶液：A 液：准确称取 EDTA（*MW*=292）0.002 92g 于 50mL 小烧杯中，用少量蒸馏水溶解；B 液：准确称取核黄素（*MW*=376.36）0.075 3g 于 50mL 小烧杯中，用少量蒸馏水溶解；C 液：合并 A 液和 B 液，移入 100mL 容量瓶中，用蒸馏水定容至刻度，此溶液为含 0.1mmol/L EDTA 的 2mmol/L 核黄素溶液。在 4℃冰箱中保存可用 8～10d。该溶液应避光保存，即用黑纸将装有该液的棕色瓶包好，置于 4℃冰箱中保存。当测定 SOD 酶活时，将 C 液稀释 100 倍，即为含 1.0μmol/L EDTA 的 2×10^{-5} mol/L 核黄素溶液。

(5)0.05mol/L pH 值为 7.8 的磷酸钠缓冲液：取 0.1mol/L pH 值为 7.8 的磷酸钠缓冲液 50mL，移入 100mL 容量瓶中，用蒸馏水定容至刻度，充分混匀。在 4℃冰箱中保存备用。

(6)石英砂。

四、操作方法

1. 酶液的制备

按每克鲜叶加入 3mL 0.05mol/L pH 值为 7.8 的磷酸钠缓冲液，加入少量石英砂，于冰浴中的研钵内研磨成匀浆，定容到 5mL 刻度离心管中，于8 500rpm冷冻离心 30min，上清液即为 SOD 酶粗提液。

2. 酶活力的测定

每个处理取 8 个洗净干燥好的小烧杯编号，按表 13-9 加入各试剂及酶液，反应系统总体积为 3mL。其中 4～8 号杯中磷酸钠缓冲液量和酶液量可根据试验材料中酶液浓度及酶活力进行调整（如酶液浓度大、活性强时，酶用量适当减少）。

表 13-9 反应系统中各试剂及酶液的加入量 (单位:mL)

试剂 / 杯号	0.05mol/L 磷酸钠缓冲液	0.026mol/L 蛋氨酸磷酸钠缓冲液	7.5×10^{-4}mol/L NBT溶液	酶 液	2×10^{-5}mol/L 核黄素溶液(含 EDTA)
1	0.90	1.50	0.30	0.00	0.30
2	0.90	1.50	0.30	0.00	0.30
3	0.90	1.50	0.30	0.00	0.30
4	0.85	1.50	0.30	0.05	0.30
5	0.80	1.50	0.30	0.10	0.30
6	0.75	1.50	0.30	0.15	0.30
7	0.70	1.50	0.30	0.20	0.30
8	0.65	1.50	0.30	0.25	0.30

各试剂全部加入后,充分混匀,取1号微烧杯置于暗处,作为空白对照,比色时调零用。其余7个小烧杯均放在温度为25℃、光强为4 500Lux的光照箱内(安装有3根20W的日光灯管)照光15min,然后立即遮光终止反应。在560nm波长下以1号杯液调零,测定各杯吸光密度并记录结果。以2号和3号杯吸光密度的平均值作为抑制NBT光还原率100%,根据其他各杯液的吸光密度分别计算出不同酶液量的各反应系统中抑制NBT光还原的相对百分率。以酶液用量为横坐标,以抑制NBT光还原相对百分率为纵坐标,作出二者的相关曲线。找出50%抑制率的酶液量(μL)作为一个酶活力单位(U)。

五、结果计算

1. 560nm 波长下各杯液的光密度(表 13-10)

表 13-10 测定数据列表

杯号	1	2	3	4	5	6	7	8	2,3号平均值
酶液量(mL)	0.00	0.00	0.00	0.05	0.10	0.15	0.20	0.25	—
OD_{560nm}	0								
抑制率(%)	—	100	100						100

以酶液加入量为横坐标,以抑制NBT光还原相对百分率为纵坐标,在坐标纸上绘制出二者的相关曲线。找出50%抑制率的酶液量(μL)作为一个酶活力单位(U)。

2. SOD 酶活力按下式计算

$$A=\frac{V\times1000\times60}{B\times W\times t}$$

式中：A 为酶活力(酶活力单位：U/g・h)；V 为酶提取液总体积(mL)；B 为一个酶活力单位的酶液量(μL)；W 为样品鲜重(g)；t 为反应时间(min)；1 000 为 1mL＝1000μL；60 为 1h＝60min。

3. 抑制率按下式计算

$$抑制率=\frac{D1-D2}{D1}\times 100\%$$

式中：$D1$ 为 2 号和 3 号杯液的光密度平均值；$D2$ 为加入不同酶液量的各杯液的光密度值。

注：有时因测定样品的数量多，每个样品均按此法测定酶活力工作量将会很大，也可每个样品只测定 1 个或 2 个酶液用量的光密度值，按下式计算酶活力：

$$A=\frac{(D1-D2)\times V\times 1000\times 60}{D1\times B\times W\times t\times 50\%}$$

式中：$D1$ 为 2 号和 3 号杯液的光密度平均值；$D2$ 为测定样品酶液的光密度；50%：为抑制率 50%；其他各因子代表的内容与上述 SOD 酶活力计算公式中各因子代表的内容相同。

六、注意事项

(1)富含酚类物质的植物(如茶叶)在匀浆时产生大量的多酚类物质，会引起酶蛋白不可逆沉淀，使酶失去活性，因此，在提取此类植物 SOD 酶时，必须添加多酚类物质的吸附剂，将多酚类物质除去，避免酶蛋白变性失活，一般在提取液中加 1%～4%的聚乙烯吡咯烷酮(PVP)。

(2)测定时的温度和光化反应时间必须严格控制一致。为了保证各微烧杯所受光强一致，所有微烧杯应排列在与日光灯管平行的直线上。

思考题

(1)为什么 SOD 酶活力不能直接测得？

(2)超氧自由基为什么能对机体活细胞产生危害，SOD 酶如何减少超氧自由基的毒害？

实验二十五　酯酶和乳酸脱氢同工酶分析

一、目的

学习和掌握聚丙烯酰胺凝胶(PAGE)法分离酯酶同工酶和乳酸脱氢同工酶的原理和方法。

二、原理

同工酶是指能催化同一种化学反应，但其分子结构及其理化性质不同的一组酶。同工酶广泛地存在于植物、动物和微生物的各种器官组织中，与生物的遗传、生长发育、代谢调节及抗性等都有一定关系。在动植物和微生物体中，同一物种的不同个体，同一个体的不同器官、组织和细胞，同一细胞的不同部位，生长发育的不同阶段、不同的代谢条件下，都有不同的同工酶分布。现已发现的酶中，有一半以上的酶已经发现有同工酶存在。可以进行同工酶分析的酶已有 100 多种。

用同工酶作生化标记，不仅对理论研究具有重要意义，而且在实践应用中越来越受到重视。采用不同的化学试剂使酶促反应的产物尚未分解的底物显色，借以指示出酶所在的位置和活力大小。

三、实验材料、器材和试剂

1. 实验材料

小麦幼苗。

2. 实验器材

①电泳仪；②垂直电泳槽；③高速离心机；④冰箱；⑤量筒；⑥烧杯；⑦塑料吸管；⑧注射器；⑨研钵；⑩移液器；⑪移液枪头；⑫大培养皿。

3. 实验试剂

(1)A 液：30%丙烯酰胺(Acr)－0.8%甲叉双丙烯酰胺(Bis)：称取 30g 丙烯酰胺，0.8g N,N′-甲叉双丙烯酰胺，加少量蒸馏水溶解后定容至 100mL，在 4℃条件下保存。

(2)B 液：pH 值为 8.8 的分离胶缓冲液：取 27.2g Tris，加少量蒸馏水溶解。用浓盐酸调节 pH 值至 8.8 后，定容至 150mL。

(3)C 液：四甲基乙二胺(TEMED)。

(4)D 液：10%过硫酸铵溶液(临用前配制)。

(5)Tris－甘氨酸电极缓冲液(pH 值为 8.3)：取 Tris 6g，甘氨酸 28.8g，加少量蒸馏水溶解，调 pH 值至 8.3，定容至 1 000mL。

(6)0.1%溴酚蓝指示剂。

(7)样品提取液(pH 值为 8.0Tris－HCl 缓冲液)：Tris 12.1g，加灭菌双蒸水 80mL，以 HCl 调节 pH 值至 8.0，最后加水定容至 100mL。

(8)40%蔗糖溶液。

四、操作方法

(一)样品的制备

称取小麦幼苗 0.5g，放入研钵内，加 pH 值为 8.0 的样品提取液 1mL，于冰浴中研磨后，转入离心管，在离心机上以 8 000rpm 离心 10min，取上清液，以等量 40%蔗糖混合，并加入 2～3 滴溴酚蓝溶液，混匀备用。

(二)凝胶的制备

按表 13－11 比例配制聚丙烯酰胺凝胶。

表 13-11　聚丙烯酰胺凝胶配制表

成分	用量(mL)
A 液	6.00
B 液	1.80
C 液	0.15
D 液	0.20
灭菌双蒸水	6.80

将上述溶液混匀后，加入垂直电泳槽玻璃板之间的间隙中，并立即插入样品孔模板(样品梳)，注意观察凝胶的聚合过程，观察梳齿附近凝胶中呈现光线折射的波纹时，即表明聚合反应已经完成。

(三)装槽、上样

将聚合的凝胶板装入电泳槽中，向上槽和下槽中加入电极缓冲液，拔下样品梳，准备上样。用移液器吸取适量样品加入样品孔中。在上样时要避免样品溶液溢出样品孔而污染其他样品。

(四)电泳

上样后，接好电源，以 100V 稳定电压电泳，待溴酚蓝下行到距胶末端 1cm 处，即可停止电泳。

(五)剥胶

电泳结束后，关闭电源，从电泳装置上取下制胶模具，取下制胶板中的短玻璃及间隔橡胶条，用注射器针头慢慢将凝胶剥下。一般剥胶方向是从样品孔端开始。剥胶时注意不要损伤凝胶表面。

(六)染色、记录结果

将凝胶置于大培养皿中，用蒸馏水漂洗 1～2 次，然后倒入染色液充分浸泡凝胶。室温放置 10～15min 即可看见在凝胶的无色背景中出现有色酶谱。弃去染色液，用蒸馏水漂洗后，照相保存结果。

(七)酯酶、乳酸脱氢同工酶的染色液的配制方法

1. 酯酶同工酶

0.2g 醋酸-α-萘酯溶于 20mL 丙酮中，然后依次加入 0.1mol/L pH 值为 6.4 的磷酸缓冲液 200mL 和 0.2g 坚固蓝(fast blue RR，RR 盐)，盐必须完全溶解，在 30～40℃温箱中保温 15min。

2. 乳酸脱氢同工酶

A 液：称取辅酶Ⅰ(NAD^+)10mg，加 1.0mL pH 值为 7.4 的磷酸盐缓冲液。

B 液(0.5mol/L 乳酸钠)：取 60％的乳酸钠 1.0mL，加 pH 值为 7.4 的磷酸盐缓冲液

2mL，混匀。

C液[氯化硝基四氮唑蓝(NBT)溶液]：称取NBT 37mg，加pH值为7.4的磷酸盐缓冲液至10mL。

D液[0.1%吩嗪二甲酯硫酸盐(PMS)溶液]：称取PMS 5mg，加蒸馏水5mL。

以上试剂装在棕色瓶中并置冰箱保存，临用时按下列比例混合。

取A液0.3mL、B液0.6mL、C液1.2mL、D液0.4mL混合置暗处备用。将凝胶浸入染色液中37℃保温染色。保温15～20min，可显现蓝紫色的同工酶区带。整个显色过程都应该避光。

五、实验结果

观察两种同工酶的条带数及其分布，绘制实验结果示意图，计算每一种同工酶条带的迁移率。

实验二十六　胡萝卜素的柱层析分离

一、目的

(1)通过实验了解柱层析的基本原理。

(2)掌握胡萝卜素分离的操作方法。

二、原理

本实验采用氧化铝(Al_2O_3)为固定相的吸附柱层析。各种物质具有不同的吸附力，几种吸附力不同的物质流经层析柱时，被吸附剂吸附的程度与在溶剂中的溶解度存在差异，因此，解吸附作用的程度也不相同。由于流动相的洗脱作用，使吸附—解吸附过程反复进行，吸附力弱、易溶于洗脱剂的物质先移动，次弱的物质后移动，从而使混合的几种物质彼此分开。

胡萝卜素存在于胡萝卜、辣椒等黄绿色植物中，由于在动物体内可将胡萝卜素转变成维生素A，故又称维生素A原。胡萝卜素(属多烯色素类，又可分为α、β、γ等几种类型)可用乙醇、石油醚和丙酮等有机溶剂从食物中提取，并能被氧化铝(Al_2O_3)吸附。由于胡萝卜素与其他植物色素的化学结构不同，它们在有机溶剂中的溶解度以及被氧化铝吸附的强度也不相同，故将抽提液进行氧化铝柱层析，再用石油醚等冲洗层析柱，即可将植物提取液中混合的胡萝卜素分离成不同的色带。与植物其他色素相比较，胡萝卜素的极性最小，吸附最差，用石油醚洗脱速度最快，故被最先洗脱下来，使胡萝卜素与其他色素分开(图13-1)。同时也可将胡萝卜素层析带洗脱下来进行比色定量。

三、实验材料、器材和试剂

1. 实验材料

新鲜红辣椒或胡萝卜。

2. 实验器材

①剪刀；②研钵；③层析柱（1cm×16cm）；④分液漏斗；⑤100mL 量筒；⑥铁架台；⑦蒸发皿；⑧水浴锅；⑨分析天平；⑩烧杯。

3. 实验试剂

①95%乙醇；②石油醚（沸点 60～90℃）；③1%丙酮-石油醚液（丙酮：石油醚=1：1，体积比）；④氧化铝（Al_2O_3，高温干燥除去水分，提高其吸附力）；⑤无水硫酸钠（Na_2SO_4）；⑥三氯化锑氯仿溶液：称取 $SbCl_3$ 22g，加 100mL 氯仿溶解后，储存于棕色瓶中。

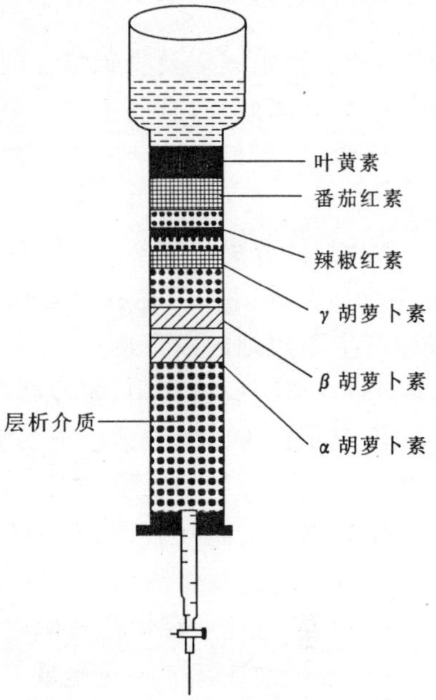

图 13-1　柱层析分离胡萝卜素

四、操作方法

1. 提取

称取新鲜去籽红辣椒 12g，剪碎后放入研钵中，加入 4mL 95%乙醇，研磨，此匀浆液呈深红色，再加入 6mL 石油醚，继续研磨 3～5min，匀浆提取液颜色的深浅与胡萝卜素的含量成正比。将匀浆提取液倒入 100mL 分液漏斗中，用 20mL 蒸馏水洗涤匀浆液数次，直至水层透明为止，借此除去提取液中的乙醇。将红色石油醚提取液层倒入干燥试管中，加少量无水硫酸钠除去水分，用软木塞塞紧，以免石油醚挥发。

2. 制备层析柱

取直径为 1cm、高度约 16cm 的玻璃层析柱，在柱的最底部放入少量棉花，将石油醚-氧化铝悬液（石油醚：Al_2O_3=1：1，体积比），边搅边倒入层析柱，使氧化铝均匀沉积于柱内，高度约 10cm 即可，在其上部铺一张圆形小滤纸，并将层析柱垂直固定在铁架台上，柱下方加一调控阀，备用。

3. 层析

打开层析柱下端调控阀，加石油醚让其缓慢流下，当石油醚浸入到与氧化铝表面相平时，即用吸管吸取石油醚提取液 1mL，沿管壁加入到层析柱上端。待提取液全部进入层析柱时，立即用 1%丙酮-石油醚液洗脱液冲洗，此时应控制流量在每分钟 30 滴左右，使吸附在柱上端的物质逐渐展开成为颜色不同的数条色带。仔细观察色带的位置、宽度与颜色的深浅。自下而上的橘黄色带分别为 α 胡萝卜素、β 胡萝卜素、γ 胡萝卜素（通常含量分别为 15%、85%、0.1%）。

4. 鉴定

接收此橘黄色液体于蒸发皿内，在 80℃水浴中使石油醚、丙酮挥发，滴入三氯化锑氯仿溶液数滴，可见蓝色反应，借此鉴定胡萝卜素。也可直接将洗脱下来的液体蒸干后，用石油醚溶解残渣于 5mL 带塞试管中，用力振摇，使胡萝卜素完全溶解，用 1cm 比色杯，在 450nm 波长处，以石油醚作空白液调零点，读取石油醚溶解液及标准液的光密度值，计算胡萝卜素含量。

五、注意事项

(1)实验中一定要将新鲜红辣椒研细,以彻底破坏植物细胞,使胡萝卜素释放更完全。丙酮可增强分离效果,有利于对胡萝卜素的提取,若分离条件控制得好,可依次提取、分离得到α胡萝卜素、β胡萝卜素、γ胡萝卜素,以及紧随其后的是辣椒红素、番茄红素及叶黄素等植物色素。

(2)为使分离色带整齐,装柱时层析柱一定要无裂缝和气泡,氧化铝的高度一般为玻璃柱高度的3/4,装好柱后在柱上面覆一层滤纸,以保持柱上端顶部平整,若上端不平,影响分离效果而产生不规则的条带。

(3)分离洗脱过程中,要连续不断地加入洗脱液,并保持一定高度的液面,在整个操作中绝不能使氧化铝表面的液体流干。吸附柱层析方法最适合非极性的与极性不强的有机物(如甘油酯、磷脂、胆固醇等物质)的分离。

(4)$SbCl_3$腐蚀性较强,在实验过程中切勿触及皮肤。$SbCl_3$遇水生成碱式盐[$Sb(OH)_2Cl$],再转变成铝氧化锑(SbOCl),此化合物与胡萝卜素不发生颜色反应,而出现浑浊。

(5)石油醚提取液中的乙醇必须洗净,否则吸附不好,层析中色带也弥散不清。

(6)层析柱底部的棉花用量不宜过多,松紧要适宜,否则将影响流速。

思考题

(1)吸附层析法的基本原理是什么?

(2)简述植物色素的极性大小与洗脱速度的关系。

第十四章 糖、脂肪、蛋白质代谢

实验二十七 胰岛素对血糖水平的影响

一、目的

(1)掌握胰岛素降低血糖的机理。

(2)学习血糖测定的原理及其在临床诊断中的重要性。

二、原理

胰岛素是胰脏β-细胞分泌的一种激素,其化学本质为蛋白质。它能加速血糖的氧化,促进糖原和脂肪的合成,使血糖水平降低。当胰岛素缺乏时,糖代谢紊乱,可产生持续性血糖升高,注射胰岛素可使血糖恢复正常水平。

血糖测定多根据葡萄糖在热碱溶液中对某些高价离子的还原作用。常用的有高铁氰离子$[Fe(CN_6)^{3-}]$(Hagedorn－Jensen 法)和二价铜离子 Cu^{2+}(Folin－Wu 法)。

1. *Hagedorn－Jensen 法测定血糖的原理*

首先用氢氧化锌胶体溶液使血红蛋白等蛋白凝固、沉淀,离心或过滤,得无蛋白滤液,将它与高铁氰化钾标准液共热时,滤液中的葡萄糖将部分高铁氰化钾还原成亚铁氰化钾。

$$K_3Fe(CN)_6 + C_6H_{12}O_6 \rightarrow K_4Fe(CN)_6 + \text{糖氧化产物}$$

为防止亚铁氰化钾重新氧化成高铁氰化钾,可加入硫酸锌与其生成不溶性络合物。

$$2K_4Fe(CN)_6 + 3ZnSO_4 \rightarrow K_2Zn_3[Fe(CN)_6]_2 + 3K_2SO_4$$

剩余的高铁氰化钾在酸性溶液中将碘化物氧化成游离的碘,后者以标准硫代硫酸钠滴定。

$$2K_3Fe(CN)_6 + 2KI + 8CH_3COOH \rightarrow 2H_4Fe(CN)_6 + 8CH_3COOK + I_2$$

$$I_2 + 2Na_2S_2O_3 \rightarrow 2NaI + Na_2S_4O_6$$

可见,在一定条件下,血糖与 $K_3Fe(CN)_6$ 有一定的数量关系。还原糖多,剩余的 $K_3Fe(CN)_6$ 就少,产生出来的游离碘的量也少,滴定消耗 $Na_2S_2O_3$ 也少。但这种关系为非精确的反比关系,可能因糖和铁氰化钾的反应程度受两者相对浓度的影响。因此,本实验要求严格按照反应条件进行,如温度、反应时间、试剂浓度及用量等,才能较准确地测出血糖含量。

2. *Folin－Wu 法的原理*

葡萄糖与铁氰化钾的碱性溶液加热,铁氰化钾被还原为亚铁氰化钾。后者再与三价铁反应产生亚铁氰化铁,产生的颜色强度可用比色法测定。

葡萄糖＋铁氰化钾→亚铁氰化钾＋糖酸

亚铁氰化钾＋Fe^{3+}→亚铁氰化铁＋硫酸钾

本实验采用 Folin－Wu 法。

三、实验材料、器材和试剂

1. 实验材料

家兔 2 只(2～3kg/只)。

2. 实验器材

①试管；②试管架；③吸量管(0.1mL，0.5mL，1mL，5mL)；④水浴锅；⑤可见紫外分光光度计；⑥注射器；⑦烧杯(50mL，100mL)；⑧锥形瓶(50mL)；⑨酒精棉。

3. 实验试剂

(1)硫酸(1/15mol/L)：1mL 浓硫酸(36mol/L)加水稀释到 5～40mL。

(2)1％的钨酸钠溶液。

(3)铁氰化钾溶液：把 0.8g 铁氰化钾和 2g 碳酸钠溶于水并加蒸馏水稀释到 200mL，储于棕色瓶中备用。

(4)磷-铁溶液：把 2g 硫酸高铁铵溶于 50mL 蒸馏水中，再加入 20mL 磷酸，最后用蒸馏水稀释到 100mL。

(5)葡萄糖储存液(1％)：以 0.25％的安息香酸配制。

(6)标准葡萄糖应用液：每毫升含 0.5mg 葡萄糖，以 0.25％的安息香酸配制。

(7)标准葡萄糖实验液：每毫升含 0.2mg 葡萄糖，以 0.25％的安息香酸配制。

四、操作方法

1. 采血

家兔 1 只，剃去耳毛，用二甲苯擦拭使之充血，再用棉球擦净，迅速用注射器在耳缘静脉抽血 0.5～1mL 并放入含有抗凝剂(如草酸钾等)的试管中，混匀。

采血后，按 1.5 单位/kg 剂量给兔皮下注射胰岛素，1h 后，再在耳缘静脉抽血 0.5～1mL。

2. Folin－Wu 法测定血糖含量

(1)取 6 支试管，编号后按表 14－1 加入试剂。

表 14－1　Folin－Wu 法测定血糖含量

试剂	管 1	管 2	管 3	管 4	管 5	管 6
葡萄糖应用液(mL)	0.0	0.1	0.2	0.3	0.4	0.5
蒸馏水(mL)	0.5	0.4	0.3	0.2	0.1	0
铁氰化钾溶液(mL)	1.0	1.0	1.0	1.0	1.0	1.0
磷-铁溶液(mL)	1.0	1.0	1.0	1.0	1.0	1.0
混合各管内容物，把试管放于沸水浴中加热煮沸 5min，取出各管，分别加入						
蒸馏水(mL)	4.5	4.5	4.5	4.5	4.5	4.5
混合各管，测 OD_{670}						

(2)以每管葡萄糖含量为横坐标,对应的 OD_{670} 值为纵坐标绘制葡萄糖标准曲线。

(3)血样中葡萄糖含量的测定:①取 2 支小离心管,分别加入注射胰岛素前、后取得的血样 0.02mL,再加入 0.5mL 1/15mol/L 的硫酸,混合均匀后再加入 0.5mL 1%的钨酸钠,混合后静置 10min。离心取上清液测葡萄糖含量,所得上清液样品分别标记为:样 1(注射胰岛素前)和样 2(注射胰岛素后);②取 4 支试管,标为 1′、2′、3′和 4′。按表 14-2 制备各管;③以管 1′为对照,测定其他各管的 OD_{670} 值;④通过标准曲线计算 100mL 血液中葡萄糖的量。

表 14-2 血样中葡萄糖含量的测定

试剂	管 1′	管 2′	管 3′	管 4′
血滤液(mL)	0.0	0.0	0.5	0.5
葡萄糖实验液(mL)	0.0	0.5	0.0	0.0
蒸馏水(mL)	0.5	0.0	0.0	0.0
铁氰化钾溶液(mL)	1.0	1.0	1.0	1.0
磷-铁溶液(mL)	1.0	1.0	1.0	1.0
试剂加入后,混合均匀,放于沸水浴上 5min,然后加入				
蒸馏水(mL)	4.5	4.5	4.5	4.5
OD_{670}				

思考题

(1)测定血糖为何空腹采血,为何用无蛋白滤液?

(2)胰岛素调节血糖水平的机理是什么?

实验二十八 肝糖原的提取与鉴定

一、目的

了解和掌握肝糖原提取的原理与方法。

二、原理

肝糖原是糖在体内的重要储存形式之一。储存量虽不多,但在代谢过程中,它是维持血糖平衡及体内糖的重要来源之一。其合成或分解对血糖浓度的调节起着重要的作用。

糖原是一高分子化合物,微溶于水,无还原性,与碘作用生成红色。提取糖原时,将新鲜的肝组织与石英砂及三氯醋酸共同研磨。这样当肝组织被充分破碎后,其中的蛋白质会被三氯醋酸所沉淀。而糖原仍留于溶液中。当过滤除去沉淀后,滤液中的肝糖原可通过加入乙醇而沉淀下来。将沉淀的糖原溶于水,一部分做碘的颜色反应,一部分经酸水解成葡萄糖后,用斑氏(Benedict)试剂检验。

三、实验器材和试剂

1. 实验器材

①洗净的石英砂;②研钵;③移液管;④台式低速离心机;⑤离心管;⑥滤纸;⑦玻璃棒;⑧恒温水浴锅;⑨试管;⑩分析天平。

2. 实验试剂

(1)10%(*W/V*)三氯醋酸溶液:称取三氯醋酸 10g,用蒸馏水溶解后稀释到 100mL。

(2)5%(*W/V*)三氯醋酸溶液:称取三氯醋酸 5g,用蒸馏水溶解后稀释到 100mL。

(3)95%(*W/V*)乙醇:量取无水乙醇 95mL,加蒸馏水稀释到 100mL。

(4)浓盐酸。

(5)20%(*W/V*)NaOH 溶液:称取 NaOH 20g,用蒸馏水溶解后稀释到 100mL。

(6)碘液:称取碘 1g、碘化钾 2g,用 500mL 蒸馏时溶解即成。

(7)斑氏试剂:将硫酸铜 17.3g 溶于 100mL 温蒸馏水中;另溶柠檬酸钠 173g 和无水碳酸钠 100g 于 700mL 温蒸馏水中,待冷,将硫酸铜溶液缓缓加入柠檬酸和碳酸钠混合液内,最后用蒸馏水稀释至 1 000mL。

四、操作方法

1. 肝糖原的提取

(1)打昏实验大白鼠[①],放血至死,立即取出肝脏[②],迅速用滤纸吸去附着的血液。

(2)称取肝组织 1g,置研钵中。加入洗净的石英砂少许及 10%三氯醋酸 1mL,然后研磨。

(3)再加 5%三氯醋酸 2mL,继续研磨,至肝脏组织已充分磨成肉糜状为止。然后以 2 500rpm离心 10min。

(4)将上清液转入另一离心管,测量其体积。

(5)加入等体积的 95%乙醇。混匀后,静置 10min,此时可见糖原呈絮状析出。

(6)将此混合物以 2 500rpm 离心 10min。弃去上清液,并将离心管倒置于滤纸上 1~2min。

(7)向沉淀内加入蒸馏水 1mL,再用玻璃棒搅拌沉淀至溶解,即得糖原溶液。

2. 鉴定

(1)糖原的颜色反应:取小试管 2 支,按表 14-3 编号操作。混匀后,比较两管溶液的颜色有何不同?解释之。

(2)糖原的酸水解实验:①将剩余的糖原溶液转入 1 支试管内,加入浓盐酸 3 滴后,将之放在沸水浴中加热 10min,取出冷却,然后以 20%NaOH 溶液中和至中性;②在上述溶液内,加入斑氏试剂 2mL。再将该试管置沸水浴加热 5min,取出冷却。观察沉淀的生成,并解释之。

---

① 实验大白鼠在实验前必须饱食,因为空腹时肝糖原含量减少。

② 肝脏离体后,肝糖原会迅速分解。所以在杀死动物后,所得肝脏必须迅速用三氯乙酸处理。

表 14-3　糖原的颜色反应

试管号	1号	2号
糖原溶液(滴)	10	—
蒸馏水(滴)	—	10
碘液(滴)	1	1

实验二十九　脂肪酸 β-氧化作用

一、目的

(1)了解脂肪酸的 β-氧化作用。

(2)通过测定和计算反应液内丁酸氧化生成丙酮的量,掌握测定 β-氧化作用的方法及其原理。

二、原理

在肝脏中,脂肪酸经 β-氧化作用生成乙酰辅酶 A,二分子乙酰辅酶 A 可缩合生成乙酰乙酸。乙酰乙酸可脱羧生成丙酮,也可还原生成 β-羟丁酸。乙酰乙酸、β-羟丁酸和丙酮总称为酮体。酮体为机体代谢的中间产物。在正常情况下,其产量甚微,患糖尿病或食用高脂肪膳食时,血中酮体浓度增高,尿中也能出现酮体。

本实验用新鲜肝糜与丁酸保温,生成的丙酮在碱性条件下,与碘生成碘仿。反应式如下:

$$2NaOH + I_2 \rightarrow NaOI + H_2O + NaI$$

$$CH_3COCH_3 + 3NaOI \rightarrow CHI_3 + CH_3COONa + 2NaOH$$

剩余的碘可用标准硫代硫酸钠溶液滴定:

$$NaOI + NaI + 2HCl \rightarrow I_2 + 2NaCl + H_2O$$

$$I_2 + 2Na_2S_2O_3 \rightarrow Na_2S_4O_6 + 2NaI$$

根据滴定样品与滴定对照所消耗的硫代硫酸钠溶液体积之差,可以计算由丁酸氧化生成丙酮的量。

三、实验材料、器材和试剂

1. 实验材料

鲜猪肝。

2. 实验器材

①恒温水浴锅;②微量滴定管;③吸管;④剪刀;⑤50mL 锥形瓶;⑥漏斗;⑦试管;⑧试管架;⑨研钵;⑩分析天平;⑪滤纸;⑫移液管。

3. 实验试剂

①0.5%淀粉溶液；②0.9%氯化钠溶液；③15%三氯乙酸溶液；④10%盐酸溶液；⑤0.5mol/L 丁酸溶液：取 5mL 丁酸溶于 100mL 0.5mol/L 氢氧化钠溶液中；⑥10%氢氧化钠溶液；⑦0.2mol/L 碘液：25.4g+50g KI 定容到 1 000mL，用标准 0.05mol/L 硫代硫酸钠溶液标定；⑧标准 0.01mol/L 硫代硫酸钠溶液：将已标定的 0.05mol/L 硫代硫酸钠稀释成 0.01mol/L；⑨1/15mol/L pH 值 7.6 磷酸缓冲液：1/15mol/L 磷酸氢二钠 86.8mL+1/15mol/L 磷酸二氢钠 13.2mL。

四、实验步骤

1. 肝糜制备

取肝用 0.9%氯化钠溶液冲洗，用滤纸吸去表面的水分。称取肝组织 5g 置研钵中，加少量的 0.9%氯化钠溶液研成细浆。再加 0.9%氯化钠溶液到总体积为 10mL。

2. 保温反应

取 2 个 50mL 锥形瓶，各加入 3mL 1/15mol/L 磷酸 pH 值为 7.6 的磷酸缓冲液。向一个锥形瓶中加入 2mL 正丁酸，另一个锥形瓶作为对照，不加正丁酸。然后各加入 2mL 肝糜，混匀于 43℃恒温水浴内保温。

3. 沉淀蛋白

保温 1.5h 后，取出锥形瓶，各加入 3mL 15%的三氯乙酸，在对照瓶内再加 2mL 正丁酸，混匀，静置 15min，过滤。将滤液收集在 2 支试管中。

4. 酮体的测定

吸取两种滤液各 2mL 分别放入另 2 个锥形瓶中，再加 3mL 0.1mol/L 碘液和 3mL 10%氢氧化钠溶液。摇匀后，静置 10min。加入 3mL 10%盐酸中和。然后用 0.01mol/L 标准硫代硫酸钠溶液滴定剩余的碘。滴至浅黄色时，加入 3 滴 0.1%淀粉溶液作指示剂。摇匀，滴至蓝色消失为止。记录所消耗的硫代硫酸钠溶液的毫升数。

五、结果计算

$$\text{肝脏的丙酮浓度(mmol/g)}=(A-B)\times C_1\times 1/6$$

式中：A 为滴定对照所消耗的 0.01mol/L 硫代硫酸钠溶液的毫升数；B 为滴定样品所消耗的 0.01mol/L 硫代硫酸钠溶液的毫升数；C_1 为标准硫代硫酸钠溶液的浓度(mol/L)；1/6 为 1mol 标准硫代硫酸钠相当于丙酮的量。

思考题

(1)酮体为什么只能在肝外组织进行作用？

(2)为什么要生成酮体？

(3)机体在什么情况下会出现酮体代谢失调？如何检测和预防？

实验三十　植物体内的转氨基作用

一、目的

(1)掌握转氨基作用的特点，了解转氨酶的作用。

(2)学习纸层析基本技术。

二、原理

植物体内通过转氨酶的作用，α-氨基酸上氨基可转移到α-酮酸原来酮基的位置上，结果形成一种新的α-酮酸和一种新的α-氨基酸，所生成的氨基酸可用纸上层析法检出。

三、实验材料、器材和试剂

1. 实验材料

绿豆芽子叶及胚轴。

2. 实验器材

①研钵；②10mL 量筒；③离心机；④试管；⑤移液管；⑥恒温培养箱；⑦漏斗；⑧层析缸；⑨层析滤纸；⑩毛细管；⑪吹风机；⑫离心管。

3. 实验试剂

(1)0.1mol/L 丙氨酸溶液。

(2)0.1mol/L α-酮戊二酸溶液(用 NaOH 中和至 pH 值为 7.0)。

(3)含有 0.4mol/L 蔗糖的 0.1mol/L 磷酸缓冲液(pH 值为 8.0)，磷酸缓冲液(pH 值为 7.5)。

(4)正丁醇。

(5)甲酸。

(6)0.1mol/L 谷氨酸溶液。

(7)0.1%～0.25%茚三酮丙酮溶液。

四、操作方法

1. 酶液的提取

取发芽 2～3d 的绿豆芽 5g，放入研钵中，加 2mL 磷酸缓冲液(pH 值为 8.0)研磨成匀浆，转入离心管。研钵再加入 1mL 该缓冲溶液冲洗，然后倒入离心管中，以 3 000rpm 的转速离心 10min，取上清液备用。

2. 酶促反应

取 3 支试管编号，按表 14－4 分别加入试剂和酶液(单位：mL)。

表 14－4　转氨酶酶促反应

管号	0.1mol/L α-酮戊二酸溶液	0.1mol/L 丙氨酸溶液	酶液	磷酸缓冲液(pH 值为 7.5)
1	0.5	0.5	0.5	1.5
2	0.5	—	0.5	2.0
3	—	0.5	0.5	2.0

将试管摇匀后置于 37℃恒温箱中保温 30min。取出后各加 3 滴 30％三氯乙酸溶液终止酶反应，于沸水浴中加热 10min，使蛋白质完全沉淀，冷却后离心或过滤，取上清液或滤液备用。

3. 层析

取层析纸一张，在距底线 2cm 处用铅笔划一水平线，在线上等距离确定 5 个点，作为点样位置，相邻各点间距 2cm。取上述上清液或滤液及谷氨酸、丙氨酸标准液分别点样，反应液点 5～6 滴，标准液点 2 滴。每点一次用吹风机吹干后再点下一次。最后沿垂直于基线的方向将滤纸卷成圆筒，以线缝合，注意纸边不能叠在一起或接触(图 14－1)。

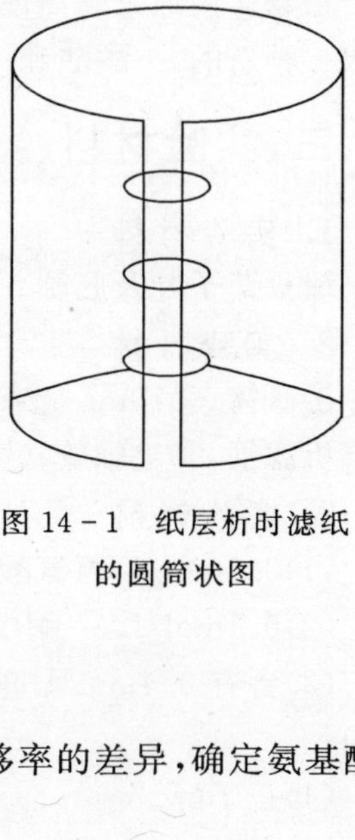

图 14－1　纸层析时滤纸的圆筒状图

在层析缸中放入正丁醇、甲酸、水推动剂的混合试剂(15∶3∶2)。待缸内蒸汽饱和后，将滤纸筒垂直放入，展层，待溶剂前沿上升至距滤纸前沿约 2cm 取出，用铅笔标出前沿位置。吹干，剪断缝线，以 0.1％～0.25％茚三酮丙酮溶液喷雾，置烘箱(60℃)内或用吹风机烘干后显色。

五、结果

观察实验结果，比较参与转氨基反应的氨基酸与标准氨基酸迁移率的差异，确定氨基酸的种类。绘制纸层析结果示意图。

实验三十一　纸层析分析动物组织的转氨基作用

一、目的

了解动物组织的转氨基作用，学习转氨基反应产物的纸层析鉴定方法。

二、原理

在转氨酶的催化下，氨基酸的 α-氨基与 α-酮酸的 α 酮基的互换反应称为转氨基作用。转氨酶广泛分布于动物体的各器官组织中，各种转氨基作用都有专一的转氨酶催化。

本实验将谷氨酸和丙酮酸与肝匀浆一起保温，在肝细胞的丙氨酸转氨酶催化下产生丙氨酸。利用纸层析法鉴定丙氨酸的存在，证明组织内的转氨基作用。为了防止底物丙酮酸被组织中其他酶所氧化或还原，可加碘乙酸（或溴乙酸）抑制糖的酵解作用和氧化作用。

三、实验材料、器材和试剂

1. 实验材料

新鲜动物肝脏。

2. 实验器材

①试管；②离心管；③离心机；④剪刀及镊子；⑤培养皿；⑥表面皿；⑦毛细管；⑧喷雾器；⑨吹风机；⑩分析天平。

3. 实验试剂

(1)0.1%丙氨酸溶液：称取丙氨酸 0.10g，用 0.01mol/L pH 值为 7.4 的磷酸缓冲液至 100mL。

(2)1%谷氨酸溶液：取谷氨酸 1.00g，加蒸馏水 20mL，用 5%KOH 调 pH 至中性，再用 0.01mol/L pH 值为 7.4 的磷酸缓冲液稀释至 100mL。

(3)1%丙酮酸钠溶液：取丙酮酸钠 1.00g，加 0.01mol/L pH 值为 7.4 的磷酸缓冲液至 100mL。

(4)0.25%碘乙酸溶液：取碘乙酸 0.25g，加蒸馏水 1mL，用 5%KOH 调 pH 至中性，再加 0.01mol/L pH 值为 7.4 的磷酸缓冲液至 100mL。

(5)0.01mol/L pH 值为 7.4 的磷酸缓冲液：取 0.2mol/L 磷酸氢二钠溶液 81mL 和 0.2mol/L磷酸二氢钠溶液 19mL 混匀，用蒸馏水稀释 20 倍。

(6)0.1%茚三酮乙醇溶液：取茚三酮 0.10g，溶于 95%乙醇 100mL 中。

(7)层析溶剂（酚的饱和水溶液）：将酚（重蒸过的）2 份和水 1 份（按重量计算）混合后，放入分液漏斗中，振荡。静止 24h 后分层，将下部酚层放到瓶中备用（或重复用 4 次或 1 周）。

四、操作方法

1. 肝匀浆的制备

取新鲜动物肝脏 1g，置研钵中剪碎，加细砂少许，5mL 预冷的 0.01mol/L pH 值为 7.4 的磷酸缓冲液，研磨成匀浆。

2. 转氨基反应

(1)取小试管 2 支，分别标明测定和对照，各加肝匀浆 10 滴，将对照管立即置沸水浴中 5min，取出冷却。

(2)两管各加 1%谷氨酸 10 滴，1%丙酮酸钠 10 滴，0.25%碘乙酸 5 滴，置 40℃水浴中保温 30min 后取出。

(3)两管各加 5%三氯醋酸 2 滴，置沸水浴中 5min，2 000rpm 离心 5min，将上清液分别移入同样编号的小试管中备用。

3. 层析验证

(1)取直径 13cm 圆形滤纸一张，用铅笔过圆心作两条相互垂直的线，在每条线上距圆心 1cm 处打点作记，作为点样处，并分别在其边缘标上测、谷、对、丙字样，见图 14－2。

(2)用细玻璃棒或毛细玻璃管分别蘸取测定液、1%谷氨酸溶液、对照液、0.1%丙氨酸溶液各一小滴，在滤纸上相应点样处点样 2μL，点样斑点的直径不超过 3mm。

(3)用大头针在滤纸圆心扎一小孔(约 1mm 直径)，另取滤纸条(0.5cm×2.5cm)，卷成筒状，捻紧如灯芯，从滤纸上相应点样背面插入小孔，突出滤纸面约 1cm。

(4)加约 2.5mL 层析溶剂于直径为 5cm 的表面皿中，表面皿放在直径为 10cm 的培养皿正中，将滤纸平放在培养皿上，使滤纸芯浸入层溶剂，取另一同样大小的培养皿反向盖上。层析溶剂沿滤纸芯上升到滤纸，并向四周扩散，待溶剂前沿距滤纸边缘 3cm 时，即可取出(层析时间为 60～80min)。用铅笔划出溶剂前沿后，用吹风机或电炉烘干。

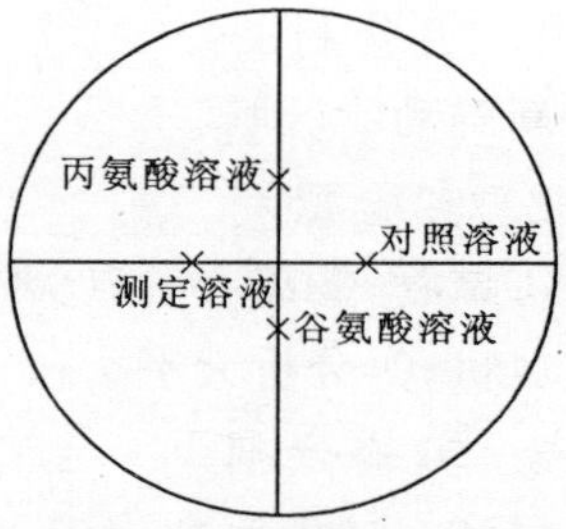

图 14-2　纸层析点样位置分布图

(5)显色。将滤纸平放于培养皿上，喷雾 0.1%茚三酮乙醇溶液，再用吹风机或电炉烘干。观察层析出现的弧形紫色斑，并用铅笔描出。计算各色斑的 R_f 值。

注：操作中接触滤纸前要洗手擦净，并尽量避免手与滤纸中间部位接触。

思考题

(1)为什么对照管是一个色斑，而测定管是两个色斑？这些色斑分别代表什么物质？又是如何证明的？

(2)在实验操作过程中，为何不能用手接触滤纸？

实验三十二　转氨酶活性的测定

一、目的

熟悉参与转氨基反应的两种转氨酶，了解和掌握测定这两种转氨酶活性的原理与方法。

二、原理

转氨酶是体内重要的一类酶。转氨酶催化 α-氨基酸的 α-氨基与 α-酮酸的 α-酮基之间的相互转化，从而生成一种新的氨基酸与一种新的酮酸，这种作用称为转氨基作用。它在生物体内蛋白质的合成、分解等中间代谢过程中，在糖、脂及蛋白质三大物质代谢的相互联系、相互制约及相互转变上都起着很重要的作用。

在动物机体中活力最强、分布最广的转氨酶有两种：一种为谷氨酸丙酮酸转氨酶(简称 GPT)，另一种为谷氨酸草酰乙酸转氨酶(简称 GOT)。它们的催化反应如下：

$$\text{丙氨酸} + \alpha\text{-酮戊二酸} \underset{37^\circ\text{C}}{\overset{\text{GPT}}{\rightleftharpoons}} \text{谷氨酸} + \text{丙酮酸}$$

$$\text{天冬氨酸} + \alpha\text{-酮戊二酸} \underset{37^\circ\text{C}}{\overset{\text{GOT}}{\rightleftharpoons}} \text{草酰乙酸} + \text{谷氨酸}$$

GOT 催化生成的草酰乙酸在柠檬酸苯胺的作用下转变为丙酮酸与二氧化碳。由上可见，此反应的最终产物都是丙酮酸。测定单位时间内丙酮酸的产量即可得知转氨酶的活性。

丙酮酸可与2,4-二硝基苯肼反应，形成丙酮酸二硝基苯腙，在碱性溶液中显棕红色。再与同样处理的丙酮酸标准液进行比色，计算出其含量，以此测定转氨酶的活性。

丙酮酸+2，4-二硝基苯肼 ⟶ 丙酮酸二硝基苯腙（棕红色）

转氨酶的活性单位为：每毫升血清与基质在37℃下作用60min，生成1μmol丙酮酸为1个单位。

三、实验器材和试剂

1. 实验器材

①试管；②恒温水浴锅；③移液管；④移液管架；⑤试管架；⑥可见紫外分光光度计；⑦烧杯；⑧容量瓶；⑨玻璃棒。

2. 实验试剂

(1)磷酸盐缓冲液(pH值为7.4)：

m液(1/15mol/L磷酸氢二钠溶液)：称取磷酸氢二钠(Na_2HPO_4)9.47g(或$Na_2HPO_4 \cdot 12H_2O$ 23.87g)溶于蒸馏水中，定容至1 000mL。

n液(1/15mol/L磷酸二氢钾溶液)：称取磷酸二氢钾(KH_2PO_4)9.078g，溶于蒸馏水中，定容至1 000mL。

取m液825mL和n液175mL混合均匀，测其pH值为7.4即可使用。

(2)GPT基质液：称取α-酮戊二酸29.2mg及DL-丙氨酸1.78g，溶于pH值为7.4的磷酸盐缓冲液20mL中，溶解后再加缓冲液70mL，并移入100mL容量瓶内。加1mol/L的NaOH溶液0.5mL，校正pH值至7.4。再以pH值为7.4的磷酸缓冲液定容至100mL。储存于冰箱中备用，可用1周。

(3)GOT基质液：称取α-酮戊二酸29.2mg及DL-天冬氨酸2.66g，溶于pH值为7.4的磷酸盐缓冲液20mL中，溶解后再加缓冲液70mL，并移入100mL容量瓶内。加1mol/L的NaOH溶液0.5mL，校正pH值至7.4。再以pH值为7.4的磷酸缓冲液定容至100mL。储存于冰箱中备用，可用1周。

(4)2,4-二硝基苯肼溶液：称取2,4-二硝基苯肼20mg，先溶于10mL浓盐酸中，可加热助溶，再以蒸馏水稀释至100mL，棕色瓶内保存。

(5)丙酮酸标准液(1mL＝2μmol丙酮酸)：精确称取丙酮酸钠22mg，溶解后转入100mL容量瓶中，用磷酸缓冲液(1/15mol/L，pH值为7.4)稀释至刻度。

(6)0.4mol/L氢氧化钠溶液。

(7)血清。

(8)柠檬酸苯胺溶液：取柠檬酸50g溶于50mL蒸馏水中，再加苯胺50mL充分混合即成，低温出现结晶时，可置于37℃水浴中，待溶解后使用。

四、操作方法

(1)标准曲线制作：取6支试管按表14-5操作。

表 14－5　制作标准曲线所需试剂配比

试剂(mL)	1	2	3	4	5	6
丙酮酸标准液	0.00	0.05	0.10	0.15	0.20	0.25
GPT(GOT)基质液	0.50	0.45	0.40	0.35	0.30	0.25
pH 值为 7.4 的磷酸缓冲液	0.10	0.10	0.10	0.10	0.10	0.10
37℃水浴,10min						
2,4－二硝基苯肼溶液	0.50	0.50	0.50	0.50	0.50	0.50
37℃水浴,20min						
0.4mol/L NaOH	5.00	5.00	5.00	5.00	5.00	5.00
相当活性(单位值)	0.00	100	200	300	400	500
OD_{520}						

以单位值为横坐标、OD_{520}光密度值为纵坐标,绘制标准曲线。

(2)GPT(GOT)测定:取 2 支洁净的试管按表 14－6 操作。

表 14－6　GPT(GOT)活性测定

试剂(mL)	空白管	测定管
血清	0.1	0.1
GPT(GOT)基质液	—	0.5
混匀,37℃水浴,1h		
GPT(GOT)基质液	0.5	—
柠檬酸苯胺溶液(滴)	1.0	1.0
2,4－二硝基苯肼溶液	0.5	0.5
混匀,37℃水浴,20min		
0.4mol/L NaOH	5.0	5.0

混匀,放置 5min,在波长 520nm 处测定,以空白调“0”点,读取光密度。GPT 测定不加柠檬酸苯胺溶液,其他操作方法同 GOT 测定法。

五、结果计算

(1)由所测得的光密度值直接查标准曲线,即可得知活性单位值。

(2)若用标准管法测定,可用丙酮酸标准液(1mL＝2μmol)0.1mL,按操作测知标准管光密度,按下列方式计算结果:

(测定管光密度/标准管光密度)×200＝转氨酶活性(单位数)/100mL 血清

第十五章　核酸

实验三十三　肝脏 DNA 的提取

一、目的

(1)掌握从动物组织中提取、分离、纯化 DNA 的基本原理及操作方法。

(2)学习对所提取的 DNA 样品进行鉴定的方法。

二、原理

核酸是构成生物体最重要的组分之一,并和蛋白质一起构成生命的主要物质基础。核酸既是遗传信息的载体,又是基因表达的物质基础,它在蛋白质生物合成中起着十分重要的作用。核酸在生物体的遗传变异、生长发育、繁殖和细胞分化等方面起着决定性的作用。

核酸是一类磷酸基团的重要生物大分子,所有生物体内均含有核酸(除少数亚病毒类之外)。按其化学组成分为两大类:脱氧核糖核酸(DNA)和核糖核酸(RNA)。在真核生物中,DNA 主要存在于细胞核中,核外(如线粒体、叶绿体)也有少量存在;RNA 主要存在于细胞质中,以核糖体中含量最多,核内 RNA 主要存在于核仁中。对于病毒来说,要么只有 DNA,要么只有 RNA,所以可将病毒分为 RNA 病毒和 DNA 病毒。

在细胞核内,核酸通常以与某些组织蛋白质结合成复合物——核糖核蛋白(RNP)和脱氧核糖核蛋白(DNP)的形式存在。因此,在制备核酸时,需先将组织(或细胞)匀浆或破碎,使之释放出核蛋白(RNP 和 DNP),再设法将这两大类核蛋白分开,最后用蛋白质变性剂如苯酚、氯仿等,去垢剂如十二烷基磺酸钠(SDS)或用蛋白酶处理,除去蛋白质,使核酸与蛋白质分离,从而将核酸提取出来。

RNP 和 DNP 在不同浓度的电解质溶液中的溶解度有很大差别。如在高浓度氯化钠(1～2mol/L)溶液中,脱氧核糖核蛋白(DNP)的溶解度很大,核酸核蛋白(RNP)溶解度很小;在低浓度氯化钠(0.14mol/L)溶液中,DNP 的溶解度很小,RNP 的溶解度很大。因此,可利用不同浓度的氯化钠溶液将脱氧核糖核蛋白和核糖核蛋白从样品中分别抽提出来。

将抽提得到的核蛋白用 SDS 或苯酚处理使核蛋白解聚,DNA(或 RNA)即与蛋白质分开;用氯仿-异戊醇将蛋白质沉淀除去,而 DNA 则溶解于溶液中。

经上述分离、纯化处理后的核酸盐溶液,再利用其不溶于有机溶剂的性质使其在适当浓度的亲水有机溶剂(如乙醇)中呈絮状沉淀析出。重复进行上述处理,即可制成所要求纯度的脱氧核糖核酸制品。提纯的 DNA(或 DNA 钠盐)为白色纤维状固体。

为了防止 DNA(RNA)酶解,提取时加入 EDTA(乙二胺四乙酸)。因为 EDTA 是抑制 DNA 酶活性最好的抑制剂之一,由于 DNA 酶的酶解作用必须有 Ca^{2+} 和 Mg^{2+} 存在,故只要在提取液中加入少量的金属螯合剂 EDTA,就可使 DNA 酶完全失活。

核酸的制备方法很多,目前还没有统一的标准方法。不同来源的同一种核酸或同一来源的不同核酸很难用同一方法来提取。由于方法的不同、实验条件和操作步骤的不同,往往所得制剂的生物活性、理化性质及纯度等也各异。因此,通常需要根据不同目的和要求,选择不同的制备方法。

本实验采用动物新鲜肝脏为提取 DNA 的材料,通过组织匀浆,使细胞破碎;利用 RNP 和 DNP 在一定浓度的 NaCl 溶液中溶解度不同的特点,提取 DNP;用 SDS 使蛋白质变性和核蛋白解聚,释放出 DNA;用氯仿使蛋白质变性沉淀,离心除去;用乙醇作沉淀剂,得到较纯的 DNA;用 RNaseA 除去 RNA,再用氯仿使酶蛋白变性沉淀,离心除去;最后用乙醇作沉淀剂,得到更纯的 DNA。由于 DNA 可与二苯胺试剂反应生成蓝色化合物,其最大光吸收峰在 595nm,可用比色法测定,因此提取的 DNA 样品可采用二苯胺法进行定性或定量测定;也可用分光光度法检测 DNA 样品的含量和纯度,高纯度 DNA 样品的 260nm 与 280nm 的吸收比值在 1.9 左右,当比值高时表明样品中混杂有 RNA,当比值低时表明样品中可能有蛋白质或酚的污染。因此,可利用 A_{260}/A_{280} 比值的大小来鉴定 DNA 样品的均一性、相对分子质量的大小及是否有 RNA 存在。

三、实验材料、器材和试剂

1. 实验材料

新鲜动物肝脏。

2. 实验器材

①匀浆器;②离心机;③离心管;④恒温水浴锅;⑤量筒;⑥吸量管;⑦真空干燥箱;⑧可见紫外分光光度计;⑨电泳仪;⑩水平电泳槽;⑪移液器;⑫核酸观察仪。

3. 实验试剂

(1)4mol/L NaCl 溶液:将 233.84g NaCl 溶于水,稀释至 1 000mL。

(2)0.14mol/L NaCl－0.15mol/L EDTA－2Na 溶液:溶解 8.18g NaCl 及 37.2g EDTA－2Na 于蒸馏水中,稀释至 1 000mL。

(3)25%SDS 溶液:溶解 25g 十二烷基磺酸钠于 100mL 45%乙醇中。

(4)0.015mol/L NaCl－0.001 5mol/L 柠檬酸三钠溶液:称取 0.88g NaCl 及 0.44g 柠檬酸三钠溶于蒸馏水中,稀释至 1 000mL。

(5)氯仿-异戊醇混合液:氯仿:异戊醇＝24:1(V/V)。

(6)1.5mol/L NaCl－0.15mol/L 柠檬酸三钠溶液:称取 87.66g NaCl 及 44.12g 柠檬酸三钠溶于蒸馏水中,稀释至 1 000mL。

(7)TE 缓冲液(10mmol/L Tris－HCl,1mmol/L EDTA,pH 值为 8.0):称取0.12g Tris,加适量蒸馏水溶解,用 1mol/L HCl 溶液调至 pH 值为 8.0 并定容至100mL,加入 0.037g ET-DA 溶解。

(8)RNaseA 溶液(10g/L):将 RNaseA 10mg 溶解于 1mL TE 缓冲液中,置于 80℃水浴中

加热处理 10min。

(9)70%乙醇。

(10)95%乙醇。

(11)二苯胺试剂:使用前称取 1g 重结晶的二苯胺,溶于 100mL 冰乙酸(A·R)中,再加入 10mL 过氯酸(60%以上),混匀备用,临用前加入 1mL 1.6%乙醛溶液,配成的溶液为无色。

(12)电泳缓冲液(5×TBE):称取 10.88g Tris、5.52g 硼酸、0.74g EDTA Na·$2H_2O$,用蒸馏水溶解后定容至 200mL。使用时,用蒸馏水稀释 10 倍(0.5×TBE)。

(13)琼脂糖。

(14)6×电泳上样缓冲液:称取 0.25g 溴酚蓝和 40g 蔗糖,溶于 100mL 蒸馏水中。

(15)10mg/mL 溴化乙锭(EB)溶液。

(16)λDNA/Hind Ⅲ Markers。

四、操作方法

1. DNA 提取

(1)取动物新鲜肝脏(约 2g),用 0.14mol/L NaCl－0.15mol/L EDTA 溶液洗去血液,剪碎,加入 5mL 0.14mol/L NaCl－0.15mol/L EDTA 溶液,置匀浆器中研磨。待研成糊状后,将糊状物离心 5min(1 000rpm),弃去上清液,沉淀用 0.14mol/L NaCl－0.15mol/L EDTA 溶液洗 2～3 次。

(2)向上述沉淀物加入 0.14mol/L NaCl－0.15mol/L EDTA 溶液,使总体积为 2mL,然后滴加 25%SDS 溶液 0.2mL,边加边搅拌。加毕,置于 60℃水浴保温 10min(用细玻璃棒经常搅拌),等溶液变得黏稠时(可能不明显),取出冷至室温。此步操作系使大分子脱氧核糖核蛋白从细胞核中溶出、核酸与蛋白质分离。

(3)加入 4mol/L NaCl 溶液 0.7mL,使 NaCl 最终浓度达到 1mol/L,搅拌 10min,加入约 1 倍体积的氯仿-异戊醇混合液,振摇 20min,离心 5min(10 000rpm)。收集上层水相,并向上层水相徐徐加入 1.5～2 倍预冷的 95%乙醇,DNA 沉淀即析出,离心 5min(10 000rpm)去掉上清液,收集沉淀(DNA 粗品)。

(4)将 DNA 粗品置于 2.7mL 0.015mol/L NaCl－0.001 5mol/L 柠檬酸三钠溶液中溶解,再加入 0.3mL 1.5mol/L NaCl－0.15mol/L 柠檬酸三钠溶液,搅匀,加入 1 倍体积的氯仿-异戊醇混合液,振摇 10min,离心 5min(10 000rpm),小心地吸取上层水相(含 DNA 钠盐),弃中层变性;收集的上层水相,弃中层变性蛋白。反复几次直到中间层蛋白凝胶层消失。向收集的上层水相加入 2 倍体积预冷的 95%乙醇,DNA 即沉淀析出。离心 5min(10 000rpm),弃去上清液,沉淀为较纯的 DNA。

(5)将上步所得的沉淀溶于 2mL TE 缓冲液中,加入 RNaseA 溶液至终浓度为 20mg/mL,混匀,在 37℃恒温水浴中保温 30min。

(6)向经 RNaseA 作用后的 DNA 溶液中加入 1 倍体积的氯仿-异戊醇混合液,振摇 5min,离心 5min(10 000rpm),小心地吸取上层水相(含 DNA),弃中层变性蛋白,重复抽提 2～3 次。

(7)向除尽蛋白质的上清液中徐徐加入 2 倍体积预冷的 95%乙醇,DNA 即沉淀析出。离心 5min(10 000rpm),弃去上清液,再用预冷的 70%的乙醇洗一次,室温倒置干燥。

(8)将上步所得更纯的 DNA 沉淀溶于 2mL 0.015mol/L NaCl－0.001 5mol/L 柠檬酸三

钠溶液中备用(供定性鉴定或定量测定)。

2. DNA 样品的鉴定

(1)二苯胺法 DNA 定性鉴定,按表 15-1 操作。

表 15-1 二苯胺定性鉴定 DNA

试剂名称＼试管号	1号	2号
DNA 样品溶液(mL)	—	1
0.015mol/L NaCl-0.001 5 mol/L 柠檬酸三钠溶液(mL)	2	1
混匀,置于 100℃恒温水浴保温 5min		
二苯胺试剂(mL)	4	4
观察现象		

(2)紫外吸收法鉴定 DNA 纯度。将 DNA 样品液适当稀释,移入光径为 1cm 的石英比色皿,并以 0.015mol/L NaCl-0.001 5mol/L 柠檬酸三钠溶液作为空白对照。在紫外分光光度计上分别于 260nm 和 280nm 波长处进行测定,记录测定数据 A_{260} 和 A_{280},计算 A_{260}/A_{280} 比值大小,确定 DNA 样品的纯度。

(3)琼脂糖凝胶电泳检测 DNA:①制备 0.8%琼脂糖凝胶(含终浓度 0.5mg/L 溴化乙锭);②取 10μL DNA 样品,加入 6×上样缓冲液 2μL,混匀后上样,同时取相应的 DNA Markers 上样;③70V 电泳 1h;④紫外检测仪观察样品 DNA 的均一性,相对分子质量大小以及是否存在 RNA 杂质等。

实验三十四 动物肝脏 RNA 的制备

一、目的

初步掌握从动物组织中提取 RNA 的原理和方法。

二、原理

一个典型的哺乳动物细胞约含 10pg RNA,其中 80%～85%是 rRNA,15%～20%为小分量的 RNA(tRNA 和 snRNA),mRNA 占总 RNA 的 1%～5%。从组织细胞提取总 RNA 的方法很多,如热酚法、氯化锂沉淀法、盐酸胍法、SDS 苯酚联合抽提法和异硫氰酸胍法等。酸性异硫氰酸胍/酚/氯仿一步抽提法具有分离提取 RNA 产率高、纯度好且不易降解等特点,是目前最常用的 RNA 提取方法。其基本原理是:组织细胞在匀浆过程中被变性剂破膜溶解,变性剂有抑制 RNaseA 活性的作用,并使蛋白质与核酸分离,经苯酚氯仿将 RNA 抽提至水相,在乙醇溶液中沉淀回收总 RNA。

三、实验材料、器材和试剂

1. 实验材料

新鲜动物肝脏。

2. 实验器材

①剪刀；②镊子；③组织匀浆器；④离心机；⑤试管；⑥离心管；⑦冰箱；⑧液氮罐。

3. 实验试剂

(1)无 RNaseA 水的制配：所使用的蒸馏水，需最后以玻璃蒸馏器蒸出的三蒸水，按 1：1 000体积比将二乙基焦碳酸酯(diethyl pyrocarbonale DEPC)加入到三蒸水中，室温放置 12h 以上，然后高压灭菌 30min。以此 DEPC 水，用于配制以下试剂。

(2)0.75mol/L 柠檬酸钠($Na_3C_6H_5O_7 \cdot 2H_2O$)pH 值为 7.0，(100mL)：称取柠檬酸钠 22g，溶于 70mL 水中以浓 HCl 调 pH 值至 7.0，加水至 100mL，高压灭菌。

(3)变性缓冲液：异硫氰酸胍 4mol/L；柠檬酸钠 25mmol/L，十二烷基磺酸钠(sarkosyl) 0.5%；0.1mol/L β-巯基乙醇。

称取异硫氰酸胍 250g 溶于 293mL 水中，加入 0.75mol/L 柠檬酸钠 pH 值为 7.0 17.6mL 及 10%的十二烷基磺酸钠 26.4mL。于 65℃溶解后总体积为 528mL。用 0.22μm 的微孔滤膜过滤，此滤液作为储存液，在室温下可保存 3 个月。用前取 100mL，加入 0.7mL β-巯基乙醇。此液即为变性缓冲液，可在室温下保存 1 个月。

(4)2mol/L NaAc 液 pH 值为 4.0：称取无水乙酸钠 32.8g，加水 80mL，加热溶解后，以冰乙酸调 pH 值至 4.0，补水至 200mL，高压灭菌。

(5)水饱和酚液：取重蒸酚 200mL，于 65～70℃水浴溶解后，加入等体积的 0.2%(V/V)β-巯基乙醇水溶液，充分振荡混匀，待分层后，去除大部分水相，保存在棕色广口瓶中于 4℃条件下存放待用。

(6)75%乙醇，4℃条件下存放。

(7)0.5%SDS：称十二烷基硫酸钠(SDS)1.0g，水溶后加水至 200mL。

四、操作方法

(1)组织匀浆：将新鲜的动物肝脏称量后放入手动匀浆器中，按 100mg 组织/1mL 或 10^7 细胞/1mL 的比例加入变性缓冲液，组织应在匀浆液中剪碎，以匀浆棒缓慢匀浆 10～20 次。

(2)RNA 抽提：将匀浆液移至 50mL 塑料离心管中，加入 1/10 体积的 2mol/L NaAc，等体积的水饱和酚及 2/10 的氯仿/异戊醇(49：1)。每加一种试剂后均应充分振荡混匀。于水浴中静置 15min，以 5 000rpm 于 4℃下离心 20min。离心后 RNA 在水相，DNA 和蛋白质留在有机相及两相界面。

(3)沉淀 RNA：取出离心后的水相(勿吸两相间的界面层)，加入等体积的异丙醇，混匀，于 −20℃放置 1h 以上，以 5 000rpm 于 4℃下再次离心 20min。去除上清液，沉淀的 RNA 溶于加 1/10 匀浆体积的变性缓冲液，再加等体积的异丙醇，轻轻混匀，−20℃放置 1h，离心沉淀出 RNA，去除上清液，沉淀用 75%冷乙醇洗 2 次(不必悬浮)，抽空干燥 15min 后，将沉淀物溶于少量 0.5%SDS 中，于 65℃下保温 10min，分装存放在液 N_2 中备用。

五、注意事项

(1)整个实验过程中,为防止手接触带来的 RNaseA 污染,必须戴手套进行,并经常更换。

(2)经 DEPC 处理的器皿,必须高压灭菌,使 DEPC 分解为 CO_2 和乙醇,否则残留的 DEPC 会影响 RNA 的活性。

(3)应使用高级别的化学试剂(一级以上)及未曾开封的试剂,以减少 RNaseA 的污染。

(4)整个操作过程应在冰浴中进行。

(5)RNaseA 的污染有两个主要来源:操作者的手指和空气中的微生物。操作者在配制试剂和提取 RNA 过程中应随时注意避免这两方面的 RNaseA 污染源。

实验三十五　碱性 SDS 法提取大肠杆菌质粒

一、目的

学习大量制备和纯化质粒的方法。

二、原理

细菌质粒是细菌染色体外的遗传因子,常使细菌带有某些特性和生理功能,如抗药性、产生细菌毒素等。绝大部分质粒为环状双链 DNA 分子。经过人工改造后的质粒是基因工程中重要的基因载体之一。

基因工程是利用工具酶通过体外操作实现 DNA 分子在寄主细胞间的稳定转移。这就要求被转移的 DNA 片段在新的寄主细胞中可以复制繁殖。多数 DNA 片段不能自我复制,这就必须将这些 DNA 片段与一个可以自我复制的 DNA 片段在寄主间转移的 DNA 片段相连,再转入新的寄主细胞中,这些能自我复制并可携带其他 DNA 片段在寄主间转移 DNA 分子即克隆载体,其中一大类便是质粒载体。用于克隆的质粒载体应具备以下的条件:分子量比较小;质粒拷贝数高;对质粒的 DNA 顺序组织、限制酶切位点、核酸序列应有清楚的了解;有尽可能多的限制酶单个酶切位点;有筛选标记;从安全考虑载体应是不可转移的。天然质粒一般不能满足以上条件,因此,必须通过各种体外的操作构建人工载体以满足上述要求。目前使用的各种系统的载体数量较多,有些质粒除了具有一般质粒的性质,还为一些特定的技术提供其特定的功能,例如表达载体,启动子、终止子筛选载体,带丝状噬菌体复制及组装区的载体等。

从大肠杆菌中提取质粒 DNA 的方法很多,其中碱性 SDS 法被认为是比较好的方法,回收率较高,提取到的质粒可用于酶切、连接、转化,是常用的方法。

碱性 SDS 法提取大肠杆菌质粒是基于染色体 DNA 与质粒 DNA 的变性与复性的差异而分离的。用溶菌酶处理大肠杆菌使染色体 DNA 和质粒 DNA 都释放出来。在强碱性条件下,染色体 DNA 双链结构解开而变性,质粒 DNA 也变性,但由于共价闭合环状超螺旋的结构,两条互补链不会完全分开。当溶液 pH 调节到中性时,质粒 DNA 易复性而存在于溶液中,染色体 DNA 不易复性,互相缠绕,通过离心而与蛋白质-SDS 复合物等一起沉淀下来。再用乙醇沉淀出上清液中的质粒 DNA,核糖核酸酶作用除去 RNA,用苯酚除去残余蛋白质,就得到较纯的质粒 DNA。

实际工作中,应根据提取质粒 DNA 的使用目的采用不同的提取方法。

三、实验材料、器材和试剂

1. 实验材料

含质粒的大肠杆菌菌株。

2. 实验器材

①恒温培养箱;②振荡培养箱;③超净工作台;④高速离心机;⑤旋涡混合仪;⑥移液器;⑦移液枪头;⑧－20℃冰箱;⑨锥形瓶;⑩烧杯;⑪量筒;⑫移液管;⑬水平电泳槽;⑭电泳仪;⑮电炉;⑯分析天平;⑰紫外观察仪;⑱接种环。

3. 实验试剂

(1)LB 培养基:称取 10g 胰化蛋白胨、5g 酵母提取物、10g 氯化钠加入 950mL 双蒸水,摇动容器直至溶质完全溶解,用 5mol/L NaOH(0.2mL)调节 pH 值至 7.0,加入双蒸水至总体积为 1L,在 1.034×10^5Pa 高压下灭菌 25min。

(2)STE 溶液:0.5mmol/L NaCl,10mmol/L Tris－HCl(pH 值为 8.0),1mmol/L EDTA(pH 值为 8.0)。

(3)溶液Ⅰ:50mmol/L 葡萄糖(G),25mmol/L Tris－HCl(pH 值为 8.0),10mmol/L EDTA(pH 值为 8.0)高压灭菌。

(4)溶液Ⅱ:0.2mol/L NaOH,1%SDS。

(5)溶液Ⅲ:每 100mL 含 5M 乙酸钾 60mL,冰乙酸 11.5mL,水 28.5mL。

(6)苯酚:氯仿为 1∶1。

(7)70%乙醇。

(8)Tris－Na_2EDTA(TE)缓冲液(含有 50mmol/L Tris,20mmol/L Na_2EDTA,pH 值为 8.0)。

(9)10×TBE 缓冲液:称取 Tris 108g,硼酸 55g,加入 40mL 500mmol/L EDTA,pH 值为 8.0,先加 800mL 双蒸水,加热溶解后,再加双蒸水定容至 1 000mL。

(10)10mg/mL 溴化乙锭(EB)溶液。

(11)琼脂糖。

(12)0.5%溴酚蓝溶液。

(13)40%蔗糖溶液。

四、操作方法

1. 细菌的收获

(1)挑取一环大肠杆菌(含质粒)冷冻保存的菌种。

(2)转接在含有 100μg/mL 氨苄青霉素的 LB 固体培养基斜面上,在 37℃条件下培养过夜。

(3)用接种环挑取一环,转接在含有 100μg/mL 氨苄青霉素的 LB 液体培养基中,在 37℃条件下振荡培养过夜。

(4)将 1.5mL 培养物倒入微量离心管中，用微量离心机于 4℃条件下以 12 000rpm 离心 30s，将剩余的培养物储存于 4℃环境中。

(5)倒去培养液，使细菌沉淀尽可能干燥。

2. 质粒 DNA 的提取(碱裂解法)

(1)将细菌沉淀重悬于 500μL 用冰预冷的 STE 溶液中，剧烈振荡。离心 30s 后倒去上清液。

(2)重复上述步骤一次。

(3)将细胞沉淀重悬于 100μL 用冰预冷的溶液Ⅰ中，剧烈振荡。

(4)加 200μL 新鲜配制的溶液Ⅱ。盖紧管口，快速颠倒离心管 5 次，以混合内容物。应确保离心管的整个内表面均与溶液Ⅱ接触。不要振荡，将离心管放置于冰上。

(5)加 150μL 用冰预冷的溶液Ⅲ。盖紧管口，将离心管倒置后温和地振荡 10s，使溶液Ⅲ在黏稠的细菌裂解物中分散均匀，之后将离心管置于冰上 3～5min。

(6)用微量离心机于 4℃条件下以 12 000rpm 离心 5min，将上清液转移到另一离心管中。

(7)加等量酚:氯仿，振荡混匀，用微量离心机于 4℃下以 12 000rpm 离心 2min，将上清液转移到另一离心管中。

(8)用 2 倍体积的乙醇于室温沉淀双链 DNA。振荡混合，于室温下放置 2min。

(9)用微量离心机于 4℃下以 12 000rpm 离心 5min。

(10)小心倒去上清液，将离心管倒置于一张滤纸上，以使所有液体流出。再将附于管壁的液滴除尽。

(11)用 1mL 70%乙醇 4℃洗涤双链 DNA 沉淀，按步骤(9)和(10)所述方法去掉上清液，在空气中使核酸沉淀干燥 10min。

(12)用 20μL TE 溶解核酸(或再加 RNA 酶降解 RNA)，储存于－20℃下。

3. 电泳分析质粒 DNA

(1)配制 0.7%琼脂糖凝胶(0.14g 琼脂糖，20mL 1×TBE)，在电炉上煮沸，制胶。

(2)上样，加 15～20μL 质粒 DNA 样品和 2μL 上样缓冲液。

(3)80V 电泳，以溴酚蓝为指示剂。

(4)电泳完毕，将凝胶浸没于溴化乙锭(EB)溶液中 20min。

(5)染色完毕后，取出凝胶在紫外观察仪中观察。

五、结果

绘制电泳结果示意图。

六、注意事项

(1)溴化乙锭(EB)是强诱变剂，并有中度毒性，取用含有这一物质的溶液时，务必戴手套。

(2)碱裂解的时间不宜过长，否则易使质粒 DNA 变性。变性的质粒 DNA 不能被限制性核酸内切酶切割，与溴化乙锭(EB)的结合能力也明显下降。

实验三十六 酵母核糖核酸的分离及组分鉴定

一、目的

了解核酸的组分,并掌握鉴定核酸组分的方法。

二、原理

由于RNA的来源和种类很多,因而提取制备方法也各异,一般有苯酚法、稀碱法、浓盐法及盐酸胍法。酵母细胞富含核酸,且核酸主要是RNA,含量为干菌体的2.67%～10.0%,而DNA含量较少,仅为0.03%～0.516%。因此,提取RNA多以酵母为原料。工业上制备RNA多选用低成本、适于大规模操作的稀碱法或浓盐法。这两种方法提取的核酸均为变性的RNA,主要用作制备单核苷酸的原料,其工艺比较简单。

稀碱法使用氢氧化钠使酵母细胞壁变性、裂解,然后用酸中和、除去蛋白质和菌体后的上清液用乙醇沉淀RNA或调整pH值至2.5,利用等电点沉淀,提取的RNA有不同程度的降解。浓盐法是用高浓度盐溶液处理样品,同时加热,以改变细胞壁的通透性,使核酸从细胞内释放出来。苯酚法又是实验室最常用的。组织匀浆用苯酚处理并离心后,RNA即溶于上层水相中,DNA和蛋白质则留在苯酚层中,向水层加入乙醇后,RNA即以白色絮状沉淀析出。此法能较好地除去DNA和蛋白质,提取的RNA具有生物活性。

RNA含有核糖、嘌呤碱/嘧啶碱和磷酸各组分。加硫酸煮可使RNA水解,其水解液中可用定糖法,加钼酸铵沉淀(或用定磷法)和加银沉淀等方法测出上述组分的存在。

(1)嘌呤碱与硝酸银作用产生白色的嘌呤银化物沉淀。

(2)地衣酚显色法:核糖核酸与浓盐酸供热时,即发生降解,形成的核糖继而转变为糠醛,后者与地衣酚(3,5-二羟基甲苯)反应呈鲜绿色,该反应需用三氯化铁或氯化铜做催化剂。

(3)磷酸与钼酸铵试剂作用会产生黄色的磷钼酸铵沉淀[$(NH_4)_3PO_4 \cdot 12MoO_3 \cdot 6H_2O$]。

嘧啶碱在硫酸作用下被水解,因此,无法进行鉴定。

三、实验材料、器材和试剂

1. 实验材料

酵母片或酵母粉。

2. 实验器材

①研钵;②刻度试管25mL 1支,普通试管3支;③烧杯;④离心管;⑤玻璃棒;⑥恒温水浴锅;⑦电炉;⑧量筒;⑨移液管;⑩塑料吸管;⑪台式低速离心机;⑫分析天平;⑬试管架。

3. 实验试剂

(1)0.04M NaOH溶液1 000mL:称取1.6g NaOH,溶于1 000mL蒸馏水中。

(2)3N/L H_2SO_4溶液500mL:将42mL浓硫酸缓慢注入458mL蒸馏水中。

(3)冰乙酸。

(4)浓氨水。

(5)95%乙醇。

(6)0.1M $AgNO_3$溶液 250mL:称取 $AgNO_3$ 4.25g,溶于 250mL 蒸馏水中。

(7)浓盐酸。

(8)10%$FeCl_3 \cdot 6H_2O$ 10mL:称取 $FeCl_3$ 1g,溶于 10mL 蒸馏水中。

(9)三氯化铁($FeCl_3$)浓盐的溶液 250mL:将 1.25mL 10%$FeCl_3 \cdot 6H_2O$ 加入到 250mL 浓盐酸中混匀后备用。

(10)苔黑酚乙醇溶液 100mL:称取苔黑酚 3g 溶于 100mL 95%乙醇中(冰箱中可保存 1 个月)。

(11)定磷试剂 A 液(17% H_2SO_4 50mL):将 8.5mL 浓 H_2SO_4(比重 1.84)缓缓加入到 41.5mL蒸馏水中;B 液(2.5%钼酸铵溶液 50mL):称取 1.25g 钼酸铵溶于 50mL 蒸馏水中;C 液[10%抗坏血酸(V_c)溶液 50mL]:称取 5g V_c溶于 50mL 蒸馏水中,储存在棕色瓶中。溶液呈淡黄色时可用,如呈深黄色或棕色则失效,需纯化抗坏血酸。

临用时将上述 A、B、C 3 种溶液与蒸馏水按以下比例混合:

17%H_2SO_4 : 2.5%钼酸铵 : 10%抗坏血酸 : 水=1 : 1 : 1 : 2(V/V)。

四、操作方法

1. RNA 的提取

称取 2g 干酵母粉或片

↓

于研钵中+0.04M NaOH 10mL,充分研磨

↓

放入大试管中,于沸水中加热 30min(搅拌)

↓

取出加乙酸 4 滴,使提取液呈酸性

↓

离心 10～15min(2 500rpm)→弃渣

↓

取上清液加入等体积 95%乙醇(或酸性乙醇),边加边搅拌,静置,待完全沉淀后

↓

离心 5min(2 500rpm)→弃上清液

↓

滤渣+少量乙醚,洗涤,即得到 RNA 的粗制品

将得到的 RNA 粗制品烘干后,称量其质量。

2. 鉴定

将上述所提取的 RNA 的粗制品 + 3N/L H_2SO_4 5mL，在沸水浴中加热 10min，将 RNA 溶解，制成水解液，并进行组分鉴定。

(1)嘌呤碱：取水解液 2mL + 1mL 0.1M $AgNO_3$ 溶液，观察有无出现絮状嘌呤银化物沉淀。

(2)核糖：取一支试管，加入水解液 2mL + $FeCl_3$ - HCl 溶液 2mL + 苔黑酚乙醇溶液 0.2mL，放入沸水浴中 3min，观察溶液的颜色变化，溶液若呈现绿色，说明有核糖存在。

(3)磷酸：取一支试管加入水解液 1mL，然后再加入定磷试剂 1mL，于沸水浴中加热 3min，观察溶液的颜色变化，若溶液变为蓝色，说明磷酸与钼酸铵试剂作用产生蓝色的钼蓝，证明有磷酸存在。

五、结果计算

根据酵母片与所得 RNA 的粗制品质量，计算 RNA 的提取率。

$$\text{RNA 提取率}(\%) = \frac{\text{RNA 粗制品量(g)}}{\text{酵母片质量(g)}} \times 100$$

六、注意事项

(1)离心时，离心管要两个为一组进行平衡，并对称放置于离心机中，以免损伤离心机的转轴。

(2)配制与使用浓硫酸时，要小心谨慎，以免烧伤皮肤及衣物。

实验三十七 浓盐法提取酵母 RNA

一、目的

熟悉和掌握浓盐法提取酵母 RNA 的原理与方法。

二、原理

酵母中 RNA 含量丰富，占干重的 3%～10%，DNA 含量较少，约占干重的 0.5%或更少，且菌体容易收集，因此，多采用酵母来提取 RNA。

提取酵母的方法很多，其目的不同所采用的方法也不同。本实验采用工业上常用的浓盐法，其基本原理是在浓盐加热的条件下酵母细胞壁通透性增加或发生破损，且加热又可将酵母中蛋白质变性沉淀，使 RNA 以可溶性钠盐的形式游离析出。离心去除菌体，将上清液部分调至 RNA 的等电点(pH 值为 2～2.5)，使 RNA 沉淀析出，离心收集沉淀，利用 RNA 不溶于乙醚的性质，用乙醚洗涤沉淀、去除杂质、提纯 RNA。此法提取的 RNA 为变性及部分降解的 RNA。工业上用之进一步水解制备核苷酸、核苷和碱基。

RNA 成分鉴定：RNA 由核苷酸组成，而核苷酸又由碱基、核糖和磷酸组成。如果能从提取物中检测到碱基、核糖和磷酸，那么就可以初步判断所提取的产物是 RNA。RNA 在强酸性(如硫酸等)条件下沸水浴加热可以水解：

$$RNA + H_2O \rightarrow 碱基 + 核糖 + 磷酸$$

可以利用以下的反应来分别鉴定碱基、核糖和磷酸，反应时要在沸水浴中进行。

碱基(嘌呤)

$$AgNO_3 + NH_3 \cdot H_2O(过量) = [Ag(NH_3)_2]OH$$

$$[Ag(NH_3)_2]OH + 嘌呤 \rightarrow 嘌呤银化物\downarrow$$

磷酸

$$H_3PO_4 + (NH_4)_2MoO_4 \rightarrow 磷钼酸$$

$$磷钼酸 + FeSO_4 \rightarrow 钼蓝(呈蓝色)$$

三、实验材料、器材和试剂

1. 实验材料

干酵母粉。

2. 实验器材

①试管；②试管架；③精密 pH 试纸(pH 值为 0.5～5.0)，广泛 pH 试纸(pH 值为 1～14)；④冰块；⑤锥形瓶(100mL)；⑥水浴锅；⑦电炉；⑧分析天平；⑨50mL 离心管；⑩台式低速离心机。

3. 实验试剂

①10％氯化钠溶液；②6mol/L 盐酸；③乙醚；④5％氨水；⑤浓氨水；⑥1.5mol/L 硫酸；⑦$Fe^{3+}\cdot HCl$；⑧5％5-甲基间苯二酚溶液；⑨0.1mol/L 硝酸银溶液；⑩钼酸铵溶液；⑪硫酸亚铁结晶粉。

四、操作方法

1. 浓盐法提取酵母 RNA

(1)提取：取干酵母 1 包(约 1.2g)置于 100mL 锥形瓶中，加入 10％氯化钠溶液 25mL，搅匀后置沸水浴中加热 40min(注意：温度在 20～70℃间，细胞中所含的磷酸二酯酶及磷酸酶活性最高，可导致 RNA 降解，为避免锥形瓶内溶液在此温度范围内停留过久导致 RNA 水解，故应先将水浴煮沸再将锥形瓶放入，或先将 10％氯化钠溶液预热后加入锥形瓶)。

(2)离心分离 RNA：将上述锥形瓶取出，立即用自来水冷却后装入离心管，因此时各种酶均已失活，所以降温速度慢并不会导致 RNA 降解。将锥形瓶内溶液倒入离心管，平衡后 3 000rpm离心 10min。离心完毕后离心管内容物有两层：上层为含 RNA 的氯化钠溶液，下层为菌体残渣及变性蛋白质沉淀。

(3)沉淀提纯 RNA：上述上层清液倒入 50mL 烧杯内，在冰浴中冷却。用 6mol/L 盐酸调 pH 至 RNA 的等电点 2.0～2.5(一滴一滴地加入，边加边搅拌，白色 RNA 沉淀逐渐增加，至等电点时沉淀最多)，如 pH 调过，可用浓氨水(当 pH 严重偏离等电点)或稀氨水(pH 偏离不太严重)调回。静置冰浴中 10min 使沉淀完全，颗粒变大。再经 3 000rpm 离心 10min，收集沉淀，用少量乙醚洗涤沉淀 2～3 次，使 RNA 沉淀疏松，同时可去除可溶性脂类及色素等物质以提高 RNA 的纯度。

2. RNA 成分鉴定

(1)溶解 RNA：在离心所得的含 RNA 的离心管中加入 1 滴蒸馏水，用玻璃棒搅成糊状。

再加入蒸馏水 5～10mL，加入 5％氨水调 pH 值至 6 后，一边搅拌一边加入 5％氨水至白色 RNA 颗粒完全溶解。

(2)水解 RNA：取 5mL RNA 溶液于一个大试管中，加入 1mL 1.5mol/L 的硫酸。因溶液 pH 下降接近了 RNA 的等电点，故溶液中析出白色的 RNA 颗粒。沸水浴 5min，至溶液澄清，得水解液。

(3)检验 RNA 的各个成分：①检验核糖，取大试管 1 支，加入 1mL 水解液和 2mL Fe^{3+} · HCl 试剂，再加 2 滴 5％的 5-甲基间苯二酚溶液，混匀，沸水浴 2～3min，观察其颜色的变化；②检验嘌呤，取大试管 1 支，加入水解液 1mL，加入 0.1mol/L 硝酸银溶液 1mL，滴加浓氨水至试管中白色沉淀消失，再加入浓氨水 0.5mL。沸水浴 15min 以上，观察有无沉淀产生；③检验磷酸，取大试管 1 支，加水解液 1mL，钼酸铵溶液 3mL，摇匀，再加一小匙硫酸亚铁结晶粉(约相当于 1 粒绿豆大)。水浴加热，2min 后不断观察颜色的变化。

实验三十八 紫外吸收法测定核酸含量

一、目的

学习紫外分光光度法测定核酸含量的原理，熟悉紫外分光光度计的基本原理及使用方法。

二、原理

在核酸、核苷酸、碱基及其衍生物的组成中都含有嘌呤、嘧啶碱基，这些碱基都具有共轭双键，它能强烈地吸收 250～280nm 波段的紫外光。不同的碱基、核苷酸都有其特征的吸收峰，在定性鉴定各种苷酸类物质时可测定它们在几个特定波长下的紫外吸收值，然后根据 A 的比值来判断为何种碱基或核苷酸。例如在 PRI 时，UMP、AMP、GMP、CMP 的最大吸收峰分别在 261nm，257nm，256nm，281nm 波长处，根据 A 比值(250/260，280/260，290/260)来进行定性鉴定。

核酸(DNA 和 RNA)的特征性紫外吸收峰在 260nm 波长处，这样可通过测定核酸在 260nm 波长处的吸收值来计算核酸的含量。本实验采用比消光系数法测定核酸的含量。在 260nm 波长下，每毫升含 1μg RNA 的溶液的光吸收值约为 0.020，故测定未知浓度的 DNA 或 RNA 溶液在 260nm 波长处的光吸收值，即可计算出该核酸的含量。

紫外吸收法简便、迅速、灵敏度高，不消耗样品。对于含有微量蛋白质的核酸样品，测定误差较小。RNA 的 260nm 与 280nm 光吸收值在 2.0 以上；DNA 的 260nm 和 280nm 光吸收值在 1.9 左右，如样品中蛋白质含量较高时，光吸收值下降。若样品内混杂大量的核苷酸或蛋白质等能吸收紫外光的物质，则测定误差较大，应先除去。

三、实验材料、器材和试剂

1. 实验材料

未知核酸样品。

2. 实验器材

①分光光度计；②离心管；③离心机；④量筒（50mL）；⑤分析天平；⑥烧杯（50mL）；⑦冰箱；⑧烧杯（50mL，100mL）；⑨吸量管（1mL，2mL）；⑩玻璃棒；⑪滴管；⑫pH 计。

3. 实验试剂

(1)过氯酸-钼酸铵沉淀剂：含 0.25%钼酸铵的 2.5%过氯酸溶液。例如，需配制 200mL，可在 193mL 蒸馏水中加入 7mL 70%过氯酸和 0.5g 钼酸铵。

(2)5%～6%氨水。

四、操作方法

(1)样品溶液的配制：用分析天平准确称取待测核酸样品 0.25g，先用少量蒸馏水调成糊状，再加约 30mL 蒸馏水，用 5%氨水调 pH 值到 6.0，助溶，待全部溶解后转移至容量瓶内，以水定容至 50mL，配制成 5g/L 的溶液。

(2)取 2 支离心管，甲管加入 2mL 浓度为 5g/L 的样品溶液和 2mL 蒸馏水；乙管内加 2mL 浓度为 5g/L 的样品溶液，再加 2mL 过氯酸-钼酸铵沉淀剂以除去大分子的核酸作为对照管。摇匀后在冰箱或冰浴中放置 30min 使沉淀完全。然后以 3 000rpm 离心 10min。分别吸取上清液 1mL 于 2 只容量瓶内，以蒸馏水定容到 100mL。

(3)上述甲、乙两稀释液于紫外分光光度计上以蒸馏水作空白对照，用光程为 1cm 的石英比色杯，于 260nm 波长处测其光吸收值，分别记为 A_1 和 A_2。

(4)计算样品中核酸的含量如下：

$$\text{样品中 DNA(RNA)的含量}/\mu g=(A_1-A_2)\times V\times D/0.020$$

式中：0.020 为 DNA(RNA)的比消光系数，即浓度为 1mg/L 的水溶液（pH 为中性）在 260nm 波长处，通过光径为 1cm 时的光吸收值。由于大分子核酸易发生变性，此值随变性程度不同而异，采用比消光系数测定亦是近似值；V 为被测样品溶液的体积；D 为样品溶液测定时的稀释倍数。

样品中核酸的质量分数按下式计算：

$$\text{DNA(RNA)}(\%)=[(A_1-A_2)/0.020](\text{mg/L})\times 100/C(\text{mg/L})$$

式中：C 为测定时样品溶液的浓度。

实验三十九　二苯胺显色法测定 DNA 含量

一、目的

学习和掌握用二苯胺显色法测定 DNA 含量的原理和操作方法。

二、原理

脱氧戊糖核酸及其核苷酸中的糖为 2′-脱氧戊糖，与核糖核酸中的戊糖由于结构上的差别，带来化学反应也各不相同，常用两种糖的不同呈色反应加以鉴定，并通过光谱分析进行定量分析。

2′-脱氧核糖的显色反应可分为3种类型：一种反应是2′-脱氧戊糖与其他糖类不同，因其在溶液中主要以醛的形式存在；另一种反应为一些羟基醛类和酮基醛类所呈现的各种不同强度的显色反应；第三种反应是糖类呋喃衍生物的显色反应。因此，通过DNA的3种脱氧戊糖的呈色反应，测定DNA含量的方法很多：

(1)DNA与半胱氨酸同硫酸一起加热产生桃红色。

(2)DNA与色氨酸同高氯酸一起加热的反应产物呈紫色。

(3)DNA、吲哚、盐酸共热呈黄棕色。

(4)DNA、咪唑、硫酸反应后为紫色。

(5)DNA与schiff试剂反应后呈蓝色。

上述各种反应以第(1)种方法DNA与半胱氨酸同硫酸的反应最为特异，吸收光谱与2′-脱氧核糖类似的阿拉伯糖醛所得的显色产物吸收光谱都不同，最大吸收波长为490nm。此法适于测定游离胸腺嘧啶核苷酸。若定量测定核酸含量时灵敏度较差，是二苯胺法灵敏度的一半。第(2)种方法反应定量测定时灵敏度是二苯胺法的1/3，第(3)种方法操作麻烦，第(5)种方法灵敏度最差。因此，一般用二苯胺法定量测定DNA，原理为：

在强酸、加热条件下，可以使DNA中的嘌呤碱基与脱氧核糖间的糖苷键断裂，产生嘌呤碱基、脱氧核糖与嘧啶核苷酸。其中，2′-脱氧核糖在酸性环境中成为w-羟基-r-酮基戊醛，此物与二苯胺反应生成蓝色化合物，在595nm处有最大吸收。DNA在40～400μg范围内光吸收值与DNA含量成正比。在反应中加入少量乙醛可提高灵敏度，而且其他化合物的干扰也显著降低。当样品中含少量RNA时不影响测定，而蛋白质、多种糖及其衍生物芳香醛都能与二苯胺形成各种有色物质，干扰测定。

三、实验材料、器材和试剂

1. 实验材料

肝脏DNA。

2. 实验器材

①试管(10cm×20)；②吸量管(5mL×2，2mL×3，1mL×2)；③容量瓶(10mL×1，25mL×1)；④可见紫外分光光度计；⑤分析天平；⑥恒温水浴锅；⑦试管架；⑧洗耳球。

3. 实验试剂

(1)DNA标准溶液(须经定磷法测定其纯度)：取标准DNA以0.01mol/L氢氧化钠溶液配成200mg/L的标准液。

(2)待测样品液：准确称取猪脾DNA或用紫外分光光度法中剩下的DNA液配成100mg/L的溶液。

(3)二苯胺试剂：使用前称取0.8g二苯胺(需在70%乙醇中重结晶2次)，溶于180mL冰乙酸中，再加入8mL过氯酸(60%以上)，混匀待用。临用前加入1.6%乙醛溶液0.8mL，所配试剂应为无色。

(4)1.6%乙醛：取47%乙醛3.4mL，加重蒸水定容至100mL(置于冰箱中，1周之内可以使用)。

四、操作方法

(1)取 6 支试管,按表 15-2 添加试剂。

表 15-2 标准曲线绘制所需试剂

管号	1	2	3	4	5	6
标准液(mL)	0.0	0.4	0.8	1.2	1.6	2.0
水(mL)	2.0	1.6	1.2	0.8	0.4	0.0
二苯胺(mL)	4.0	4.0	4.0	4.0	4.0	4.0

混匀后于 60℃恒温水浴保温 1h,冷却后以 1 号管作对照,于 595nm 处测定 A_{595nm},以 DNA 含量为横坐标、光吸收值为纵坐标,绘制标准曲线。

(2)样品的测定:取 2 支试管,各加 2mL 待测液(内含 DNA 量要在可测范围内)和 4mL,二苯胺试剂,摇匀,其余操作同(1)。

(3)DNA 含量计算:根据测得的光吸收值,从标准曲线上查出相当于光吸收值的 DNA 含量,按下式计算制品中 DNA 的质量分数:

DNA 质量分数(%)=待测液中测得的 DNA 质量(μg)×100/待测液中制品的质量(μg)

实验四十 定磷法测定 RNA 含量

一、目的

学习和掌握用定磷法测定核酸的原理和操作技术。

二、原理

核酸是由许多单核苷酸通过磷酸二酯键连接起来的长链状多核苷酸,而每个单核苷酸分子则由一个含氮碱基(嘌呤或嘧啶)、一分子戊糖(核糖或脱氧核糖)和一分子磷酸组成。因此在核酸大分子里,含氮碱基、戊糖和磷酸几乎以等分子数存在。所以只要测定三者中的任何一种成分,就可算出核酸量。测定核酸的方法有紫外分光光度法(测碱基)、戊糖比色法和定磷法 3 种。

本实验以钼蓝定磷法测定 RNA,在酸性溶液中正磷酸与钼酸作用生成磷钼酸。后者当有还原集(如抗坏血酸、氧化亚锡等)存在时立即转变成蓝色的还原产物,其最大光吸收在 660nm 波长处。当使用抗坏血酸作还原剂时,比色的最适范围为 1~10μg 无机磷。钼蓝反应极为灵敏,微量杂质的磷、硅酸盐、铁离子以及酸度偏高或偏低都会影响测定结果。因此,实验用的器皿需要特别清洁,所用试剂最好用重蒸水(或去离子水)配制。

测定核酸中的总磷量,先要把它用浓硫酸消化,使有机磷全部转变成无机磷再定磷。由于 RNA 的含磷量为 9.5%,所以将测得的含磷量乘以 100/9.5 即为 RNA 量。

三、实验材料、器材和试剂

1. 实验材料

RNA 粗制品。

2. 实验器材

①吸量管(2mL,5mL);②容量瓶(100mL);③比色管;④恒温水浴箱(45℃,100℃);⑤电炉(800W);⑥可见紫外分光光度计。

3. 实验试剂

(1)5mol/L 硫酸。

(2)1.5mol/L 硫酸。

(3)2.5%钼酸铵:称取 7.5g 钼酸铵(含 4 个分子结晶水),加热溶解在 300mL 蒸馏水中而得。

(4)10%抗坏血酸:称取 15g 抗坏血酸,加蒸馏水 150mL,搅拌使其溶解。如不全溶,可在 40℃以下的水浴中加热溶解,置于棕色瓶中,放冰箱保存。当抗坏血酸溶液变成黄色时不能使用。

(5)定磷试剂:按蒸馏水∶3mol/L 硫酸∶2.5%钼酸铵∶10%抗坏血酸=2∶1∶1∶1(体积比)配制,摇匀。混合液应为淡黄色,混合后不能久置。如呈黄棕色则不能使用。临时配制。

(6)标准无机磷储备液:将分析纯的磷酸二氢钾(KH_2PO_4)先在 110℃烘箱中烘至恒重,然后放在干燥器中。待温度平衡后,用分析天平称取 1.096 7g(或标准称取 1g 左右加以换算)于 100mL 烧瓶中。用少量蒸馏水溶解,然后转入 250mL 容量瓶中并定容,即配成含磷量为 8g/L 的储备液,于冰箱内保存。

(7)苔黑酚-$FeCl_3$试剂:称取 0.1g $FeCl_3 \cdot 6H_2O$,溶于 100mL 浓盐酸中。使用前以此溶液为溶剂,配成 0.1%苔黑酚溶液。

四、操作方法

1. 无机磷标准曲线的制作

(1)精确地吸取 1.0mL 标准无机磷储备液,置 100mL 容量瓶中并定容,即配成含磷量为 100mg/L 的标准磷溶液。

(2)取 6 支试管,编号,分别按表 15-3 顺序加入各试剂。

表 15-3　制作无机磷标准曲线所需各试剂的量

编号	无机磷含量(μg)	标准磷溶液(mL)	蒸馏水(mL)	定磷试剂(mL)	光密度(A_{660}nm)
1	0	0.0	3.0	3.0	
2	2	0.2	2.8	3.0	
3	4	0.4	2.6	3.0	
4	6	0.6	2.4	3.0	
5	8	0.8	2.2	3.0	
6	10	1.0	2.0	3.0	

(3)将各管混合液立即摇匀，于45℃恒温水浴中保温25min，取出，冷却，用660nm波长进行比色测定。最后以磷含量为横坐标、光吸收值为纵坐标绘制无机磷标准曲线。

2. 样品测定

(1)RNA粗制品的水解：向上次实验所得的RNA沉淀中加入5mol/L硫酸溶液2mL。待溶解后，于100℃恒温水浴箱中水解45min。然后用蒸馏水稀释至10mL容量瓶中。

(2)RNA定性鉴定：取上述稀释液0.5mL，加苔黑酚-$FeCl_3$试剂1mL，摇匀。加热至沸腾1～2min后出现绿色，证明提取液为RNA溶液(实质是测戊糖的存在)。

(3)RNA定量测定：准确吸取稀释液3～100mL容量瓶中，用蒸馏水定容，摇匀，即得待测样液。取干燥比色管3支，2支加3mL待测样品溶液，另一支加3mL蒸馏水作空白对照。然后各加定磷试剂3mL，摇匀。于45℃恒温水浴中保温25min，取出，冷却后用660nm波长比色测定，记录光吸收值。

根据下式计算RNA的含量：

RNA含量=[从标准曲线上查得的含磷量(μg)×稀释倍数×100/95]/样品干重(g)

实验四十一　植物DNA的提取与测定

一、目的

本实验目的是学习从植物材料中提取和测定DNA的原理并掌握CTAB提取DNA的方法，进一步了解DNA的性质。

二、原理

细胞中的DNA绝大多数以DNA-蛋白复合物(DNP)的形式存在于细胞核内。提取DNA时，一般先破碎细胞释放出DNP，再用含少量异戊醇的氯仿除去蛋白质，最后用乙醇把DNA从抽提液中沉淀出来。DNP与核糖核蛋白(RNP)在不同浓度的电解质溶液中溶解度差别很大，利用这一特性可将二者分离。以NaCl溶液为例：RNP在0.14mol/L NaCl中溶解度很大，而DNP在其中的溶解度仅为纯水中的1%。当NaCl浓度逐渐增大时，RNP的溶解度变化不大，而DNP的溶解则随之不断增加。当NaCl浓度大于1mol/L时，DNP的溶解度最大，为纯水中溶解度的2倍，因此，通常可用1.4mol/L NaCl提取DNA。为了得到纯的DNA制品，可用适量的RNaseA处理提取液，以降解DNA中搀杂的RNA。

关于植物总DNA的提取主要有两种方法。

1. CTAB法

CTAB(hexadecyltrimethyl ammonium bromide，简称CTAB)：十六烷基三甲基溴化铵是一种阳离子去污剂，可溶解细胞膜，它能与核酸形成复合物，在高盐溶液中(0.7mol/L NaCl)是可溶的，当降低溶液盐的浓度到一定程度(0.3mol/L NaCl)时从溶液中沉淀，通过离心就可将CTAB与核酸的复合物同蛋白、多糖类物质分开，然后将CTAB与核酸的复合物沉淀溶解于高盐溶液中，再加入乙醇使核酸沉淀，CTAB能溶解于乙醇中。

2. SDS 法

利用高浓度的阴离子去垢剂 SDS(十二烷基磺酸钠，sodium dodecyl sulfate，简称 SDS)使 DNA 与蛋白质分离，在高温(55～65℃)条件下裂解细胞，使染色体离析，蛋白变性，释放出核酸，然后采用提高盐浓度及降低温度的方法使蛋白质及多糖杂质沉淀，离心后除去沉淀，上清液中的 DNA 用酚/氯仿抽提，反复抽提后用乙醇沉淀水相中的 DNA。

一般生物体的基因组 DNA 为 10^7～10^9 bp，在基因克隆工作中，通常要求制备的大分子 DNA 的分子量为克隆片段长度的 4 倍以上，否则会由于制备过程中随机断裂的末端多为平末端，导致酶切后有效末端太少，可用于克隆的比例太低，严重影响克隆工作。因此，有效制备大分子 DNA 的方法必须考虑两个原则：①尽量去除蛋白质、RNA、次生代谢物质(如多酚、类黄酮等)、多糖等杂质，并防止和抑制内源 DNaseA 对 DNA 的降解；②尽量减少对溶液中 DNA 的机械剪切破坏。几乎所有的 DNaseA 都需要 Mg^{2+} 或 Mn^{2+} 为辅因子，故实现①尽量去除蛋白质的要求，需加入一定浓度的螯合剂，如 EDTA、柠檬酸，而且整个提取过程应在较低温度下进行(一般利用液氮或冰浴)。为实现②需要在 DNA 处于溶解状态时，尽量减弱溶液的涡旋，且动作要轻柔，在进行 DNA 溶液转移时用大口(或剪口)吸管。

提取的 DNA 是否为纯净、双链、高分子的化合物，一般要通过紫外吸收、化学测定、“熔点”(melting temperature，Tm)测定、电镜观察及电泳分离等方法鉴定。

本实验采用 CTAB 法提取 DNA 并通过紫外吸收法鉴定。

三、实验材料、器材和试剂

1. 实验材料

新鲜菠菜幼嫩组织、花椰菜花冠或小麦黄化苗等。

2. 实验器材

①高速冷冻离心机；②可见紫外分光光度计；③恒温水浴锅；④液氮或冰浴设备；⑤磨口锥形瓶；⑥电泳仪；⑦水平电泳槽。

3. 实验试剂(CTAB 法)

(1)CTAB 提取缓冲液：100mmol/L Tris - HCl(pH 值为 8.0)，20mmol/L EDTA - Na_2，1.4mol/L NaCl(表 15 - 4)，2%CTAB，使用前加入 0.1%(*V/V*)的 β-巯基乙醇。

表 15 - 4　CTAB 提取缓冲液配制

试剂	分子量	配制 1 000mL	配制 500mL
Tris	121.14	12.114g	6.057g
EDTA - Na_2	372.24	7.444 8g	3.722 4g
NaCl	58.44	81.816g	40.908g

Tris 用 HCl 调 pH 值至 8.0，此时的溶液为 Tris - HCl 溶液。

(2)TE 缓冲液：10mmol/L Tris - HCl，1mM EDTA(pH 值为 8.0)。

(3)DNaseA - free RNaseA：溶解 RNaseA 于 TE 缓冲液中，浓度为 10mg/mL，煮沸 10～30min，除去 DNaseA 活性，－20℃储存(DNaseA 为 DNA 酶，RNaseA 为 RNA 酶)。

(4)氯仿-异戊醇混合液(24：1，*V/V*)：240mL 氯仿加 10mL 异戊醇混匀。

(5)3mol/L 乙酸钠(NaAc,pH 值为 6.8):称取 NaAc·$3H_2O$ 81.62g,用蒸馏水溶解,配制成 200mL,用 HAc 调 pH 值至 6.8。

(6)95%乙醇。

注:TE 缓冲液,Tris-HCl(pH 值为 8.0)液,NaAc 溶液均需要高压灭菌。

四、操作方法

(1)称取 2~5g 新鲜菠菜幼嫩组织或小麦、黄花苗等植物材料,用自来水、蒸馏水先后冲洗叶面,用滤纸吸干水分备用。叶片称重后剪成 1cm 长,置于研钵中,经液氮冷冻后研磨成粉末。待液氮蒸发完后,加入 15mL 预热(60~65℃)的 CTAB 提取缓冲液,转入一磨口锥形瓶中,置于 65℃水浴保温,0.5~1h,不时地轻轻摇动混匀。

(2)加等体积的氯仿/异戊醇(24∶1),盖上瓶塞,温和摇动,使成乳状液。

(3)将锥形瓶中的液体倒入离心管中,在室温下 4 000rpm 离心 5min,静置,离心管中出现 3 层,小心地吸取含有核酸的上层清液于量筒中,弃去中间层的细胞碎片和变性蛋白以及下层的氯仿。

(4)根据需要,上清液可用氯仿/异戊醇反复提取多次。

(5)收集上层清液,并将其倒入小烧杯。沿烧杯壁慢慢加入 1~2 倍体积预冷的 95%乙醇,边加边用细玻璃棒沿同一方向搅动,可看到纤维状沉淀(主要为 DNA)迅速缠绕在玻璃棒上。小心取下这些纤维状沉淀,加 1~2mL 70%乙醇冲洗沉淀,轻摇几分钟,除去乙醇,即为 DNA 粗制品。

(6)上述 DNA 粗制品含有一定量的 RNA 和其他杂质。若要制取较纯的 DNA,可将粗制品溶于 TE 缓冲液中,加入 10mg/mL 的 RNaseA 溶液,使其终浓度达 50μg/mL,混合物于 37℃水浴中保温 30min 除去 RNA。重复步骤(2)~(5)的操作,可制得较纯的 DNA 制品。

(7)将 DNA 制品溶于 250μL 的 TE 缓冲液中,完全溶解 DNA 样品。

(8)加入 1/10 倍体积的 3mol/L NaAc(pH 值为 6.8)和 2 倍体积的 95%乙醇,沉淀 DNA,重复步骤(5)。最后,将 DNA 溶于 250μL 的 TE 缓冲液中。

(9)在可见紫外分光光度计上测定该溶液在 260nm 紫外光波长下的光密度值。代入下式计算 DNA 的含量。

五、结果计算

$$\text{DNA 浓度}(\mu g/mL)=\frac{OD_{260nm}}{0.020\times L}\times\text{稀释倍数}$$

式中:OD_{260nm}为 260nm 处的光密度;L 为比色杯光径(cm);0.020 为 1μg/mL DNA 钠盐的光密度。

DNA 的紫外吸收高峰为 260nm,吸收低峰为 230nm,而蛋白质的紫外吸收高峰为 280nm。上述 DNA 溶液适当稀释后,在可见紫外分光光度计上测定其 OD_{260nm}、OD_{230nm}和 OD_{280nm}。如 $OD_{260nm}/OD_{230nm}\geqslant 2$,$OD_{260nm}/OD_{280nm}\geqslant 1.8$,表示 RNA 已经除净,蛋白含量不超过 0.3%。

六、注意事项

如果植物样品不经液氮处理,提取液中的 CTAB 浓度需要提高到 4%(W/V)。在许多情况下，使用0.1%(V/V)巯基乙醇，并不能完全抑制叶片中的氧化作用，但是，这种氧化作用不会影响限制性内切酶的活性。如果使用的巯基乙醇浓度高于0.1%(V/V)，则会大大降低DNA的得率。

思考题

(1)制备的DNA在什么溶液中较稳定？
(2)为了保证植物DNA的完整性，在吸取样品、抽提过程中应注意什么？

实验四十二　植物总RNA的提取与分析

一、目的

掌握RNA制备的技术与方法。

二、原理

在研究基因表达、基因克隆及cDNA文库建立时，基础工作即分离得到无污染的完整的RNA。

制备总RNA的策略是破碎细胞，除去蛋白质、DNA及多糖等杂质。几种制备方法各有特点，视不同生物材料及设备条件许可，分别采用某种方法或结合使用这些方法，一般都能得到较好的分离效果。制备得到的总RNA中包括rRNA、tRNA、mRNA。许多技术需要进一步提纯mRNA。

在提取RNA的实验中，失败的主要原因是受到核糖核酸酶的污染，RNA酶很稳定，一般而言反应不需要辅助因子，因而RNA制剂中只要存在少量RNA酶就会产生严重后果。为避免RNA酶的污染，实验中所用到的全部溶液、玻璃器皿、塑料制品都需特别处理。实验要求戴手套严格操作，实验用的溶液均需用焦碳酸二乙酯(DEPC)处理以使RNA酶失活，玻璃器皿需200℃干烘24h，不耐高温的可以用氯仿处理。

分离提取RNA方案的第一步操作都是在能导致RNA酶变性的化学环境中裂解细胞，然后才将RNA从各种生物大分子中分离出来。本实验采用异硫氰酸胍-苯酚-氯仿一步抽提法。

RNA的检测主要用琼脂糖凝胶电泳，分为非变性电泳和变性电泳。一般变性电泳用得最多的是甲醛变性电泳(如在northern blot实验过程中)，由于RNA分子是单链核酸分子，它不同于DNA的双链分子结构，其自身可以回折形成发卡式二级结构及更复杂的分子状态，以至于通过一般传统的琼脂糖凝胶电泳难以得到依赖于分子量的电泳分离条带，为此在电泳上样前应将样品在65℃下加热变性5min，使RNA分子的二级结构充分打开，并在琼脂糖凝胶中加入适量的甲醛，可保证RNA分子在电泳过程中持续保持单链状态，因此，总RNA样品便在统一构象下得到了琼脂糖凝胶上依赖于分子量的逐级分离条带。

三、实验材料、器材和试剂

1. 实验材料

无菌种子萌发的新鲜幼芽。

2. 实验器材

①研钵；②匀浆器；③台式高速离心机；④超净工作台；⑤紫外-可见分光光度计；⑥电泳仪；⑦水平电泳槽；⑧液氮罐；⑨离心管；⑩玻璃棒；⑪移液器；⑫凝胶成像仪。

3. 实验试剂

①DEPC；②4mol/L 异硫氰酸胍；③0.025mol/L 柠檬酸钠；④异丙醇；⑤0.5%十二烷基肌酸钠；⑥0.1mM 巯基乙醇；⑦2M 乙酸钠(pH 值为 4.0)；⑧氯仿：酚：异戊醇(25：24：1)；⑨75%乙醇；⑩琼脂糖；⑪10×电泳缓冲液：吗啉代丙磺酸(MOPS)(pH 值为 7.0)200mmol/L；NaAc 50mmol/L；EDTA(pH 值为 8.0)10mmol/L[用 DEPC(焦炭酸乙二酯)水配制，用 NaOH 调节 pH 值为 7.0，过滤除菌后避光保存]；⑫10×电泳上样缓冲液：50%(*V/V*)甘油(用 DEPC 处理的水稀释)；10mmol/LEDTA(pH 值为 8.0)；0.25%(*m/V*)溴酚蓝；0.25%(*m/V*)二甲苯腈 FF；⑬0.5μg/mL 溴化乙锭溶液(EB)。

四、操作方法

1. RNA 的提取

(1)将无菌种子发芽，待芽伸出 1cm 左右时，称 0.5g 芽，用 DEPC 处理的水冲洗几次，放入－20℃预冷的研钵中。

(2)加液氮迅速将芽研磨成细粉后，放入预冷的匀浆器中，加入 5mL 预冷的变性液(4M 异硫氰酸胍，0.025M 柠檬酸钠，0.5%十二烷基肌酸钠，0.1mM 巯基乙醇)，低温充分匀浆。

(3)转入处理过的离心管中，加入 500μL 2M 乙酸钠(pH 值为 4.0)，混匀后加入等体积的氯仿：酚：异戊醇(25：24：1)，混匀。

(4)冰浴 15min，4℃，12 000rpm 离心 20min。

(5)小心吸取上清液，加入等体积的异丙醇，混匀，－20℃放置超过 1h。

(6)4℃，12 000rpm 离心 10min，弃上清液。沉淀用 3mL 预冷变性液溶解。加入等体积的异丙醇以沉淀 RNA，－20℃下放置过夜。

(7)4℃，12 000rpm 离心 20min。

(8)沉淀用 75%冰乙醇漂洗，4℃，12 000rpm 离心 10min，弃上清液。重复一次。

(9)倒置离心管，让沉淀在超净工作台中空气干燥 10min。沉淀用200μL DEPC 处理过的水溶解后，进行电泳分析和紫外检测。

2. RNA 制品的纯度检测和含量测定

纯 RNA 的 $OD_{260}/OD_{280}=2.0$，由于材料和方法的不同，一般纯化的 RNA OD_{260}/OD_{280} 的值为 1.7～2.0，若低于此值，则样品中可能污染有蛋白质。RNA 样品的 OD_{260}/OD_{230} 应大于 2.0，若小于此值，则说明样品中还混有异硫氰酸胍。

(1)取 2 支 0.5cm 厚的石英比色皿。

(2)两比色皿中均加入 1.5mL 灭菌水，一个比色皿作为空白对照，另一个加入7.5μL RNA 样品液，用于检测。

(3)分别测其 OD_{280}、OD_{260}、OD_{230}值，计算 OD_{260}/OD_{280}和 OD_{260}/OD_{230}的值。

3. 总 RNA 的电泳

(1)琼脂糖凝胶非变性电泳：

①1.2%琼脂糖凝胶：用 1×电泳缓冲液配制 1.2%的凝胶，至少使其凝固 30min 后进行上样。

②制备上样样品：在离心管中，将 RNA 样品溶液与 10×上样缓冲液以 9∶1 的比例混匀。

③将样品加入加样孔，以 5V/cm 的电压电泳 1～1.5h。

④待溴酚蓝迁移至凝胶长度的 4/5 处结束电泳。将凝胶置于 0.5μg/mL 溴化乙锭溶液中染色 25min。

⑤在凝胶成像仪上观察结果。

(2)琼脂糖凝胶甲醛变性电泳：

①1.2%琼脂糖甲醛变性胶：称取 1.2g 琼脂糖，加 72mL DEPC 处理的水，加热溶化。冷却至 60℃，在通风橱内加入 10×电泳缓冲液 10mL，甲醛(37%)18mL，混匀后倒入凝胶模具中。

②上样样品制备：在离心管内，将 RNA 样品与 10×上样缓冲液以 9∶1 的比例混合。65℃温浴 5～10min。

③将样品加入加样孔，以 5V/cm 的电压电泳 1.5～2h。

④待溴酚蓝迁移至凝胶长度 4/5 处停止电泳，将凝胶置于溴化乙锭溶液中染色 25min。

⑤在凝胶成像仪上观察结果。

五、实验结果

根据在凝胶成像仪上观察的结果作图，记录实验结果。

实验四十三　PCR 扩增技术

一、目的

了解和掌握 PCR 的原理和方法，掌握基因体外扩增技术及其应用。

二、原理

聚合酶链式反应(polymerase chain reaction，PCR)简称 PCR 技术，是 20 世纪 80 年代后期由 Mullis 等建立的一种体外酶促扩增特异 DNA 片段的技术。PCR 是利用针对目的基因所设计的一对特异寡聚核苷酸引物，以目的基因为模板进行的 DNA 体外合成反应。合成的两条已知序列的寡核苷酸为引物，在 DNA 聚合酶作用下，利用 dNTP 为原料，将位于两引物之间的特定 DNA 片段进行复制。这样经过变性、退火、延伸 3 步为一个循环，每一个循环的产物作为下一个循环的模板，如此循环 25～30 次，介于两个引物之间的新生 DNA 片段理论上达到 2^{30} 拷贝，约为 10^{9} 个分子(图 15－1)。PCR 技术具有灵敏度高、特异性强、操作简便等特点。

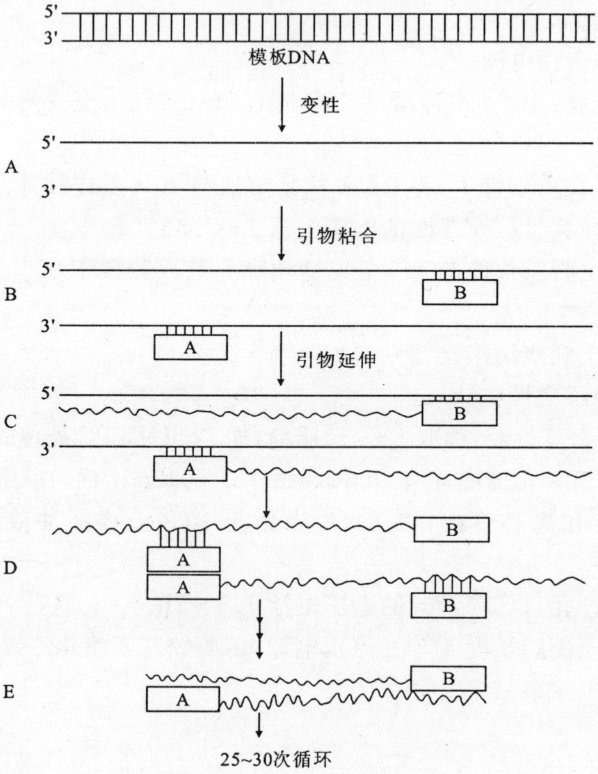

图 15-1　PCR 扩增原理

PCR 条件的优化：

(1)模板：可为 DNA 也可为 RNA，需部分纯化，一般 0.1μg，模板量过多，影响扩增特异性。

(2)引物：一般为 15～30bp，最好 20～24bp，G+C 含量为 40%～60%，碱基随机分布，不应有嘌呤或嘧啶碱基的堆积，引物自身不应有互补序列，还应避免产物的二级结构。引物过短，特异性降低，引物过长，成本提高，也会降低特异性；引物延伸从 3′段开始，3′段不应有任何修饰；5′段是限定 PCR 产物长度，可进行标记。引物需用聚丙酰胺凝胶电泳或 HPLC 纯化；引物在反应中的浓度为 0.2～1μmol/L。更高浓度可导致非靶序列扩增，且可自身形成二聚体；浓度低，则扩增效率低。

(3)dNTP 浓度：dNTP 最适浓度可根据特定靶序列长度和碱基组成来决定。反应中每种 dNTP 的终浓度为 20～200μmol/L，在此范围内，PCR 产物量、特异性与合成忠实性最佳。当 dNTP 的终浓度大于 50mmol/L 时，会抑制 Taq DNA 聚合酶活性，dNTP 的使用必须以等当量浓度配制，以减少错配误差和提高使用效率。

(4)耐热 Taq DNA 聚合酶：酶量太高，会出现非特异扩增；太低则产量不足，一般为 0.5～2.5U，可设对照实验，找出最佳浓度。

(5)缓冲体系：缓冲液一般为 10mmol/L Tris - HCl，pH 值为 8.3。在反应混和液中，50mmol/L 以内的 K^+ 有利于引物退火。Mg^{2+} 最佳浓度为 1.5mmol/L。

(6)循环参数：变性温度是 PCR 成功的关键，太高影响酶浓度；太低则解链不完全，一般为 94℃或 95℃。退火温度决定 PCR 的特异性，温度时间取决于引物的碱基组成、长度与浓度。延伸温度一般为 72℃。此时 Taq 酶具有最高活性，延伸时间取决于靶序列的长度与浓度，时间过长会导致非特异扩增。循环数 25～35 个循环，循环数取决于靶序列的初始浓度。

本实验对提取的基因组 DNA 进行随机引物 PCR 扩增(RAPD)，再观察扩增的结果。

三、实验材料、器材和试剂

1. 实验材料

植物基因组 DNA。

2. 实验器材

①PCR 仪；②微型离心机；③旋涡混合仪；④移液器(0.5～10μL，2～20μL，10～100μL)；⑤PCR 反应管(0.2mL)；⑥Eppendorf 离心管(0.5mL，1.5mL)；⑦移液枪头。

3. 实验试剂

①10× PCR buffer；②25mM $MgCl_2$；③10mM dNTPs；④5μM 引物 1；⑤5μM 引物 2；⑥Taq DNA聚合酶(Taq 酶)(5U/μL)；⑦模板 DNA；⑧灭菌双蒸水。

四、操作方法

(1)标准的 PCR 反应体系：包含寡聚核苷酸引物、DNA 模板、Taq 酶、dNTPs 及含有必需离子的反应缓冲液。

设计做 2 份反应，1 份阴性对照，1 份待测样本。取 2 个 0.2mL PCR 管，在管 1(对照管)中按序加入下列试剂(表 15-5)，做成无模板 DNA 混合反应液，体积不足部分以灭菌双蒸水补足；管 2(PCR 反应管)中所加试剂除了 DNA 模板外，其余均与管 1 中的试剂相同，总体积为 50μL(表 15-5)。手指轻弹管底混匀溶液，在离心机中快速离心数秒，使溶液集中于底部后进行 PCR 反应。

表 15-5　PCR 反应体系

试剂 \ 管号	管 1(对照管)(μL)	管 2(PCR 反应管)(μL)
10×PCR buffer	5.00	5.00
25mM $MgCl_2$	6.00	6.00
10mM dNTP	1.25	1.25
5μM 引物 1	5.00	5.00
5μM 引物 2	5.00	5.00
Taq 酶(5U/μL)	0.50	0.50
DNA 模板	—	2.00
ddH_2O	27.25	25.25

(2)PCR 扩增反应：按下列程序在 DNA 扩增仪上进行反应。①94℃，4min；②94℃，45s；

③55℃,45s;④72℃,1min;⑤②～④30 个循环;⑥72℃,5min;⑦End,于 4℃下保存。

五、应用意义

PCR 技术已被广泛应用于临床医学、遗传咨询、司法鉴定、考古学及分子生物学等各个领域。虽然 PCR 技术也存在出错倾向高、产物大小受限制和必须预先有目标 DNA 序列等缺点,但仍然被誉为 20 世纪分子生物学研究领域最重大的发明之一。

六、注意事项

PCR 操作中的污染问题:由于 PCR 反应灵敏、快速、短短数小时内可将某个 DNA 片段特异地扩增几十万倍,微量的非目标 DNA 对反应体系的污染就会造成假阳性结果。因此,如何避免污染是反应成败的关键,必须做到所有器材消毒,灭菌移液枪头不重复使用,戴手套操作。

实验四十四　DNA 琼脂糖凝胶电泳

一、目的

掌握琼脂糖凝胶电泳的方法和原理。

二、原理

凝胶电泳是分离与测定生物大分子的一项重要技术,琼脂糖凝胶电泳或聚丙烯酰胺凝胶电泳是分离鉴定及纯化 DNA 片段的标准方法。该技术操作简单、快速,可以分辨出其他方法不能分辨的 DNA 片段。DNA 溶液在 pH 值为 8.0 时带负电,在电泳电场中向正极移动,用聚丙烯酰胺分离小片段 DNA(5～500bp)效果最好,其分辨力极高,相差 1bp 的 DNA 片段都能分开。琼脂糖凝胶的分辨能力虽低,但其分离的范围较广,可以分离长度为 200～50 000bp 的 DNA。本实验采用的是琼脂糖凝胶电泳,它常用于按分子量大小分离 DNA 片段的情况,小片段比大片段迁移快,在不同浓度的凝胶上,DNA 片段迁移的速度也不相同,凝胶浓度越大,凝胶的纤维网孔越密,就越能有效地分离不同分子量的分子,尤其是分离小分子质量的分子。利用溴酚蓝染色剂可以判断电泳迁移距离,电泳时间不能过长,否则迁移速度快的小分子量的 DNA 片段会跑到缓冲液中去。

观察琼脂糖凝胶中的 DNA 片段最简便的方法是利用荧光染料溴化乙锭(或其替代品 Goldview)等进行染色,溴化乙锭可以嵌入 DNA 的堆积碱基上,从而与 DNA 结合,并呈现荧光,显示出不同分子量的 DNA 带图谱,用已知大小的标准样品(DNA marker)与未知片段的迁移距离相比较,就可以决定未知 DNA 分子量的大小。

三、实验材料、器材和试剂

1. 实验材料

真核生物总 DNA 或 PCR 扩增的 DNA 片段。

2. 实验器材

①电泳仪；②水平电泳槽；③移液器；④烧杯；⑤凝胶成像系统；⑥电炉。

3. 实验试剂

(1)5×TBE 缓冲液(5 倍的 Tris-硼酸-EDTA 缓冲液)：称取 27g Tris 和 13.75g 硼酸置于盛有适量蒸馏水的烧杯中，再加入 10mL 0.5mol/L EDTA 缓冲液(pH 值为 8.0)，转移至 500mL 的容量瓶中，洗涤烧杯 2～3 次，也转移至容量瓶，加水定容至刻度，摇匀即可。使用时，要用蒸馏水稀释 10 倍(0.5×TBE)。

(2)琼脂糖。

(3)6×Loading buffer：0.25%溴酚蓝，40%(*W/V*)蔗糖溶液。

(4)10mg/mL 溴化乙锭(EB)。

四、操作方法

1. 琼脂糖凝胶板的制备

(1)琼脂糖凝胶的制备：称取 0.3g 琼脂糖于 100mL 烧杯中，加入 30mL TBE 缓冲液，在电炉上加热溶解，待完全融化后放置室温下冷却至 60℃左右。加入 3μL 溴化乙锭(10mg/mL)，混匀。

(2)凝胶板的制备：将上述冷却至 60℃左右的琼脂糖凝胶溶液倒入水平放置的制胶模具(图 15-2)中，控制灌胶速度，使胶缓慢地展开，直到整个有机玻璃板表面形成均匀的凝胶层，凝胶厚度一般为 0.3～0.5cm。放上样品梳。待胶凝固后取出样品梳，将胶板放入电泳槽中，胶面应浸没在 TBE 缓冲液液面以下 2～3mm。

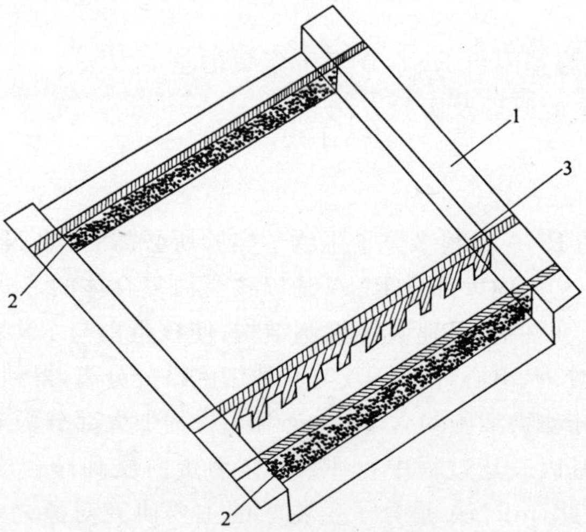

图 15-2　制胶模具的结构组成

1. 托盘；2. 挡板；3. 梳子

2. 加样

取 5μL 真核生物总 DNA 或 PCR 扩增的 DNA 片段溶液于点样板上，再加入 1μL Loading buffer，混匀后，加入到样品槽中，并做好记录，另选择一个样品槽加入与 Loadingbuffer 混匀后的 DNA Marker 3μL。

3. 电泳

加样完毕后将靠近样品槽一端连接负极，另一端连接正极，接通电源，开始电泳，为防止样品扩散，在样品进胶前可用略高电压。当样品进胶后，应控制电压不高于 5V/cm。当染料条带移动到距离凝胶前沿 1cm 时，停止电泳。

4. 结果观察与保存

将凝胶放入凝胶成像系统中，在波长为 254nm 的紫外灯下观察并拍照保存结果。

五、注意事项

溴化乙锭(EB)是强诱变剂并有中等毒性，配制和使用时都应戴手套，并且不要把 EB 洒到桌面或地面上。凡是沾污了 EB 的容器或物品必须经专门处理后才能清洗或丢弃。

思考题

(1)琼脂糖凝胶电泳中 DNA 分子迁移率受哪些因素的影响？

(2)简述 EB 染色的原理及实验注意事项。

实验四十五　总 RNA 的提取及 RT-PCR 扩增目的基因

一、目的

(1)掌握真核生物细胞基因组 RNA 制备和定量的基本方法。

(2)掌握反转录 PCR 的原理及实验方法。

二、原理

获得高纯度和完整的 RNA 是很多分子生物学实验所必需的，如 Northern 杂交、cDNA 合成及体外翻译等实验。由于细胞内大部分 RNA 是以核蛋白复合体的形式存在，所以在提取 RNA 时要利用高浓度的蛋白质变性剂，迅速破坏细胞结构，使核蛋白与 RNA 分离，释放出 RNA。再通过酚、氯仿等有机溶剂处理、离心，使 RNA 与其他细胞组分分离，得到纯化的总 RNA。

通常一个典型的哺乳动物细胞约含 10^{-5} μg RNA，其中大部分为 rRNA 及 tRNA，而 mRNA 仅占 1%～5%。在基因表达过程中，mRNA 作为蛋白质翻译合成的模板，编码了细胞内所有的多肽和蛋白质，因此，mRNA 是分子生物学的主要研究对象之一。mRNA 分子种类繁多，分子大小不均一，但在多数真核细胞 mRNA 的 3′末端都带有一段较长的多聚腺苷酸链(polyA)，可以从总 RNA 中用寡聚(dT)亲和层析等方法分离出 mRNA。

聚合酶链反应(polymerase chain reaction，PCR)是利用两已知序列的寡核苷酸作为上、下游引物，在耐热性 DNA 聚合酶(Taq 酶)作用下将位于模板 DNA 上两引物间特定的 DNA 片段进行一种指数级增长的复制过程。PCR 反应体系由模板 DNA、引物、耐热性 DNA 聚合酶、底物(4 种 dNTP)、缓冲液和 Mg^{2+} 等组成。其操作过程为变性、退火、延伸 3 个步骤循环进行。其中变性是加热条件下模板 DNA 双链间的解离，退火是降低温度使模板 DNA 与高浓度引物间的互补结合，延伸是在耐热性 DNA 聚合酶和 Mg^{2+} 等存在下扩增特定的 DNA 片段。每次循环的扩增产物又可作为下一循环的模板，因此，理论上每经过一轮变性、退火、延伸 3 个步骤，特定 DNA 片段的分子数目就增加一倍。耐热性 DNA 聚合酶的应用使 PCR 循环反应可自动进行，提高了反应的特异性和效率。引物设计是 PCR 技术的关键步骤，直接影响扩增的效率和特异性。同时，通过适当改变引物的设计可实现多种 PCR 技术，现在利用计算机软件可辅助设计某一已知序列基因的特定引物。

PCR 是一种体外大量扩增特异 DNA 片段的分子生物学技术，具有省时、操作简便、特异性强、灵敏度高、效率高、应用范围广等特点。PCR 技术在医学、分子生物学领域得到了广泛应用，如应用于 DNA 克隆、突变分析、基因融合、基因半定量、遗传性疾病的诊断等方面。PCR 技术还可与其他分子生物学技术相结合发展产生新的技术，如反转录 PCR(RT－PCR)、反向 PCR(IPCR)、不对称 PCR 等，使 PCR 在科研及临床上的应用得到了更大发展。

反转录(reverse transcription)也称为逆转录，是依赖 RNA 的 DNA 合成作用，以 RNA 为模版，由 dNTP 聚合成 DNA 分子。反应过程先以单链 RNA 的基因组为模板，催化合成一条单链 DNA。产物与模板生成 RNA 与 DNA 杂化双链，杂化双链中的 RNA 被 RNA 酶水解后，再以新合成的单链 DNA 为模板，催化合成第二链的 DNA。催化此反应的酶称为逆转录酶，也称反转录酶。

反转录-聚合酶链反应(reverse transcription－polymerase chain reaction，RT－PCR)是 PCR 技术的一种广泛应用的形式，原理是：提取组织或细胞中的总 RNA，以其中的 mRNA 作为模板，采用 Oligo(dT)或随机引物利用逆转录酶反转录成 cDNA。再以 cDNA 为模板进行 PCR 扩增，而获得目的基因或检测基因表达。RT－PCR 使 RNA 检测的灵敏性提高了几个数量级，使一些极为微量 RNA 样品分析成为可能。该技术主要用于：分析基因的转录产物、获取目的基因、合成 cDNA 探针、构建 RNA 高效转录系统。

本实验通过提取培养动物细胞的总 RNA，以反转录酶进行反转录反应获得 cDNA，作为 PCR 的模板扩增 3－磷酸甘油醛脱氢酶(GAPDH)基因中一段 300bp 的 DNA 片段，两个引物的 5′末端分别引入 EcoR Ⅰ和 BamH Ⅰ的酶切位点，为 DNA 重组实验做准备。

三、实验材料、器材和试剂

1. 实验材料

培养动物细胞；动物组织。

2. 实验器材

①PCR 仪；②超净工作台；③离心管；④移液器；⑤移液枪头；⑥冰盒；⑦离心机；⑧匀浆器；⑨紫外可见分光光度计。

3. 实验试剂

①Trizol；②异丙醇；③氯仿；④70%乙醇；⑤反转录酶；⑥10mM dNTPs；⑦反转录 5×PCR buffer；⑧Oligo(dT)或随机引物；⑨RNaseA 抑制剂；⑩10×Taq DNA 酶缓冲液；⑪Taq

DNA 聚合酶(5U/μL);⑫DEPC 水:100mL 双蒸水中加入 DEPC 0.1mL,充分振荡,37℃孵育过夜,15 磅(1 磅=0.45kg)高压灭菌,4℃下保存备用;⑬对应目的基因的特异上下游引物;⑭0.5mg/mL 溴化乙锭(EB);⑮5×TBE(pH 值为 8.3 电泳缓冲液):Tris 5.4g、硼酸 2.25g、EDTA 0.46g、双蒸水定容至 100mL;⑯6×上样缓冲液:0.25%溴酚蓝、0.25%二甲苯青,40%(*W*/*V*)蔗糖水溶液;⑰琼脂糖;⑱DNA marker。

四、操作方法

1. 真核细胞总 RNA 的提取与鉴定

(1)取 1～2g 动物新鲜组织置于匀浆器中,加入 Trizol 1mL,混匀,室温下静置 5min。

(2)加 0.2mL 氯仿,振荡 15s,静置 2min。

(3)于 4℃下,12 000rpm 离心 15min。

(4)小心吸取上层含有 RNA 的水相,并转移至一新的 1.5mL 离心管中,避免吸取两相之间的蛋白物质。

(5)加 0.6 倍体积的异丙醇,轻轻颠倒混匀,室温下放置 10min。

(6)于 4℃下,12 000rpm 离心 10min。

(7)弃上清液,加入 70%乙醇 1mL 洗涤 RNA 沉淀。于 4℃下,12 000rpm 离心 5min。

(8)弃上清液,沉淀晾干。

(9)加入适量的 DEPC 水溶液溶解 RNA。

(10)总 RNA 定量:RNA 定量方法与 DNA 定量相似,RNA 在 260nm 波长处有最大的吸收峰。OD_{260} 值为 1 时约相当于 40μg/mL 单链 RNA。

(11)结果分析:根据 OD_{260} 可计算 RNA 样品浓度:RNA(mg/mL)=40×OD_{260}×稀释倍数/1000。RNA 纯品的 OD_{260}/OD_{280} 的比值为 2.0,故根据 OD_{260}/OD_{280} 的比值可以估计 RNA 的纯度。若比值较低,说明有残余蛋白质存在;比值太高,则提示 RNA 有降解。

2. 反转录反应

(1)在 0.5mL 微量离心管中,加入提取的总 RNA 1～5μg,补充适量的 DEPC 水使总体积达 11μL。在管中加 10μM Oligo(dT)1μL 或 random hexamer primer(随机引物)1μL,轻轻混匀、离心。

(2)于 70℃下加热 5min,立即将微量离心管插入冰上;然后加入下列试剂的混合物:

反转录 5×PCR buffer	4μL
RNaseA 抑制剂	1μL
10mM dNTPs	2μL

轻轻混匀,离心。

(3)于 37℃下保温 5min(若用随机引物,于 25℃下保温 5min)。

(4)加逆转录酶 1μL,总体积 20μL。在 42℃下放置 1h(若用随机引物,先在 25℃条件下保温 10min,然后再在 42℃条件下放置 1h)。

(5)于 70℃下加热 15min 以终止反应。

3. PCR 扩增目的基因

(1)模板 DNA:以上述反转录所得的 cDNA 为模板,进行 3-磷酸甘油醛脱氢酶(GAP-DH)的扩增。

(2)取2个0.5mL离心管分别按表15－6加入试剂。

表15－6 扩增3-磷酸甘油醛脱氢酶(GAPDH)基因的PCR反应体系

试剂	实验管(μL)	对照管(μL)
10×Taq酶缓冲液	5	5
dNTP混合液(10mmol/L)	1	1
引物1	1	1
引物2	1	1
模板DNA	1	—
$MgCl_2$溶液(25mmol/L)	3	3
双蒸水	38	39

(3)短暂离心后，各管分别加入1μL Taq DNA聚合酶(1U/μL)。

(4)混匀加入50μL液体石蜡覆盖，以防止水分蒸发。

(5)将离心管移入PCR仪，设置PCR反应程序：

94℃,2min → 94℃,30s →55℃,30s→72℃,45s → 72℃,10min →End

30 cycles

(6)结果分析：1%琼脂糖凝胶电泳鉴定。取10μL PCR产物加入6×上样缓冲液2μL混匀，同时以DNA标准分子量(DNA marker)为对照，分别上样后在0.5×TBE电泳缓冲液中于15V/cm电压下电泳1h，用紫外检测仪进行观察，与DNA分子量标准对照分析。

五、注意事项

(1)在实验过程中要严格控制内源和外源的RNA酶污染，保护RNA分子不被降解，因此，提取必须在无RNaseA的环境中进行。

由于RNA酶广泛存在而稳定，可耐受多种处理而不被灭活，如煮沸、高压灭菌等，一般反应不需要辅助因子。因而RNA制剂中只要存在少量的RNA酶就会引起RNA在制备与分析过程中的降解，而所制备的RNA的纯度和完整性又可直接影响RNA分析的结果，所以RNA的制备与分析操作难度极大。

外源性的RNA酶存在于操作人员的手汗、唾液等，也可存在于灰尘中。在其他分子生物学实验中使用的RNA酶也会造成污染。这些外源性的RNA酶可污染器械、玻璃制品、塑料制品、电泳槽、研究人员的手及各种试剂。而各种组织和细胞中则含有大量内源性的RNA酶。因此，可使用RNA酶抑制剂，另外提取缓冲液中一般含SDS、酚、氯仿、胍盐等蛋白质变性剂，也能抑制RNA酶活性，并有助于除去非核酸成分。

(2)防止RNA酶污染的措施：

①所有的玻璃器皿均应在使用前于180℃的高温下干烤6h以上。

②塑料器皿用0.1%DEPC水浸泡。

③有机玻璃的电泳槽等可先用去污剂洗涤，双蒸水冲洗，乙醇干燥，再浸泡在3% H_2O_2中室温下10min，然后用0.1%DEPC水冲洗，晾干。

④配制的溶液应尽可能用0.1%DEPC在37℃下处理12h以上。然后高压灭菌除去残留DEPC。不能高压灭菌的试剂,应当用DEPC处理过的无菌双蒸水配制,然后经0.22μm滤膜过滤除菌。

⑤操作人员戴一次性口罩、帽子、手套,实验过程中手套要勤换。

⑥设置RNA操作专用实验室,所有器械等应为专用。

(3)常用的RNA酶抑制剂:

①焦磷酸二乙酯(DEPC):是一种强烈但不彻底的RNA酶抑制剂。它通过和RNA酶的活性基团组氨酸的咪唑环结合使蛋白质变性,从而抑制酶的活性。

②异硫氰酸胍:是目前最有效的RNA酶抑制剂,它在裂解组织细胞的同时也使RNA酶失活。它既可破坏细胞结构使核酸从核蛋白中解离出来,又对RNA酶有强烈的变性作用。

③氧钒核糖核苷复合物:是由氧化钒离子和核苷形成的复合物,它和RNA酶结合形成过渡态类物质,几乎能完全抑制RNA酶的活性。

④RNA酶的蛋白抑制剂(RNasin):是从大鼠肝或人胎盘中提取的酸性糖蛋白。RNasin则是RNA酶的一种非竞争性抑制剂,可以与多种RNA酶结合,使其失活。

(4)要避免沉淀完全干燥,否则RNA难以溶解。

(5)PCR反应应该在一个没有DNA污染的干净环境中进行。

(6)纯化模板所选用的方法对污染的风险有极大影响。一般而言,只要能够得到可靠的结果,纯化的方法越简单越好。

(7)PCR试剂配制应使用最高质量的新鲜双蒸水,采用0.22μm滤膜过滤除菌或高压灭菌。

(8)试剂或样品准备过程中都要使用一次性灭菌的塑料瓶和管子,玻璃器皿应洗涤干净并高压灭菌。

(9)所有操作应在冰上完成。

第四部分

综合性实验

第十六章　古 DNA 研究简介

一、古 DNA 研究基本概况

古 DNA(ancient DNA)是指从已经死亡的古代生物的遗体和遗物中得到的 DNA,通常分为两大类:一类是从博物馆标本、古代生物尸体及琥珀等软组织中提取的 DNA;另一类是存在于古代动植物化石中,经过打磨、液氮裂解、脱钙等预处理后提取的 DNA。自 1984 年英国《自然》杂志上首次报道了从 19 世纪末已经灭绝的斑驴(*Quagga*)标本中抽提出 DNA 以来,古 DNA 的研究历史至今虽然未及 30 年,但其重要性在许多研究领域,特别是人类和动植物起源进化方面日渐明显。古 DNA 研究可以打破时空上的限制,直接分析古代生物遗存的遗传信息。因此,应用古 DNA 技术可以解决学术界许多用常规方法无法解决的重大课题,包括重建过去的进化历史;建立灭绝种和现存种的进化关系;探讨物种的迁徙、替代以及物种灭绝的原因;重构古环境等。

古 DNA 的研究材料包括博物馆标本、木乃伊、骨骼和牙齿、冻土样品、琥珀内样品、岩盐包裹体中的样品等。古 DNA 经过漫长的历史时期,由于氧化作用、水解作用以及环境微生物降解等作用的存在,DNA 分子受到严重破坏,基本降解或者仅有少数残余,这些残余分子也仅以几百个碱基的片段存在,而且还广泛存在着各种各样的损伤,如形成缺口、碱基脱落或交联等。由于聚合酶链式反应(polymerase chain reaction,PCR)扩增技术的发现和发展,这一技术使 DNA 体外扩增得以实现。现在在古 DNA 的扩增中主要采用多重 PCR 方法,该方法很好地解决了传统方法耗费样品的问题,也相应降低了样品中抑制物对聚合酶的抑制作用。随着 2006 年第二代测序仪的应用,DNA 测序进入了高通量测序阶段,新技术开始应用于古 DNA 领域。目前,世界范围内用到的 DNA 测序技术平台主要有 3 类:一是瑞士 Roche 公司的基于焦磷酸测序技术的(pyrosequencing)454 测序仪;二是美国 Illumina 公司的基于边合成边测序(SBS sequencing)的 Solexa 测序仪;三是由美国 ABI 公司推出的寡核苷酸聚合酶群落测序技术(SOLID polony sequencing)。在古 DNA 测序方面,由于焦磷酸测序单个反应的读长与古 DNA 片段比较接近,因此,将其用于古 DNA 测序比其他方法更具优势。

古 DNA 能够提供有关现代生物和古生物之间谱系关系的独特的、定量的信息。尽管对一些古代 DNA 尤其是年代很老的古 DNA 的可靠性尚有争议,但从年代较近的第四纪以来的材料中获得的实验数据来说,这种争议相对少得多。很明显最初应用古 DNA 来进行谱系发育分析时具有双重任务:除了要证实所获得的古 DNA 序列的可靠性之外,利用古 DNA 序列进行谱系重建也在解决已灭绝生物类群的系统生物学问题上起到了很重要的作用。古 DNA 序列可用来单独地检测过去根据生物形态学和免疫学资料所建立的谱系假说。古 DNA 从分子水平上对于确定古代属种的系统分类位置相当有用。由于 DNA 序列的同源性在多数情况下可以比较确定地建立起来,因而利用 DNA 序列建立的亲缘关系的原理及方法较为客观。

通过古 DNA 序列建立起现代生物和灭绝生物的遗传关系对于研究濒危物种的分子遗传学也有很重要的作用。现代濒危物种的祖先很可能在地质历史上具有高度的遗传分异,但它们可能经历了居群的"瓶颈式"发展。尽管用现代分子指标可以分析现代濒危物种的遗传分异度,然而古生物遗骸里的 DNA 可能是惟一穿越进化之时间长河、对古代遗传分异度加以评估的途径。在古 DNA 序列中所具有的遗传信息同时也可以有助于了解现代濒危动物祖先的古地理分布情况,而这样的数据对我们了解现代濒危物种的分布模式有很大的帮助。

二、古 DNA 实验中污染的控制

古 DNA 污染源有 3 种:①伴生外源 DNA 污染。出现在生物死后或埋葬早期,细菌、真菌侵入或其他生物个体的血液、体液污染尸体,这种情况甚至在坟墓中也发生,尤其在多葬的情况下;②处理样品时的"陈年(aged)"DNA 污染。主要发生在样品发掘到实验分析的时间段。皮肤碎屑(手挠脱落)、汗液、唾沫都是核酸污染源,故极有可能采集者、保管员偶然使自己的 DNA 玷污在样品上;③实验过程中的现代 DNA 污染。是实验者在实验过程中的疏忽引入的外源 DNA 污染。有两个来源:来自不干净的玻璃器皿与试剂中的现代 DNA 和扩增子"遗留"。

为了避免伴生外源 DNA 污染的影响,在实验中要对同一个个体至少分析不同部位的两个样品(两个样品的序列要一致),对同一个种群要分析不止一个个体(反映生物不同个体间的变异)。对于"陈年"DNA 的污染控制,要求在样品发掘过程和用一次性灭菌刀片取样的过程中戴一次性灭菌手套和面罩,使用带盖的灭菌管或瓶存放样品。如果样品是在不知情的情况下先前采集的,那么最好分析很少暴露的部分,或刮除样品的表面。此外用次氯酸钠浸泡或用紫外光照射也能部分除掉表面的核酸污染。

实验室的现代核酸污染可通过严格控制实验条件而抑制,如使用一次性灭菌手套和面罩,使用单独的离心管、移液器和工具。对实验服和房间要时常用紫外光照射。为检测这种污染是否发生,在实验过程中使用空白样对照,即在一个离心管中不加样品做假提取实验。扩增子"遗留"是因为单个 PCR 反应就能生成目标 DNA 上亿个拷贝(扩增子),而在开盖时产生的气溶胶颗粒就含有足量的 DNA 可用来扩增,这种 PCR 产物偶然会落在 PCR 反应的离心管中,而优先扩增。当实验室频繁进行 PCR 反应时这种污染更容易发生。为检测这种污染的存在,要使用阴性控制,即在一离心管中加入除模板外的所有 PCR 反应试剂。阴性控制反应管中应没有特异产物生成,但有时也会出现假阴性的现象,这是用作 PCR 反应试剂甚至塑料管的"载体效应"的结果。本实验用双重阴性控制,即将第一次阴性控制的产物作为第二次阴性控制的反应物,能更好地检测出假阴性。为防止这种污染,要求做到如下 3 点:

(1)PCR 前处理和 PCR 后处理在不同的房间中进行;尽可能少地接触样品;所有试剂都要去污染,移液器的尖端套上滤纸以防尖端接触气溶胶颗粒而将 PCR 产物转移到其他离心管中。

(2)PCR 试剂应灭菌后分装保存。当对多个样品进行扩增时,应预先混合用于所有样品的全部试剂,之后按适当量分装到单个离心管中。但该操作不能防止 PCR 试剂中原先存在的核酸污染。

(3)将混合好的 PCR 混合液用紫外光照射,紫外光只能使双链的 DNA 模板交联闭合,从而在 PCR 反应中不能被扩增,它对单链的引物没有影响。不过在处理古 DNA 样品时并没有明显效果。

此外还有一个非常有效的策略来防止扩增子污染，就是用尿嘧啶代替胸腺嘧啶加入到核苷混合物中，这样 PCR 产物将携带尿嘧啶，而原始模板带有胸腺嘧啶，用尿嘧啶 N-糖基化酶(UNG)处理 PCR 混合液，扩增子将被选择性修饰，而原始 DNA 模板则用于酶扩增。

在古 DNA 研究的过程中要采取严格的预防措施来防止污染的发生：古 DNA 样品的前处理室必须单独设立，提取过程也必须在严格控制现代生物污染的洁净实验室进行，实验室的器材要经过漂白处理，全部工具要经过紫外线照射后使用，穿戴防护服和面罩等。一般而言，古 DNA 的提取物中很难消除有少量细菌和现代 DNA 分子的存在，同时又因为 PCR 具有较高的灵敏度，混入少量的外源 DNA 也可能被扩增出来，所以要尽量远离具有亲缘关系的物种以及设计出特异性较好的引物也是确保 DNA 片段原生性的重要手段。此外，在古 DNA 提取和扩增过程中设立提取对照和 PCR 对照也可以帮助研究者及时发现实验过程中可能发生的外源污染。

三、古 DNA 研究的基本流程

古 DNA 的实验流程一般包括古 DNA 的提取、PCR 扩增、分子克隆、序列的测定和系统发育分析等。

古 DNA 的提取主要有 3 种方案：①蛋白酶 K-酚/氯仿萃取法；②异硫氰酸胍(GuSCN)-硅粒-蛋白酶 K 法；③CTAB 抽提法。现阶段古 DNA 的提取实验多采用基于硅粒的 GuSCN 法，也可以利用商业化提取试剂盒，其原理也是基于硅粒的吸附和洗脱。此方法主要针对牙齿和骨骼样品，提取古 DNA 所花时间少，仅需两天。实验操作可以在室温下进行，并能有效地去除 PCR 抑制剂。

由于古代标本中的 DNA 受环境等条件的影响，降解比较严重，呈现高度片段化，且含量较少。常规 PCR 在扩增古 DNA 时，消耗样品的量较大，同时扩增效率也较低，只能得到有限的古 DNA 序列。多重 PCR 方法的出现，提高了扩增效率并节约了实验样品，能从降解的古 DNA 模板中扩增得到较长且连续的 DNA 序列。

古 DNA 分子克隆的原理和过程与现代 DNA 分子的相同，主要的操作步骤有：①将扩增的古 DNA 片段连接到质粒载体上；②将重组 DNA 转化到宿主细胞；③克隆转化子的筛选，即蓝白斑筛选。挑取合适的菌斑经过扩大培养、PCR 扩增、电泳检测后，选择 4～6 较好的克隆子菌液送到相关的生物公司进行序列测定。最后对所测得的序列进行分析，正确的序列用于物种的系统发育分析。

第十七章　古 DNA 的提取与 PCR 扩增

实验四十六　古 DNA 的提取

一、目的

(1)了解古 DNA 提取的原理。

(2)熟悉和掌握古 DNA 提取的方法。

二、原理

一般来说,古 DNA 的样品来源主要有两种:考古研究所、博物馆等单位的馆藏标本;与考古发掘同步进行的现场采集所得样品。考古研究所、博物馆等单位的已有标本外源污染的机会相对较多,取样时需用洁净刀片或钻头去除标本 3～5mm 厚度的表层,再用洁净钻头取标本的里层成分,同时应注意气溶胶中外源 DNA 分子的污染。为防止样品间的交叉污染,处理同批不同样品时需要及时更换刀片、钻头、锡箔纸和手套等实验耗材。在现场发掘和采集样品的过程中,一般只需对样品进行去除外层浮土或其他沉积物等操作后单独装入可密封的样品袋即可。带回实验室后用紫外线、次氯酸钠溶液、纯净水等处理后编号于室温下存放。提取前的切割研磨过程需进行严格的灭菌防污染处理。

异硫氰酸胍(GuSCN)-硅粒-蛋白酶 K 法利用在高浓度异硫氰酸胍(GuSCN)存在的条件下,DNA 能与二氧化硅颗粒特异性结合,用硅粒将 DNA 从蛋白质、油脂等混合液中沉淀下来,然后用水洗脱沉淀物即能回收到古 DNA,该方法适合各种类型古 DNA 的提取。该实验操作可以在室温下进行,能有效地去除 PCR 抑制剂。古 DNA 的提取实验必须设定空白提取对照(extraction blank),也称阴性对照(negative control),即不加入样品、所有提取步骤与样品提取同步进行的实验操作。该提取操作应放在样品之后,这样对来源于试剂、操作者本人及样品之间的交叉污染都具有监测作用。

三、实验材料、器材和试剂

1. 实验材料

考古研究所、博物馆等单位的馆藏动物及人类标本或与考古发掘同步进行的现场采集所得样品,样品的年代必须是距今 10 万年以内且保存情况较好。

2. 实验器材

①便携式机械切割机；②锡箔纸；③研钵；④橡胶手套；⑤防护面罩；⑥口罩；⑦生物安全柜；⑧超净工作台；⑨离心机；⑩旋转混合仪；⑪分析天平；⑫烧杯；⑬量筒；⑭称量纸；⑮药匙；⑯移液管；⑰移液器；⑱移液枪头；⑲15mL 离心管；⑳50mL 离心管；㉑密封膜；㉒pH 试纸；㉓1.5mL 离心管；㉔2mL 离心管。

3. 实验试剂

①0.5M EDTA(pH 值为 8.0)；②5M NaCl；③1M Tris(pH 值为 8.0)；④灭菌双蒸水；⑤异硫氰酸胍(GuSCN)；⑥无水乙醇；⑦10mg/mL 蛋白酶 K；⑧吸附缓冲液(binding buffer)：在此缓冲液中 GusCN 终浓度为 5M，1M Tris 终浓度为 0.05M，5M NaCl 终浓度为 0.025M，在配制该试剂时可用微波炉短暂加热助溶；⑨洗涤缓冲液(new wash)：在该混合溶液中无水乙醇的终浓度为 51.3%(体积比)，5M NaCl 终浓度为 0.125M，1M Tris 终浓度为 0.01M，0.5M EDTA 终浓度为 0.001M；⑩洗脱缓冲液(TE buffer)：100μL0.5M EDTA，500μL 1M Tris，最后加水至 50mL；⑪提取缓冲液(extraction solution)：在该缓冲液中 0.5M EDTA 终浓度为 0.45M，10mg/mL 蛋白酶 K 终浓度为 0.25mg/mL；⑫硅粒悬浮液(silica suspension)；⑬30% HCl 溶液(体积比)。

四、操作方法

1. 实验样品前处理

用便携式机械切割机去除骨质样品 3～5mm 厚度的表层，然后切取大小合适的样品到研钵中，在研钵中将其研磨成细粉末，把该粉末转移至已称重的 2mL 离心管中。如果处理的样品较多，需在切割、研磨样品时更换新的切割锯片和研钵。

2. 古 DNA 的释放

(1)称取研磨的样品粉末约 0.2～0.3mg，放入一个 15mL 的塑料离心管中，加入 5mL 提取缓冲液，此步骤要设置提取对照。

(2)用密封膜封口，室温下在旋转混合仪上避光振荡温育过夜 16～24h。

3. 古 DNA 的吸附

(1)取所需数量的 50mL 离心管，做好标记，在每个离心管中加入 20mL 吸附缓冲液，再向每管中加入 100μL 硅粒悬浮液(使用前要混合均匀)。

(2)将振荡过夜的 15mL 离心管放入离心机中，4 000rpm 离心 2min，如果离心效果不好，可以重复离心。

(3)将步骤(2)中的离心上清液倒入含硅粒的 binding buffer 溶液中，混匀。

(4)用 30%的 HCl 调 pH 值至 4.0(先加入约 200μL，混匀后用 pH 试纸检测 pH 值)。

(5)调好 pH 值后，盖上并拧紧离心管的盖子，用密封膜封口，避光在旋转混合仪上轻度振荡 3～4h。

4. 古 DNA 的洗脱

(1)取下振荡好的 50mL 离心管，4 000rpm 离心 2min，将上清液倒入另一洁净 50mL 离心管中(上清液保存至确定 DNA 已被吸附到硅粒上才可丢弃)。

(2)向沉淀中加入 1mL binding buffer 并用移液枪头(此步操作用长的能伸入 50mL 离心管底部的移液枪头)上下吸放使硅粒重悬。

(3)为了后续实验操作方便，将重悬液转入 2mL 的离心管中，13 000rpm 离心 15s。

(4)去除上清液，并用移液枪头吸去少量残留的液体，加入 1mL 洗涤缓冲液(new wash)，并使硅粒重悬。

(5)13 000rpm 离心 15s，去除上清液，并用移液枪头吸去少量残留的液体。

(6)打开离心管盖，室温下倒置于实验台面上放置的滤纸上，风干 15min。

(7)向离心管中加入 50μL 洗脱缓冲液(TE buffer)使风干的硅粒重悬。

(8)盖上管盖，室温下放置 10min，不时轻微摇动离心管，使洗脱完全。

(9)13 000rpm 离心 2min，将上清液转入洁净的 1.5mL 离心管中。

(10)将装有洗脱液的 1.5mL 离心管储存于－20℃，待后续实验使用。

一般在后续 PCR 实验中，要对提取液进行 5 倍或 10 倍的稀释后使用。古 DNA 提取的相关操作要在固定的生物安全柜中进行。

实验四十七　古 DNA 多重 PCR 扩增

一、目的

(1)学习多重 PCR 的原理。

(2)熟悉和掌握古 DNA 多重 PCR 扩增方法。

二、原理

PCR(polymerase chain reaction，聚合酶链式反应)技术是美国科学家 Mullis 于 1986 年发明的一种在体外快速扩增特定基因或 DNA 序列的方法，也称为基因的体外扩增技术。经过 PCR 扩增，可以将极微量的目的基因或某一特定的 DNA 片断扩增数十万倍乃至千百万倍。PCR 技术的出现不仅为现代分子生物学开辟了一条捷径，也为古 DNA 研究提供了必不可少的技术手段.

由于古代标本中的 DNA 手环境等条件的影响，降解比较严重，呈现高度片段化，且含量较少。常规 PCR 在扩增古 DNA 时，消耗样品的量较大，同时扩增效率也较低，只能得到有限的古 DNA 序列。多重 PCR 方法的出现，提高了扩增效率并节约了实验样品，能从降解的古 DNA 模板中扩增得到较长且连续的 DNA 序列。

多重 PCR(multiplex PCR)扩增方法是在第一次 PCR 反应中加入多对引物对古 DNA 模板进行多元扩增(multiplex amplification)，然后在第二次 PCR 反应中分别加入单对引物进行单一扩增(simplex amplification)。该方法很好地解决了传统方法耗费样品的问题，也相应降低了样品中抑制物对聚合酶的抑制作用，同时也引入了多对引物间相互干扰的问题，但并不是所有引物间都会产生不可接受的相互干扰。为了避免多对引物间产生不可接受的相互干扰问题，可以避开可能产生严重干扰的几对引物的相遇，也可以尝试在第一次 PCR 和第二次 PCR 中均只用一对引物。

三、实验材料、器材和试剂

1. 实验材料

通过异硫氰酸胍-硅粒-蛋白酶 K 法提取的古 DNA 溶液。

2. 实验器材

①PCR 仪；②超净工作台；③移液器；④移液枪头；⑤八联管；⑥八联管盒；⑦0.5mL 离心管；⑧离心机；⑨冰箱；⑩水平电泳槽；⑪电泳仪；⑫紫外凝胶观察仪。

3. 实验试剂

① 多对 10μM 的引物；② 灭菌双蒸水；③ 10mM dNTPs；④ 10 × PCR Buffer；⑤25mM $MgCl_2$；⑥10mg/mL BSA（牛血清白蛋白）；⑦5UTaq DNA 聚合酶；⑧1×TAE 电泳缓冲液；⑨琼脂糖；⑩6×Loading buffer；⑪100bp DNA marker。

四、操作方法

1. 第一次 PCR

建立多重 PCR 体系，将几对引物按照一定的浓度加入同一扩增体系。将各组引物混合使每条引物的终浓度为 1μM。DNA 模板为 DNA 提取液 10 倍的稀释液。具体的 PCR 反应液配比见表 17－1。

表 17－1　第一次 PCR 反应液配比

	样品管(μL)	提取对照管(μL)	PCR 对照管(μL)
10×PCR buffer	2.00	2.00	2.00
25mM $MgCl_2$	2.80	2.80	2.80
10mg/mL BSA	2.00	2.00	2.00
10mM dNTPs	0.50	0.50	0.50
5U Taq	0.15	0.15	0.15
0.5μM Primer mix	3.00	3.00	3.00
DNA template	5.00	5.00	/
ddH_2O	4.55	4.55	9.55
Total	20.00	20.00	20.00

表 17－1 中提取对照管中所加的 DNA 模板为提取古 DNA 时的对照管中的溶液。在 PCR 时，提取对照是为了检测在提取过程中是否有污染；PCR 对照是检测在 PCR 操作过程中是否有污染。

PCR 程序设置如下：

94℃,9min → 94℃,25s → 51℃,30s → 72℃,35s → 72℃,10min → 10℃,2h → End

（94℃,25s → 51℃,30s → 72℃,35s：30 cycles）

2. 第二次 PCR

第一次 PCR 产物 1：20 稀释后用作第二次 PCR 的模板，用于第二次 PCR 的引物浓度为

5μM,加入 PCR 反应体系的引物为单对引物。20μL PCR 反应体系中 DNA 模板 3μL,10×PCR buffer 2.0μL,25mM $MgCl_2$ 2.8μL,10mg/mL BSA 2.0μL,10mM dNTPs 0.5μL,每条引物 1.5μL,5U Taq 0.1μL,加双蒸水 6.6μL 至 20μL 终体积。PCR 对照管中的 DNA 模板用灭菌双蒸水来替代。具体 PCR 反应液配比见表 17-2。

表 17-2　第二次 PCR 反应液配比

	样品管(μL)	提取对照管(μL)	PCR 对照管(μL)
10×PCR buffer	2.00	2.00	2.00
25mM $MgCl_2$	2.80	2.80	2.80
10mg/mL BSA	2.00	2.00	2.00
10mM dNTPs	0.50	0.50	0.50
5U Taq	0.10	0.10	0.1
0.5μM Primer mix	3.00	3.00	3.00
DNA template	3.00	3.00	/
ddH_2O	6.60	6.60	9.60
Total	20.00	20.00	20.00

PCR 程序设置如下：

94℃, 2 min→ 94℃,30 s → 55℃,30 s → 72℃,30 s → 72℃,10 min→ 10℃,2h→ End

30 cycles

3. PCR 产物的保存

第一次与第二次 PCR 的产物在 PCR 完成后,先保存于 4℃冰箱中备用。

4. PCR 产物的电泳检测

(1)配制 2.5%琼脂糖凝胶,胶凝固后,将其放入装有 1×TAE 电泳缓冲液的水平电泳槽中。

(2)取 5μL 第二次 PCR 的产物于点样板中,再加 1.5μL 6×Loading buffer,混匀后加到样品槽中,最后在第一个样品槽中加入 2.5μL 100bp DNA marker。

(3)接通电源后,120V 电泳 45min(在一个凝胶中有两排样品槽的情况),电泳完毕,将凝胶取出,浸没于溴化乙锭溶液中 25min。

(4)取出凝胶,在紫外观察仪观察结果。

(5)对于出现的目标条带的第二次 PCR 的产物,做好记录后,保存于－20℃冰箱中,待后续实验使用。

实验四十八　PCR产物的电泳及纯化

一、目的

(1)了解 PCR 产物电泳与纯化的原理。

(2)熟悉和掌握 PCR 产物电泳与纯化的操作。

二、原理

在 PCR 过程中,部分引物和 dNTPs 在 Taq 酶等因子的作用下以 DNA 模板为指导合成新的 DNA 分子,当然还有一部分的引物和 dNTPs 没有完成所期望的任务,以小分子的形式存在于 PCR 产物混合液中,为了后续分子克隆的工作能够顺利进行,PCR 产物就需要进行纯化,以去除 PCR 产物混合液中残留的 Taq 酶、BSA、Mg^{2+}、引物、dNTPs、buffer 中的小分子以及非特异性扩增产物。

通过电泳将所需要的 PCR 产物和其他分子分离,经过 EB 染色后,在紫外灯激发显色下把目标条带从凝胶中切出来,然后通过相应的缓冲液将其溶解,经异丙醇(乙醇)作用使得 DNA 分子沉淀,再通过在高速离心让沉淀的 DNA 分子结合(binding)在滤膜上,而后用洗脱缓冲液(elution buffer)将其从滤膜上洗脱下来就得到了纯化的 PCR 产物。

三、实验材料、器材和试剂

1. 实验材料

有目标条带的 PCR 扩增产物。

2. 实验器材

①离心机;②2mL 离心管;③移液器;④移液枪头;⑤水浴锅;⑥手术刀片;⑦紫外凝胶观察仪;⑧密封盒;⑨防紫外线眼镜;⑩橡胶手套;⑪分析天平;⑫离心管架;⑬1.5mL 离心管;⑭水平电泳槽;⑮电泳仪;⑯微波炉;⑰蓝盖试剂瓶;⑱带有层析滤膜的离心管(QIA quick spincolumn)。

3. 实验试剂

①PCR 产物纯化试剂盒(QIAGEN);②异丙醇;③琼脂糖;④6×上样缓冲液(loading-buffer);⑤1×TAE 电泳缓冲液;⑥溴化乙锭(EB);⑦100bp DNA marker;⑧3M NaAc(pH 值为 5.0)。

四、操作方法

(一)琼脂糖凝胶电泳

1. 制胶

准备好制胶模具,称取 1.25g 琼脂糖,倒入蓝盖试剂瓶中,然后用量筒量取 50mL 1×

TAE 电泳缓冲液倒入蓝盖瓶中。盖紧瓶盖，放入微波炉中，中火 2～3min，待琼脂糖完全熔化后，取出蓝盖试剂瓶（取时要戴微波炉手套，以免被烫伤），于室温下放置 5～8min，将凝胶液缓缓倒入制胶模具中，插上样品梳，于室温下静置 20～30min。

2. 点样

将凝固好的琼脂糖凝胶，放入加有电泳缓冲液的水平电泳槽中，取出样品梳。然后加入 15μL 有目标条带的 PCR 扩增产物＋1.5μL 6×上样缓冲液（Loading buffer）的比例进行混合后，把混合溶液加入凝胶的样品槽中，在合适的样品槽中加入 2μL 100bp DNA marker。

3. 电泳

盖好电泳槽盖后，接通电源，120V 电泳 1h 20min 左右（在凝胶中只有一排样品槽的情况）。

4. 凝胶染色

电泳完毕后，取出凝胶，放入装有溴化乙锭的密封盒中，染色 25min。

（二）电泳后 PCR 产物纯化

找出电泳结果出现单一目标条带的对应 PCR 扩增产物进行纯化。具体步骤如下：

（1）在 2.0mL 的离心管壁上写上准备纯化的 PCR 产物的相关信息，并称重。

（2）切下含目标片段的胶块，切得尽可能小一些，把所得的胶块放入 2.0mL 的离心管中。

（3）称量装有胶块的离心管重量，计算出胶块的重量。

（4）加入 6 倍体积的 QG buffer 到离心管中（100mg 胶相当于 100μL）。

（5）将含有胶块的离心管放入 50℃水浴锅中，温育 10min，至胶块完全溶解，为促进溶解，每 2～3min 振荡离心管一次。

（6）胶块全部溶解后，检查混合液的颜色是否为黄色（与未溶解之前的 QG buffer 的颜色相似，若混合液的颜色为橙色或紫色，加 10μL 3M NaAc（pH 值为 5.0）。

（7）向离心管中加入 1 倍凝胶体积的异丙醇，混匀。

（8）将溶液转移入 QIA quick spin column 中，13 000rpm 离心 1min。

（9）弃掉液体，加入 750μL PE buffer，静置 2～5min，13 000rpm 离心 1min。

（10）弃掉液体，13 000rpm 离心 1min（空载离心，除去乙醇）。

（11）把 QIA quick spin column 置于一个洁净的 1.5mL 的离心管中。

（12）加入 30μL 的 elution buffer 置膜中央，13 000rpm 离心 1min。

（13）将洗脱所得溶液置于－20℃中储存。

所得到的洗脱液可与克隆载体进行连接，然后转化使重组 DNA 分子进入大肠杆菌细胞内，经过培养获取克隆子。

第十八章　古 DNA 片段的分子克隆

实验四十九　大肠杆菌感受态细胞的制备

一、目的

(1)了解大肠杆菌感受态细胞制备的原理。

(2)掌握制备大肠杆菌感受态细胞的方法。

二、原理

所谓的感受态，即指受体(或者宿主)最易接受外源 DNA 片段并实现其转化的一种生理状态，它由受体菌的遗传性状所决定，同时也受菌龄、外界环境因子的影响。细胞的感受态一般出现在对数生长期，新鲜幼嫩的细胞是制备感受态细胞和进行成功转化的关键。

受体细胞经过氯化钙($CaCl_2$)的处理后，细胞膜的通透性发生变化，可使外源 DNA 载体分子进入，称之为感受态细胞。感受态细胞通过热休克处理可将载体 DNA 分子导入受体细胞。

除了氯化钙方法制备感受态细胞外，还有 Hanahan 方法、Inoue 方法和电转化方法等多种。也有很多文献报道有不同的转化方法。可根据实验需要及不同的菌种来选择合适的方法。

本实验是采用氯化钙方法来制备大肠杆菌感受态细胞。

三、实验材料、器材和试剂

1. 实验材料

大肠杆菌 DH5α。

2. 实验器材

①锥形瓶；②接种环；③培养皿；④生化培养箱；⑤振荡培养箱；⑥可见紫外分光光度计；⑦离心机；⑧离心管；⑨－70℃冰箱；⑩移液器；⑪超净工作台；⑫灭菌牙签；⑬酒精灯；⑭移液枪头。

3. 实验试剂

(1)250mmol/L KCl 溶液：在 100mL 双蒸水中溶解 1.86g KCl 配制成 250mmol/L KCl 溶液。

(2)5mol/L NaOH 溶液。

(3)2mol/L $MgCl_2$溶液：称取 19g $MgCl_2$加入到 90mL 双蒸水中，搅拌均匀后，再加水至 100mL，然后高压灭菌 25min。

(4)SOB 培养基：配制每升培养基，应在 950mL 双蒸水中加入：胰蛋白胨 20g，酵母抽提物 5g，NaCl 0.5g。摇动容器使溶质完全溶解，加入 250mmol/L KCl 溶液 10mL，用 5mol/L NaOH(约 0.2mL)调节溶液的 pH 值至 7.0。然后加入双蒸水至总体积为 1 000mL，在 1.034×10^5Pa 的高压下蒸气灭菌 25min。该溶液在使用前加入 5mL 已灭菌的 2mol/L $MgCl_2$溶液。

(5)0.1mol/L $CaCl_2$溶液。

(6)甘油。

(7)LB 固体培养基：配 100mL LB 固体培养基：称取 2.5g LB powder(含有酵母抽提物，氯化钠等)，1.5g 琼脂，加入 100mL 双蒸水，溶解后，高压灭菌 25min。

(8)LB 液体培养基。

(9)氨苄青霉素(Amp)。

四、操作方法

1. 制备感受态细胞

(1)将大肠杆菌 DH5α 菌株在 LB 固体培养基平板上划线，于 37℃下培养过夜，获得合适的克隆。

(2)挑单克隆至 2mL SOB 培养基中，于 37℃下振荡过夜培养。

(3)在 250mL 锥形瓶中加入 25mL SOB 培养基，随后取过夜培养的菌液0.5mL接种其中，于 37℃下振荡培养 2～2.5h，当 A_{600nm}在 0.4～0.6 之间时，停止振荡，取出锥形瓶在冰上放置 10min。

(4)将菌液转移到 50mL 离心管中，4 000rpm 离心 10min，弃去上清液。让沉淀尽可能地在空气中干燥。

(5)加入 8mL 预冷的 0.1mol/L $CaCl_2$，用移液器吹打重悬沉淀，冰浴中静置 15min。

(6)在 4℃下，4 000rpm 离心 10min，收集菌体，弃去上清液。

(7)加 2mL 预冷的 0.1mol/L $CaCl_2$悬浮菌体，制备好的感受态细胞悬液可在冰上放置，24h 内直接用于转化实验，也可加等体积 20%灭菌甘油，混匀后分装于 0.5mL EP 管中，每管 100～200μL 感受态细胞悬液，置于－70℃条件下可保存 6～12 个月。

2. 质粒 DNA 的转化

(1)取一个装有感受态细胞的离心管(100μL)，取两个已灭菌的 1.5mL 离心管，分别标记为样品管与对照管，然后分别加入 20μL 感受态细胞，样品管中加入质粒 DNA 5μL，对照管中加入灭菌双蒸水 5μL，混匀，冰浴中静置 30min。

(2)于 42℃下热激 90s。

(3)迅速放入冰水中冷却 20min。

(4)在超净工作台中，每管加入 1mL LB 无抗性液体培养基，混匀，于 37℃下振荡培养 1h。

(5)4 000rpm 离心 1min，留 100μL 液体重悬沉淀，将剩余的上清液弃去。

(6)将菌液用移液器吸取到装有 LB 固体培养基的平板上(已添加氨苄青霉素)，用涂布棒涂均匀，直至液体被涂干。

(7)将平板倒置放在生化培养箱中，于 37℃下放置 16～24h。

(8)次日挑取克隆，摇菌，提取质粒鉴定。

五、结果分析

1. 感受态细胞效率的检测

阳性对照为有抗性的质粒，阴性对照为不转质粒，两者分别在抗性的琼脂平板中培养。如果在 1μg 质粒转化的平板上培养出 1 000 个克隆，转化效率即为 10^3。

2. 克隆的鉴定

选择明显单个存在的菌落，用灭菌牙签轻触一下，接入 2mL 抗性 LB 液体培养基，于 37℃下摇菌 12～14h，收集菌落，提质粒鉴定。

六、注意事项

(1)实验中所用的器皿均要灭菌，以防止杂菌和外源 DNA 的污染。

(2)实验过程中要注意无菌操作，溶液移取、分装等均应在超净工作台上进行。

(3)整个实验一定要在冰浴条件下操作，温度时高时低会影响转化效率。

(4)应收获对数生长期的细胞用于制备感受态，OD_{600}尽量控制在 0.4～0.6。

(5)热激很关键，温度要准确，转移速度要快，时间要合适。

(6)制备感受态细胞所用试剂如 $CaCl_2$等的质量要好。

实验五十　重组 DNA 分子连接及转化

一、目的

(1)学习 DNA 体外重组技术及转化方法。

(2)了解蓝白斑实验筛选转化子的原理和方法。

二、原理

将外源 DNA 分子连接到质粒载体上。古 DNA 片段较短，实验选用可以有效地与小片段外源 DNA 分子在体外连接的具黏性末端的载体(pMD18－T Vector)。由于外源 DNA 片段断是 PCR 产物，因而在 PCR 反应结束时延长延伸时间(一般 10min)使得目的 DNA 片段 3′末端增加一个碱基 A(腺嘌呤)，而所选取的 pMD18－T Vector 质粒载体两个 3′末端均为 T(胸腺嘧啶)，因此，在连接酶的作用下可以借助于碱基互补配对的氢键的作用有效地将具有互补末端的外源 DNA 分子与载体分子连接起来(图 18－1)。

通过温度刺激等使感受态的大肠杆菌细胞捕获重组的载体分子，经一段时间的培养使得大肠杆菌细胞能够表达重组载体分子上的 Amp 抗性基因，然后将细菌培养物涂布在含有氨苄青霉素(Amp)、IPTG 和 X－Gal 的 LB 固体培养基上。由于质粒 DNA 上含编码抗 Amp 的基因，因而在加有 Amp 的培养基上一个转化子细胞可以长成一个单菌落。

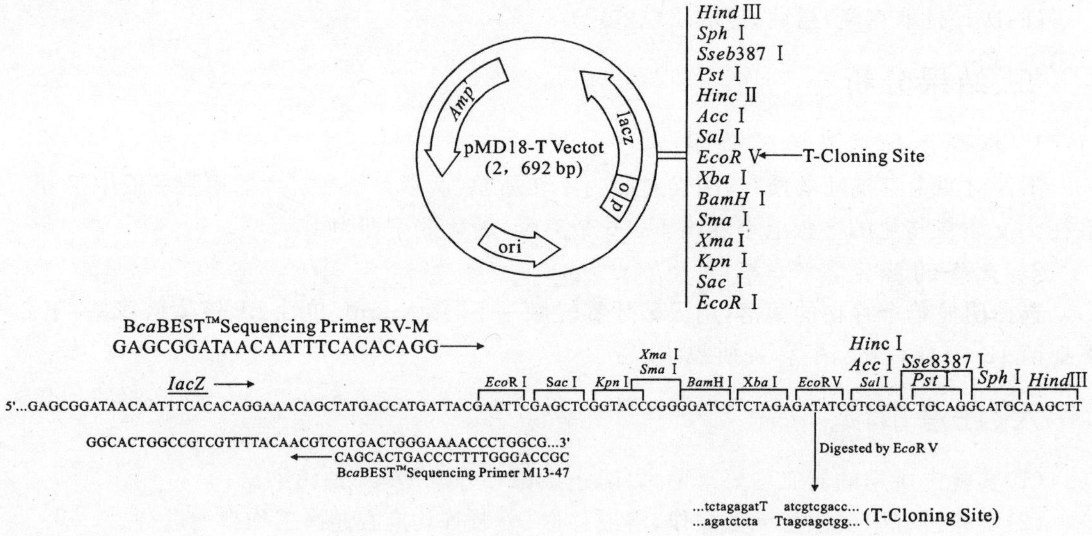

图 18-1　pMD18-T Vector 的结构

在质粒载体上含有一个半乳糖苷酸基因(Lac Z)的调控序列和前 146 个氨基酸的编码序列。在这一编码区中插入有一个多克隆位点，但这个多克隆位点并不破坏阅读框，允许少数几个氨基酸插入到 Lac Z 酶的氨基端，而不影响功能。在 β-半乳糖苷酶的活性诱导剂 IPTG(异丙基-β-D-硫代半乳糖苷)的作用下，抑制 Lac Z 基因编码的阻遏蛋白构象改变而使其解离下来，进而使得 RNA 聚合酶能够与启动子结合从而转录 Lac Z 的结构基因，而后翻译合成 β-半乳糖苷酶，β-半乳糖苷酶可水解生色底物 X-gal(5-溴-4-氯-3-吲哚-β-D-半乳糖苷)而显蓝色，因此，Lac^{+} 细菌在含 X-gal 的培养基上可形成蓝色菌落，易于识别。然而当外源片段插入到质粒的多克隆位点后，插入片段导致该酶不能构完整的合成，因此带有重组质粒的细菌形成白色菌落。而后挑选单菌落进行扩大培养。

三、实验材料、器材和试剂

1. 实验材料

Taq DNA 聚合酶扩增的 PCR 产物。

2. 实验器材

①冰箱；②制冰机；③离心机；④离心管；⑤振荡培养箱；⑥生化培养箱；⑦超净工作台；⑧培养皿；⑨封口膜；⑩水浴锅；⑪涂布棒；⑫移液器；⑬移液器枪头；⑭高压灭菌锅；⑮烧杯；⑯锥形瓶。

3. 实验试剂

①大肠杆菌感受态细胞；②pMD18-T Vector 试剂盒(包括 pMD18-T Vector，control insert和 solution I)；③LB powder(含有酵母抽提物、氯化钠等)；④琼脂粉；⑤100mg/mL 氨苄青霉素(Amp)溶液；⑥500μM IPTG；⑦20mg/mL X-gal 溶液。

四、操作方法

1. 培养基的配制

(1)LB固体培养基的配制:称取6.25g LB powder和3g琼脂粉,倒入一个500mL的锥形瓶中,加双蒸水250mL,摇匀后,加瓶塞。

(2)LB液体培养基的配制:称取2.5g LB powder,倒入一个250mL的锥形瓶中,加双蒸水100mL,摇匀后,加瓶塞。

2. 实验试剂及器皿的灭菌

将涂布棒、配制的LB固体和液体培养基、移液器枪头、离心管、双蒸水、培养皿等包裹好后,放入灭菌锅中,高压灭菌25min。

3. 倒培养基平板

待灭菌锅压力表显示为0后,打开放气阀,排出剩余的水蒸气,然后打开灭菌锅,取出灭菌的物品。当到合适的温度(60℃左右)后,加入100mg/mL氨苄青霉素125μL到固体培养基(在此温度下,固体培养基呈液态),使氨苄青霉素的终浓度达到50μg/mL,摇匀后,将培养基倒入已灭菌的培养皿中,每个平板约15mL,室温放置,待凝固后,于4℃下保存。

4. 重组DNA的连接

具体操作见表18-1。

表18-1 重组DNA连接反应体系

	样品管(μL)	正对照管(μL)	负对照管(μL)
pMD18-T Vector	0.2	0.2	0.2
control insert	/	0.2	/
PCR product	2.0	/	/
solution I	1.0	1.0	1.0
ddH_2O	1.8	3.6	3.8
Total	5.0	5.0	5.0

注:正对照主要是监测载体的连接效率;负对照是用来监测实验的操作过程的污染情况

把离心管中的溶液混合均匀,包裹封口膜,于4℃下静置过夜(16~24h)。

5. 连接产物的转化

(1)每个培养基平板上分别加入6.7μL IPTG和40μL X-gal,用涂布棒涂布均匀后,待用。

(2)取1支装有100或200μL感受态细胞的离心管,与装有连接产物的离心管一起放到冰上,待感受态细胞解冻、混合均匀后,每个连接产物离心管加入20μL感受态细胞,混合均匀,冰上放置30min,于42℃下水浴热激90s,再在冰上放置20min,然后每个离心管中加入1mL LB液体培养基(不含氨苄青霉素),于37℃下振荡培养1~1.5h,使受体菌恢复到正常的生长状态。

(3)终止培养后,取出离心管,3 500rpm离心1min,吸去870μL上清液,余下的150μL离心管下层溶液,混匀后吸出涂板。

(4)于37℃下放置2h，待平板上的液体完全吸收后，倒置培养皿，于37℃下恒温培养16～24h。

五、结果观察与计算

观察平板上菌落生长情况，分析结果。具体情况见表18－2。

表18－2 各实验组在培养皿内菌落生长状况及结果分析

组	菌落生成情况	结果分析
样品组	白色菌落和少量蓝色菌落	说明有重组质粒导入细胞中（有时还需要酶切进一步鉴定）
正对照	白色菌落和极少量蓝色菌落	说明插入片段比较纯，并且有少量载体自连
负对照	少量蓝色菌落或无菌落	有少量载体自连或无载体自连

样品组在含抗菌素培养基中生长的菌落即为转化体，根据此培养皿中的菌落数可计算出转化体总数和转化率，计算公式如下：

转化体总数＝菌落数×(转化反应原液总体积/涂板菌液体积)

插入频率＝蓝色菌落数/白色菌落数

转化频率＝转化体总数/加入质粒DNA的量(计算出每微克的转化菌落数)

六、注意事项

(1)实验中凡涉及溶液的移取、分装等需敞开实验器皿的操作，均应在超净工作台中进行，以防污染。

(2)新制备的感受态细胞应用已知质粒DNA做转化实验，检查其质量。感受态细胞储存时间过长将导致转化率下降。

(3)转化菌不宜培养时间过长，以免使其菌落过多而重叠，妨碍计数和单菌落的挑选。

思考题

(1)如果一次实验的转化率偏低，应从哪些方面分析原因？

(2)制备感受态细胞的基本原理是什么？

(3)如果在对照组不该长出菌落的培养皿中长出了菌落，该怎样分析这个实验结果？

实验五十一 转化菌落PCR检测

一、目的

(1)熟悉和掌握PCR的原理与操作。

(2)掌握琼脂糖凝胶电泳的原理与操作。

二、原理

克隆的成功与否在一定程度上可以从含 Amp(氨苄青霉素)的培养基上是否长出菌落以及菌落的颜色作个初步判断,但在连接过程中有时会出现连接的错误,从而也能在含 Amp(氨苄青霉素)的培养基上长出白色菌斑。因此,对克隆后的检测是必要的,可以避免或减少对不需要序列的测序工作,从而减少资源以及精力的浪费。

在 pMD18 - T Vector 质粒载体的插入位点两侧分别有一个 M_{13} - 47 引物结合位点和 RV - M_{13} 引物结合位点,可以根据这两个引物位点对克隆产物进行 M_{13} 引物 PCR 扩增检测,检测是否有片段大小正确的 DNA 序列的插入,从而初步判断是否是正确的克隆产物。

三、实验材料、器材和试剂

1. 实验材料

带有克隆子的菌液。

2. 实验器材

①PCR 仪;②超净工作台;③离心机;④移液器:⑤移液枪头;⑥八联管;⑦离心管架;⑧八联管盒;⑨冰箱;⑩灭菌牙签;⑪电泳仪;⑫水平电泳槽;⑬紫外观察仪。

3. 实验试剂

①灭菌双蒸水;②10mM dNTPs;③10×PCR buffer;④25mM $MgCl_2$;⑤10mg/mL BSA(牛血清白蛋白);⑥5U Taq DNA 聚合酶;⑦10μM M_{13}F 引物;⑧10μM M_{13}R 引物;⑨LB 液体培养基;⑩100mg/mL 氨苄青霉素;⑪琼脂糖;⑫6×loading buffer;⑬1×TAE 电泳缓冲液;⑭100bp DNA marker;⑮溴化乙锭(EB)。

四、操作方法

(一)挑取白色菌斑进行培养

在平板上可以看到蓝白菌斑,用灭菌牙签从每个平板上挑取 8 个白色单菌落,分别放入含 1mL LB 液体培养基(含氨苄青霉素)的 8 个 2mL 离心管中,于 37℃下振荡培养过夜。

(二)克隆 PCR

1. PCR 模板的前处理

取出 5μL 经过培养的菌液加入 45μL 灭菌双蒸水,混匀后,在 PCR 仪上,于 95℃下,10min,将其作为 PCR 的扩增模板,待用。

2. PCR 反应体系配制

在 20μL 反应体系中,加入稀释的模板 3.0μL,10μM M_{13} 上下游引物各加 0.25μL,10×PCR buffer 2.0μL,25mM $MgCl_2$ 2.5μL,10mg/mL BSA 2.0μL,10mM dNTPs 0.25μL,5U/μL Taq DNA 聚合酶 0.05μL,加灭菌双蒸水 9.7μL 至终体积,克隆检测 PCR 反应体系见表 18-3。

表 18－3　克隆检测 PCR 反应体系

	1×	8×
10×PCR buffer	2.0μL	16.0μL
25mM $MgCl_2$	2.5μL	20.0μL
10mg/mL BSA	2.0μL	16.0μL
10mM dNTPs	0.25μL	2.0μL
5U Taq	0.05μL	0.4μL
10μM $M_{13}F$	0.25μL	2.0μL
10μM $M_{13}R$	0.25μL	2.0μL
DNA template	3.0μL	/
ddH_2O	9.7μL	77.6μL
Total	20.0μL	136.0μL

3. PCR 反应程序设置

PCR 反应程序：

94℃, 2 min → 94℃,30 s → 55℃,30 s → 72℃,30 s → 72℃,10 min

（94℃,30 s → 55℃,30 s → 72℃,30 s：30 cycles）

4. PCR 产物的保存

PCR 反应程序结束后，将装有 PCR 扩增产物的八联管保存于 4℃冰箱中待用。

(三)电泳检测

1. 制胶

准备好制胶模具，称取 1.25g 琼脂糖，倒入蓝盖试剂瓶中，然后用量筒量取 50mL 1×TAE 电泳缓冲液倒入蓝盖瓶中。盖紧瓶盖，放入微波炉中，中火 2～3min，待琼脂糖完全熔化后，取出蓝盖试剂瓶(取时要戴微波炉手套，以免被烫伤)，室温下放置 5～8min，将凝胶液缓缓倒入制胶模具中，插上样品梳，室温下静置 20～30min。

2. 点样

将凝固好的琼脂糖凝胶，放入加有电泳缓冲液的水平电泳槽中，取出样品梳。然后按照 5μL 克隆 PCR 产物＋1.5μL 6×上样缓冲液的比例进行混合后，把混合溶液加入凝胶的样品槽中，在合适的样品槽中加入 2μL 100bp DNA marker。

3. 电泳

盖好电泳槽盖后，接通电源，120V 电泳 45min 左右。

4. 凝胶染色

电泳完毕后，取出凝胶，放入装有溴化乙锭的密封盒中，染色 25min。

5. 观察电泳结果

将染色后的凝胶置于紫外凝胶观察仪中观察电泳结果。

五、结果分析

可能出现的结果及分析见表 18－4。

表 18-4　电泳结果及分析

电泳结果	结果分析
电泳条带长度合适	载体中插入了合适的 PCR 产物
电泳条带长度大于或小于目标条带	连接或克隆 PCR 过程中出现了问题
电泳条带长度为 150bp	载体自连
未出现条带	电泳点样时操作不当

注：①pMD18-T Vector 载体自连后，经 M_{13} 引物扩增后的长度为 156bp；
②PCR 产物是指古 DNA 经过多重 PCR 扩增后得到的产物。

取合适电泳条带长度对应的培养菌液 0.5mL 到已灭菌的 1.5mL 离心管中，然后加入合适的 15%灭菌甘油，混匀后，用封口膜封好，送生物公司测定古 DNA 片段的序列。

附　录

一、常用酸碱和固态化合物的部分数据

1. 实验室中常用酸碱的相对密度及其浓度

名称	分子式	相对分子质量	相对密度	百分比浓度(%)	当量浓度 N	配 1L 1N 溶液所需体积(mL)
盐酸	HCl	36.47	1.19 1.18 1.10	37.20 35.40 20.00	12.0 11.8 6.0	84
硫酸	H_2SO_4	98.09	1.84 1.18	95.60 24.80	36.0 6.0	28
硝酸	HNO_3	63.02	1.42 1.40 1.20	70.98 65.30 32.36	16.0 14.5 6.1	63
冰醋酸	CH_3COOH	60.05	1.05	99.50	17.4	59
醋酸	CH_3COOH		1.075	80.00	14.3	
磷酸	H_3PO_4	98.06	1.71	85.00	15.0	67
氨水	NH_4OH	35.05	0.90 0.904 0.91 0.96	27.00 25.00 10.00	15.0 14.3 13.4 5.6	67 70
氢氧化钠(溶液)	$NaOH$	40.00	1.50	50.00	19.0	53

注：当量浓度是指在 1L 溶液中含有溶质的克当量数，称为当量浓度

2. 常用固态化合物的浓度配制参考表

名称	分子式	相对分子质量	浓度换算	
			Mol/L	g/L
草酸	$H_2C_2O_4 \cdot 2H_2O$	126.08	1.00	63.04
柠檬酸	$H_3C_6H_5O_7 \cdot H_2O$	210.14	0.10	7.00
氢氧化钾	KOH	56.10	5.00	280.50
氢氧化钠	$NaOH$	40.00	1.00	40.00
碳酸钠	Na_2CO_3	106.00	0.50	53.00
磷酸氢二钠	$Na_2HPO_4 \cdot 12H_2O$	358.20	1.00	358.20
磷酸二氢钾	KH_2PO_4	136.10	1/15	9.08
重铬酸钾	$K_2Cr_2O_7$	294.20	1/60	4.903 5
碘化钾	KI	166.00	0.50	83.00
高锰酸钾	$KMnO_4$	158.00	0.05	3.16
乙酸钠	NaC_2H_5O	82.04	1.00	82.04
硫代硫酸钠	$Na_2S_2O_3 \cdot 5H_2O$	248.20	0.10	24.82

二、溶液的配制

1. 一般溶液的配制

(1)用固体试剂配制溶液。

质量浓度溶液的配制:算出配制所需质量浓度的一定质量溶液的固体试剂的用量和蒸馏水量,用天平称取所需的量,放入烧杯中,再用量筒量取所需的蒸馏水注入同一烧杯中并搅拌,使固体完全溶解。将溶液倒入试剂瓶中,贴上标签,即得到所需质量浓度的溶液。

物质的量浓度溶液的配制:算出配制一定体积的溶液所需的固体试剂的用量,用天平称取所需的固体试剂,放在烧杯中,加入少量的蒸馏水搅拌,使固体完全溶解后转入容量瓶中,用蒸馏水稀释至刻度。将溶液倒入试剂瓶中,贴上标签,即得到所需的物质的量浓度溶液。

(2)用液体(或浓溶液)配制溶液。

体积比溶液的配制:按体积比,用量筒量取液体(或浓溶液)和溶剂的用量,按一定方法在烧杯中将两者混合并搅拌均匀。将溶液转移到试剂瓶中,贴上标签,即得到所需的体积比溶液。

物质的量浓度溶液的配制:从有关的表中查出液体(或浓溶液)相应的质量浓度、相对密度,算出配制一定体积的物质的量浓度所需要的液体(或浓溶液)的量。用量筒量取所需的液体,加到装有少量水的烧杯中混匀。如果溶液发热,需冷却至室温后再将溶液转移到相应的容量瓶中,用蒸馏水定容,然后移入试剂瓶中,贴上标签,即得到所需的物质的量浓度溶液。

2. 标准溶液的配制

(1)用固体试剂(基准物)配制标准溶液。算出一定体积的标准溶液所需的固体试剂的量,并在分析天平上准确称取它的质量,将其放在干净的烧杯中,加适量蒸馏水使其完全溶解。将所配溶液转移到容量瓶中,用少量蒸馏水洗涤烧杯 2～3 次,冲洗液也转入容量瓶中,再加蒸馏水至标准线,塞上塞子,将溶液摇匀后转入试剂瓶中,贴上标签,即得到所需的标准溶液。

(2)用较浓标准溶液配制较稀标准溶液。算出配制标准溶液所需已知标准溶液的用量,再用吸管量取已知用量的标准溶液放入给定体积的容量瓶中,加蒸馏水至刻度,摇匀,倒入试剂瓶中,贴上标签,即得到所需的标准溶液。

三、标准缓冲溶液的配制方法

酸度计用的标准缓冲液要求稳定性较大,温度依赖性较小,试剂易于提纯。常用标准缓冲液的配制方法如下:

(1)pH 值=4.0(10～20℃)。将邻二甲酸氢钾在 105℃下干燥 1h 后,称取 5.07g,加蒸馏水溶解至 500mL。

(2)pH 值=6.88(20℃)。称取在 130℃下干燥 2h 的磷酸二氢钾(KH_2PO_4)3.401g、磷酸二氢钠($Na_2HPO_4 \cdot 12H_2O$)8.95g 或无水磷酸二氢钠(Na_2HPO_4)3.54g,加蒸馏水至 500mL。

(3)pH 值=9.18(25℃)。称取四硼酸钠($Na_2B_4O_7 \cdot 10H_2O$)3.814 4g 或无水四硼酸钠($Na_2B_4O_7$)2.02g,加双蒸水溶解至 100mL。

四、常用缓冲液的配制

1. 磷酸氢二钠-柠檬酸缓冲液

pH	0.2mol/L Na_2HPO_4(mL)	0.1mol/L 柠檬酸(mL)	pH	0.2mol/L Na_2HPO_4(mL)	0.1mol/L 柠檬酸(mL)
2.2	0.40	19.60	5.2	10.72	9.28
2.4	1.24	18.76	5.4	11.15	8.85
2.6	2.18	17.82	5.6	11.60	8.40
2.8	3.17	16.83	5.8	12.09	7.91
3.0	4.11	15.89	6.0	12.63	7.37
3.2	4.94	15.06	6.2	13.22	6.78
3.4	5.70	14.30	6.4	13.85	6.15
3.6	6.44	13.56	6.6	14.55	5.45
3.8	7.10	12.90	6.8	15.45	4.55
4.0	7.71	12.29	7.0	16.47	3.53
4.2	8.28	11.72	7.2	17.39	2.61
4.4	8.82	11.18	7.4	18.17	1.83
4.6	9.35	10.65	7.6	18.73	1.27
4.8	9.86	10.14	7.8	19.15	0.85
5.0	10.30	9.70	8.0	19.45	0.55

Na_2HPO_4 Mr=141.98;0.2mol/L 溶液为 28.40g/L。

$Na_2HPO_4 \cdot 2H_2O$ Mr=178.05;0.2mol/L 溶液为 35.61g/L。

$C_6H_8O_7 \cdot H_2O$ Mr=210.14;0.1mol/L 溶液为 21.01g/L。

2. 磷酸氢二钠-磷酸二氢钾缓冲液(1/15mol/L)

pH	1/15mol/L Na_2HPO_4(mL)	1/15mol/L KH_2PO_4(mL)	pH	1/15mol/L Na_2HPO_4(mL)	1/15mol/L KH_2PO_4(mL)
4.92	0.10	9.90	7.17	7.00	3.00
5.29	0.50	9.50	7.38	8.00	2.00
5.91	1.00	9.00	7.73	9.00	1.00
6.24	2.00	8.00	8.04	9.50	0.50
6.47	3.00	7.00	8.34	9.75	0.25
6.64	4.00	6.00	8.67	9.90	0.10
6.81	5.00	5.00	8.18	10.00	0.00
6.98	6.00	4.00			

$Na_2HPO_4 \cdot 2H_2O$ Mr=178.05;1/15mol/L 溶液为 11.87g/L。

KH_2PO_4 Mr=136.09;1/15mol/L 溶液为 9.078g/L。

3. 磷酸氢二钠-磷酸二氢钠缓冲液(0.2mol/L)

pH	0.2mol/L Na_2HPO_4(mL)	0.2mol/L NaH_2PO_4(mL)	pH	0.2mol/L Na_2HPO_4(mL)	0.2mol/L NaH_2PO_4(mL)
5.8	8.0	92.0	7.0	61.0	39.0
5.9	10.0	90.0	7.1	67.0	33.0
6.0	12.3	87.7	7.2	72.0	28.0
6.1	15.0	85.0	7.3	77.0	23.0
6.2	18.5	81.5	7.4	81.0	19.0
6.3	22.5	77.5	7.5	84.0	16.0
6.4	26.5	73.5	7.6	87.0	13.0
6.5	31.5	68.5	7.7	89.5	10.5
6.6	37.5	62.5	7.8	91.5	8.5
6.7	43.5	56.5	7.9	93.0	7.0
6.8	49.0	51.0	8.0	94.7	5.3
6.9	55.0	45.0			

$Na_2HPO_4 2H_2O$ Mr=178.05;0.2mol/L 溶液为 35.61g/L。

$Na_2HPO_4 \cdot 12H_2O$ Mr=358.22;0.2mol/L 溶液为 71.64g/L。

$NaH_2PO_4 \cdot H_2O$ Mr=138.01;0.2mol/L 溶液为 27.6g/L。

$NaH_2PO_4 \cdot 2H_2O$ Mr=156.03;0.2mol/L 溶液为 31.21g/L。

4. 磷酸二氢钾—氢氧化钠缓冲液(0.05mol/L)

pH (20℃)	0.2mol/L KH_2PO_4(mL)	0.2mol/L NaOH(mL)	pH (20℃)	0.2mol/L KH_2PO_4(mL)	0.2mol/L NaOH(mL)
5.8	5	0.372	7.0	5	2.963
6.0	5	0.570	7.2	5	3.500
6.2	5	0.860	7.4	5	3.950
6.4	5	1.260	7.6	5	4.280
6.6	5	1.780	7.8	5	4.520
6.8	5	2.365	8.0	5	4.680

0.2mol/L KH_2PO_4+0.2mol/L NaOH 的体积再加水稀释至 20mL。

5. 乙酸-乙酸钠缓冲液(0.2mol/L)

pH	0.2mol/L NaAc(mL)	0.2mol/L HAc(mL)	pH	0.2mol/L NaAc(mL)	0.2mol/L HAc(mL)
3.6	0.75	9.25	4.8	5.90	4.10
3.8	1.20	8.80	5.0	7.00	3.00
4.0	1.80	8.20	5.2	7.90	2.10
4.2	2.65	7.35	5.4	8.60	1.40
4.4	3.70	6.30	5.6	9.10	0.90
4.6	4.90	5.10	5.8	9.40	0.60

$NaAc \cdot 3H_2O$ Mr=136.09;0.2mol/L 溶液为 27.22g/L。

6. Tris－盐酸缓冲液(0.05mol/L 25℃)

50mL 0.1mol/L 三羟甲基氨基甲烷(Tris)溶液与 xmL 0.1mol/L 盐酸混匀后，加水稀释至 100mL。

pH	x(mL)	pH	x(mL)
7.1	45.7	8.1	26.2
7.2	44.7	8.2	22.9
7.3	43.4	8.3	19.9
7.4	42.0	8.4	17.2
7.5	40.3	8.5	14.7
7.6	38.5	8.6	12.4
7.7	36.6	8.7	10.3
7.8	34.5	8.8	8.5
7.9	32.0	8.9	7.0
8.0	29.2	9.0	5.7

三羟甲基氨基甲烷(Tris)：Mr＝124.14，0.1mol/L 溶液为 12.114g/L。

Tris 溶液能从空气中吸收 CO_2，使用时应注意将瓶盖盖严。

7. 柠檬酸-柠檬酸钠缓冲液(0.1mol/L)

pH	0.1mol/L 柠檬酸(mL)	0.1mol/L 柠檬酸钠(mL)	pH	0.1mol/L 柠檬酸(mL)	0.1mol/L 柠檬酸钠(mL)
3.0	18.6	1.4	5.0	8.2	11.8
3.2	17.2	2.8	5.2	7.3	12.7
3.4	16.0	4.0	5.4	6.4	13.6
3.6	14.9	5.1	5.6	5.5	14.5
3.8	14.0	6.0	5.8	4.7	15.3
4.0	13.1	6.9	6.0	3.8	16.2
4.2	12.3	7.7	6.2	2.8	17.2
4.4	11.4	8.6	6.4	2.0	18.0
4.6	10.3	9.7	6.6	1.4	18.6
4.8	9.2	10.8			

柠檬酸 $C_6H_8O_7 \cdot H_2O$：相对分子质量为 210.14；0.1mol/L 溶液为 21.01g/L。

柠檬酸钠 $Na_3C_6H_5O_7 \cdot 2H_2O$：相对分子质量为 294.12；0.1mol/L 溶液为 29.41g/L。

五、常用试剂和电泳缓冲液的配制

1. 常用试剂母液配制

(1)10mol/L NaOH 溶液：取氢氧化钠(分析纯，分子量 40)80g，先用 160mL 双蒸水搅拌溶解后，再加双蒸水定容至 200mL。

(2)200mmol/L 葡萄糖溶液：葡萄糖(分析纯，分子量 198.17)3.96g，用双蒸水溶解后定容至 100mL，高压灭菌 30min，置冰箱储存备用。

(3)500mmol/L EDTA(pH 值为 8.0)溶液：称取 EDTA－Na_2(乙二胺四乙酸二钠，分析纯，分子量 372.24)18.6g，先用 70mL 双蒸水，加 10mL 10mol/L NaOH 溶液，加热搅拌溶解后，再用 10mol/L NaOH 溶液调 pH 值至 8.0，加双蒸水定容至 100mL，高压灭菌 20min。

(4)250mmol/L EDTA(pH 值为 7.6)溶液：称取 EDTA－Na_2 9.3g，先加 70mL 双蒸水，5mL 10mol/L NaOH 溶液，加热搅拌溶解后，再用 10mol/L NaOH 溶液调 pH 值至 7.6，用双蒸水定容至 100mL。高压灭菌 20min。

(5)5mmol/L NH_4Ac 溶液：称取乙酸铵(分析纯，分子量 77.08)192.7g，加双蒸水 250mL 混匀，加双蒸水定容至 500mL，高压灭菌 20min。

(6)20%SDS 溶液：称取固体 SDS(十二烷基硫酸钠，分子量 288.44)20g，加 70mL 双蒸水于 42℃水溶解，加双蒸水定容至 100mL。

(7)3mol/L NaAc 溶液：称取无水乙酸钠(分析纯，分子量 82.03)123.04g，先加入双蒸水 400mL，加热搅拌溶解，再加双蒸水定容至 500mL。高压灭菌 20min。

(8)3mol/L NaAc(pH 值为 5.6)溶液：称取无水乙酸钠(分析纯，分子量 82.03)49.2g，先加 140mL 双蒸水，加热使之溶解，再用冰乙酸(分析纯，分子量 60.05)约 30mL 调 pH 值至 5.6，加双蒸水定容至 200mL，高压灭菌 20min，置 4℃冰箱中储存。

(9)3mol/L NaAc 溶液(pH 值为 4.8)：配制方法同(8)，只是改用冰乙酸约 40mL 调 pH 值至 4.8。

(10)5mol/L NaCl 溶液：称取氯化钠 292.2g，先加 800mL 双蒸水(注意：氯化钠的溶解度为 36，此浓度已接近氯化钠的饱和度，较难溶解，搅拌溶解后，加双蒸水定容至 1 000mL，高压灭菌 20min。

(11)1mol/L $CaCl_2$ 溶液：称取无水氯化钙(分析纯，分子量 110.99)55.5g，加双蒸水 300mL，充分溶解后，用双蒸水定容至 500mL，高压灭菌 20min。

(12)1mol/L $MnCl_2$ 溶液：称取氯化锰($MnCl_2 \cdot 2H_2O$，分析纯，分子量 197.8)98.9g，加双蒸水 300mL，溶解后用双蒸水定容至 500mL，高压灭菌 20min，4℃冰箱中储存。

(13)10mg/mL 溴化乙锭溶液(简称 EB)：戴手套谨慎称取溴化乙锭(分子量 394.33)约 200mg 于棕色试剂瓶内，按 10mg/mL 的浓度加双蒸水配制，溶解后储存于 4℃冰箱中备用(EB 是 DNA 的诱变剂，亦是极强的致癌物，使用时要小心谨慎)。

(14)1mol/L $MgCl_2$ 溶液：称取氯化镁(分析纯，分子量 203.30)4.06g，加双蒸水 16mL，加热搅拌溶解后，用双蒸水定容至 20mL，高压灭菌 20min，置冰箱中储存备用。

(15)Tris－HCl 饱和酚(pH 值为 8.0)溶液：将苯酚(俗称石炭酸，分析纯，分子量 94.11)置于 65℃水浴中溶解后，量取一定体积的苯酚于分液漏斗中，加入等体积的 1mol/L Tris－HCl(pH 值为 8.0)缓冲液，立即加盖，激烈振荡，加入固体 Tris 调节 pH，一般 100mL 苯酚约加 1g 固体 Tris，摇匀溶解直至分层后，测上层水相 pH 值至 7.6～8.0，从分液漏斗中放出下层酚相，立即放置 4℃冰箱中储存备用（操作时要戴手套，酚在空气中极易氧化变红，注意随时加盖，也可加入抗氧化剂，如：加入 0.1%8 -羟基喹啉，0.2%β-巯基乙醇）。

（16）1mol/L β-巯基乙醇：量取 14.2mol/L 的 β-巯基乙醇原液（分析纯，分子量 78.13）1.42mL，加入灭菌双蒸水 8.58mL，充分摇匀，置 4℃冰箱中储存备用。

2. 常用电泳缓冲液配制

（1）50×TAE 缓冲液（50×0.04mol/L Tris - Ac，50×1mmol/L EDTA）：称取 Tris 242.2g，先用 300mL 双蒸水加热搅拌溶解后，加 57mL 冰乙酸，加 100mL 500mmol/L EDTA（pH 值为 8.0），用冰乙酸调 pH 值至 8.0，然后加双蒸水定容至 1 000mL。

（2）10×TBE 缓冲液（10×89mmol/L Tris -硼酸，10×2mmol/L EDTA pH 为 8.0）：称取 Tris 108g，硼酸（分析纯）55g，加入 40mL 500mmol/L EDTA，然后加 800mL 双蒸水，加热溶解后，再加双蒸水定容至 1 000mL。

（3）5×Tris -甘氨酸电泳缓冲液（5×25mmol/L Tris，5×250mmol/L 甘氨酸，5×1% SDS）：称取 Tris 15.1g 甘氨酸 94g，5g SDS，加重蒸水 800mL 溶解后，最后加重蒸水定容至 1 000mL。

（4）6 倍电泳上样缓冲液Ⅰ：称取溴酚蓝 200mg，放入烧杯中，加双蒸水 10mL，搅拌使其溶解，再称取蔗糖 50g，加双蒸水溶解后移入溴酚蓝溶液中，摇匀后再加双蒸水定容至 100mL，加 NaOH 1～2 滴，调至蓝色，存放在 4℃下备用。

（5）6 倍电泳上样缓冲液Ⅱ：称取溴酚蓝 250mg，加双蒸水 10mL，在室温下过夜，再称取 250mg 二甲苯青蓝于 10mL 双蒸水溶解，称取 40g 蔗糖，加双蒸水溶解后，合并上述三溶液，加双蒸水定容至 100mL，存放在 4℃下备用。

六、电泳染色方法

生物高分子经电泳分离后需经染色使其在支持物（如琼脂糖、聚丙烯酰胺凝胶等）相应位置上显示出谱带，从而检测其纯度、含量及生物活性。每种待检物质均有多种染色方法，读者可以选择使用。

（一）核酸染色

核酸经电泳分离后，将凝胶先用三氯乙酸、甲酸-乙酸混合液、氯化高汞、乙酸等固定，或者将有关染料与上述固定液配在一起，同时固定与染色。有的染色液可同时染 DNA 及 RNA，也有 RNA、DNA 各自特殊的染色法。

1. RNA 染色法

（1）焦宁 Y（pyronine Y）：此染料对 RNA 染色效果好，灵敏度高，可检出 0.01μg 的 RNA。脱色后凝胶本底色浅而 RNA 色带稳定，抗光，不易褪色。此染料最适浓度为 0.5%。方法：0.5%焦宁 Y 溶于乙酸-甲醇-水（1：1：8，V/V）和 1%乙酸镧的混合液中染 16h（室温），用乙酸-甲醇-水（0.5：1：8.5）脱色。

（2）甲苯胺蓝 O（toluidine blue O）：其最适浓度为 0.7%，染色效果较焦宁 Y 稍差些，因凝胶本底脱色不完全，较浅的 RNA 色带不易检出。方法：0.7%甲苯胺蓝溶于 15%乙酸中，染 1～2h，用 7.5%乙酸脱色。

2. DNA 染色法

(1)甲基绿(methyl green):一般将 0.25%甲基绿溶于 0.2mol/L pH 值为 4.1 的乙酸缓冲液中,用氯仿反复抽提至无紫色,室温下染 1h。此法适用于检测天然 DNA。

(2)二苯胺(diphenylamine):DNA 中的 α-脱氧核糖在酸性环境中与二苯胺试剂染色 1h,再在沸水浴中加热 10min 即可显示蓝色区带。此法可区别 DNA 和 RNA。

3. RNA、DNA 共用染色法——荧光染料溴乙锭(ethidium bromide,简称 EB)

可用于观察琼脂糖电泳中的 RNA、DNA 带。EB 能插入核酸分子中碱基对之间,导致 EB 与核酸结合。可在紫外分析灯(254nm)下观察荧光。如将已染色的凝胶浸泡在 1mmol/L $MgSO_4$中 1h,可以降低未结合的 EB 引起的背景荧光,有利于检测极少量的 DNA。

EB 染料的优点:操作简单。凝胶可用 0.5～1mg/mL 的 EB 染色,染色时间取决于凝胶浓度,低于 1%的琼脂糖凝胶染 15min 即可。染色后不会使核酸断裂,而其他染料做不到这点,因此,可将染料直接加到核酸样品中,这样可以随时用紫外灯追踪检查。灵敏度高,对 1ng RNA、DNA 均可染色。

注意:EB 染料是一种强烈的诱变剂,操作时应戴上手套,加强防护。

(二)蛋白质染色

1. 氨基黑 10B

将凝胶于 12.5%三氯乙酸中固定 30min,然后用 0.05%氨基黑 10B(12.5%三氯乙酸配制)染色 3h,再经 12.5%三氯乙酸脱色,直至背景清晰为止。蛋白质条带呈蓝绿色或蓝色。

2. 考马斯亮蓝 R250

将凝胶浸入固定液(乙醇∶冰醋酸∶水=5∶1∶4,V/V)固定 1h,然后用 0.25%考马斯亮蓝 R250 染色 0.5～1h。染色后的胶片用水冲去表面染料,用脱色液(乙醇∶冰醋酸∶水=5∶1∶5,V/V)脱色至条带清晰为止。该方法的灵敏度比氨基黑高 5 倍。

3. 考马斯亮蓝 G250

将凝胶浸入 12.5%三氯乙酸中固定 30min,然后浸入 0.1%考马斯亮蓝 G250 溶液(用 12.5%三氯乙酸配制)中染色 30min,一般无需脱色,染色灵敏度为氨基黑的 3 倍。

(三)同工酶染色

1. 过氧化物酶

染色液组成:70.4mg 抗坏血酸,20mL 联苯胺储液(2g 联苯胺溶于 18mL 冰醋酸中再加水 72mL),20mL 0.6%过氧化氢,60mL 水。

染色方法:电泳完毕,剥取凝胶,用蒸馏水漂洗数次后,放入染色液,约 1～5min 出现清晰的过氧化物酶区带,迅速倾出染色液,用蒸馏水洗涤数次,于 7%乙酸中保存。

2. 酯酶同工酶

染色液组成:坚牢蓝 RR 盐 30mg 溶于 30mL pH 值为 6.4 的 0.1mol/L 磷酸缓冲液中,2mL 1%α-醋酸萘酯(少许丙酮溶解,用 80%酒精配),1mL 2%β-醋酸萘酯(配制同 α-醋酸萘酯),混匀即可。

染色方法:电泳完毕,剥取凝胶,立即转移至上述染色液中,于 37℃下保温数分钟,当呈现棕红色的酯酶同工酶谱带时,迅速倾出染色液,用蒸馏水漂洗,于 7%乙酸中保存。

3. 细胞色素氧化酶同工酶

染色液组成：1%二甲基对苯二胺 3mL，1%α-萘酚（溶于 40%乙醇）3mL，0.1mol/L，pH 值为 7.4 的磷酸缓冲液 75mL，混匀后即可。

染色方法：剥取凝胶，放入上述染色液中，于 37℃下保温数分钟，直至条带清晰时，立即倒掉染色液，用无离子水冲洗数次，立即照相或记录结果，否则天蓝色的酶带会褪去，在水中只能作短期保存。

4. 酸性磷酸酯酶同工酶

染色液组成：100mg α-磷酸萘酯钠盐、100mg 坚牢蓝 RR 盐、100mL 0.2mol/L，pH 值为 5.0 的醋酸缓冲液。

染色方法：取经蒸馏水漂洗数次的凝胶浸入染色液，于 37℃下保温至出现玫瑰红区带为止，用 7%乙酸终止反应及保存。

5. 碱性磷酸酯酶同工酶

染色液组成：100mg α-萘酚酸性磷酸钠盐、100mg 坚牢蓝 RR 盐、100mL 0.1mol/L Tris-HCl（pH 值为 8.5）、10% $MgCl_2$ 10 滴，1% $MnCl_2$ 10 滴。

染色方法：凝胶置于混合液中在 25℃下保温 2～8h，待出现橘红色的酶带后，用水冲洗，拍照。

6. 超氧化物歧化酶同工酶

1)正染色法

正染色液：10mmol/L，pH 值为 7.2 的磷酸缓冲液中含 2mmol/L 茴香胺，0.1mmol/L 核黄素。

正染色：凝胶在室温下于上述缓冲液中浸泡 1h，快速水洗两次，光照 5～15min 显示棕色 SOD 活性谱带。染色后的凝胶经蒸馏水漂洗数次用于照相或制成干胶片。

2)负染色法

负染色液：0.05mol/L，pH 值为 7.8 的磷酸缓冲液中含有 0.028mol/L 四甲基乙二胺，2.8×10^{-5} mol/L 核黄素，1.0×10^{-2} mol/L EDTA。

7. 乳酸脱氢酶同工酶

染色液组成：NAD 50mg，NBT 30mg，PMS 2mg，1mol/L D，L-乳酸钠 10mL，0.1mol/L NaCl 5.2mL，0.5mol/L Tris-HCl 缓冲液（pH 值为 7.4）15.2mL，加水至 100mL。该溶液应避免低温保存，1 周内有效，如溶液呈绿色，即失效。

染色方法：将凝胶浸入上述染色液 1h 左右，凝胶片上可显示出蓝紫色的乳酸脱氢酶同工酶区带图谱，染色后的凝胶用重蒸水冲洗两次，放入 50%～70%乙醇中保存。

1mol/L D，L-乳酸钠溶液（pH 值为 7.0）的配制：称取 6.07g $Na_2CO_3 \cdot H_2O$ 溶解于 50mL 水中，置冰浴中并在搅拌时慢慢加入 85%的 D，L-乳酸 10.6mL，加水至 100mL。

七、硫酸铵饱和度的常用表

1. 调整硫酸铵溶液饱和度计算表(25℃)

	硫酸铵终浓度%饱和度																	
	10	20	25	30	33	35	40	45	50	55	60	65	70	75	80	90	100	
	每 1L 溶液加固体硫酸铵的 g 数*																	
硫酸铵初浓度%饱和度	0	56	114	144	176	196	209	243	277	313	351	390	430	472	516	561	662	767
	10		57	86	118	137	150	183	216	251	288	326	365	406	449	494	592	694
	20			29	59	78	91	123	155	189	225	262	300	340	382	424	520	619
	25				30	49	61	93	125	158	193	230	267	307	348	390	485	583
	30					19	30	62	94	127	162	198	235	273	314	356	449	546
	33						12	43	74	107	142	177	214	252	292	333	426	522
	35							31	63	97	129	164	200	238	278	319	411	506
	40								31	63	97	132	168	205	245	285	375	469
	45									32	65	99	134	171	210	250	339	431
	50										33	66	101	137	176	214	302	392
	55											33	67	103	141	179	264	353
	60												34	69	105	143	227	314
	65													34	70	107	190	275
	70														35	72	153	237
	75															35	115	198
	80																77	157
	90																	79

* 表示在 25℃下,硫酸铵溶液由初浓度调到终浓度时,每升溶液所加固体硫酸铵的 g 数。

2. 调整硫酸铵溶液饱和度计算表(0℃)

硫酸铵初浓度%饱和度	硫酸铵终浓度%饱和度																
	20	25	30	35	40	45	50	55	60	65	70	75	80	85	90	95	100
	每 100mL 溶液加固体硫酸铵的 g 数*																
0	10.6	13.4	16.4	19.4	22.6	25.8	29.1	32.6	36.1	39.8	43.6	47.6	51.6	55.9	60.3	65.0	69.7
5	7.9	10.8	13.7	16.6	19.7	22.9	26.2	29.6	33.1	36.8	40.5	44.4	48.4	52.6	57.0	61.5	66.2
10	5.3	8.1	10.9	13.9	16.9	20.0	23.3	26.6	30.1	33.7	37.4	41.2	45.2	49.3	53.6	58.1	62.7
15	2.6	5.4	8.2	11.1	14.1	17.2	20.4	23.7	27.1	30.6	34.3	38.1	42.0	45.0	50.3	54.7	59.2
20	0	2.7	5.5	8.3	11.3	14.3	17.5	20.7	24.1	27.6	31.2	34.9	38.7	42.7	46.9	51.2	55.7
25		0	2.7	5.6	8.4	11.5	14.6	17.9	21.1	24.5	28.0	31.7	35.5	39.5	43.6	47.8	52.2
30			0	2.8	5.6	8.6	11.7	14.8	18.1	21.4	24.9	28.5	32.3	36.2	40.2	44.5	48.8
35				0	2.8	5.7	8.7	11.8	15.1	18.4	21.8	25.4	29.1	32.9	36.9	41.0	45.3
40					0	2.9	5.8	8.9	12.0	15.3	18.7	22.2	25.8	29.6	33.5	37.6	41.8
45						0	2.9	5.9	9.0	12.3	15.5	19.0	22.6	26.3	30.2	34.2	38.3
50							0	3.0	6.0	9.2	12.5	15.9	19.4	23.0	26.8	30.8	34.8
55								0	3.1	6.2	9.5	12.9	16.4	19.7	23.5	27.3	31.3
60									0	3.1	6.3	9.7	13.2	16.8	20.1	23.1	27.9
65										0	3.1	6.3	9.7	13.2	16.8	20.5	24.4
70											0	3.2	6.5	9.9	13.4	17.1	20.9
75												0	3.2	6.6	10.1	13.7	17.4
80													0	3.3	6.7	10.3	13.9
85														0	3.4	6.8	10.5
90															0	3.4	7.0
95																0	3.5
100																	0

* 表示在 0℃下，硫酸铵溶液由初浓度调到终浓度时，每 100mL 溶液所加固体硫酸铵的 g 数。

八、常用核酸与蛋白质的换算数据

1. 质量换算

1μg＝10^{-6}g

1ng＝10^{-9}g

1pg＝10^{-12}g

1fg＝10^{-15}g

2. 分光光度换算

1A_{260nm}双链 DNA 相当于 50μg/mL

1A_{260nm}单链 DNA 相当于 33μg/mL

1A_{260nm}双链 RNA 相当于 40μg/L

3. DNA 物质的量换算

1μg 1 000bp DNA＝1.52pmol

1μg pBR322 DNA＝0.36pmol

1pmol 1 000bp DNA＝0.66μg

1pmol pBR322＝2.8μg

1kb 双链 DNA(钠盐)＝6.6×10^5

1kb 单链 DNA(钠盐)＝3.3×10^5

1kb 双链 RNA(钠盐)＝3.4×10^5

脱氧核糖核苷的平均分子量＝324.5

4. 蛋白物质的量换算

100pmol Mr 100 000 蛋白质＝10μg

100pmol Mr 50 000 蛋白质＝5μg

100pmol Mr 10 000 蛋白质＝1μg

氨基酸的平均分子量＝126.7

5. 蛋白质/DNA 换算

1kb DNA＝333 个氨基酸编码容量＝3.7×10^4 Mr 蛋白质

10 000Mr 蛋白质＝270bp DNA

30 000Mr 蛋白质＝810bp DNA

50 000Mr 蛋白质＝1.35kb DNA

100 000Mr 蛋白质＝2.7kb DNA

九、常用层析介质数据

1. Sephadex 凝胶的技术数据

型　号	颗粒直径(μm)	相对分子质量	
		肽和蛋白质	葡聚糖
Sephadex G－10	40～120	＜700	＜700
Sephadex G－15	40～120	＜1 500	＜1 500
Sephadex G－25 粗颗粒	100～300		
Sephadex G－25 中颗粒	50～150	1 000～5 000	100～5 000
Sephadex G－25 细颗粒	20～80		
Sephadex G－25 超细颗粒	10～40		
Sephadex G－50 粗颗粒	100～300		
Sephadex G－50 中颗粒	50～150		
Sephadex G－50 细颗粒	20～80	1 500～30 000	500～10 000
Sephadex G－50 超细颗粒	10～40		
Sephadex G－75	40～120	3 000～80 000	1 000～50 000
Sephadex G－75 超细颗粒	10～40	3 000～70 000	
Sephadex G－100	40～120	4 000～150 000	1 000～100 000
Sephadex G－100 超细颗粒	10～40	4 000～100 000	
Sephadex G－150	40～120	5 000～400 000	1 000～150 000
Sephadex G－150 超细颗粒	10～40	5 000～150 000	
Sephadex G－200	40～120	5 000～800 000	1 000～200 000
Sephadex G－200 超细颗粒	10～40	5 000～250 000	

2. 商品琼脂糖凝胶的技术数据

型号	筛孔	颗粒直径(μm)	分级范围(百万)	琼脂糖浓度(%)
Sepharose 2B		60～250	～40	2
Sepharose 4B		40～190	～20	4
Sepharose 6B		40～210	～4	6
Sepharose CL-2B		60～200	～40	2
Sepharose CL-4B		60～140	～20	4
Sepharose CL-6B		45～155	～4	6
Bio-Gel A-0.5m	50～100	150～300		
Bio-Gel A-0.5m	100～200	75～150	<0.010～0.5	10
Bio-Gel A-0.5m	200～400	40～75		
Bio-Gel A-1.5m	50～100	150～300		
Bio-Gel A-1.5m	100～200	75～150		
Bio-Gel A-1.5m	200～400	40～75	<0.010～1.5	8
Bio-Gel A-5m	50～100	150～300		
Bio-Gel A-5m	100～200	75～150	0.010～5	
Bio-Gel A-5m	200～400	40～75		6
Bio-Gel A-15m	50～100	150～300		
Bio-Gel A-15m	100～200	75～150	0.04～15	
Bio-Gel A-15m	200～400	40～75		4
Bio-Gel A-50m	50～100	150～300		
Bio-Gel A-50m	100～200	75～150	～0.10	50
Bio-Gel A-150m	50～100	150～300		2
Bio-Gel A-150m	100～200	75～150	1～>150	1

3. 聚丙烯酰胺凝胶的技术数据

型号	排阻下限(相对分子质量)	分级分离范围(相对分子质量)	膨胀后柱床体积(mL/g 干凝胶)	膨胀需最少时间(室温,h)
Bio-gel-P-2	1 600	200～2 000	3.8	2～4
Bio-gel-P-4	3 600	500～4 000	5.8	2～4
Bio-gel-P-6	4 600	1 000～5 000	8.8	2～4
Bio-gel-P-10	10 000	5 000～17 000	12.4	2～4
Bio-gel-P-30	30 000	20 000～50 000	14.9	10～12
Bio-gel-P-60	60 000	30 000～70 000	19.0	10～12
Bio-gel-P-100	100 000	40 000～100 000	19.0	24
Bio-gel-P-150	150 000	50 000～150 000	24.0	24
Bio-gel-P-200	200 000	80 000～300 000	34.0	48
Bio-gel-P-300	300 000	100 000～400 000	40.0	48

十、离心力与离心机转速测算表

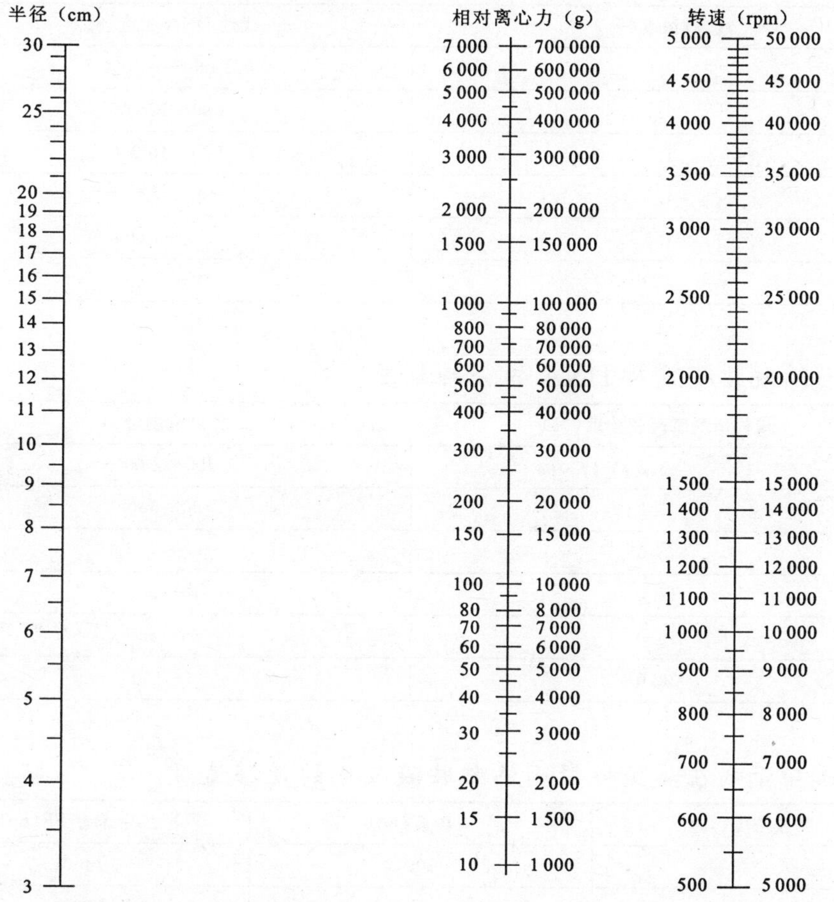

离心机转子的半径也就是离心管中轴底部内部到离心机转轴中心的距离，单位为 cm。

rpm 表示离心机每分钟的转速。

相对离心力是以地心引力即重力加速度的倍数来表示，一般用 g 表示。

相对离心力(g)＝$1.119\times10^{-5}\times$离心机的转子半径(cm)×转速$(\text{rpm})^2$

将离心机转数换算为离心力时，首先，在半径标尺上取已知的半径和在转速标尺上取已知的离心机转速，然后，将这两点间画一条直线，在图中间相对离心力标尺上的交叉点即为相应的离心力数值。

注意：若已知的转速值处于转速标尺的右侧，则应读数取相对离心力标尺右侧的数值。同样方式，转速值处于转速标尺左侧，则读数取相对离心力标尺左侧的数值。

十一、与 DNA 凝胶电泳有关的数据

1. 琼脂糖凝胶浓度与线性 DNA 分辨范围

凝胶浓度(%)	线性 DNA 长度(bp)
0.5	1 000～30 000
0.7	800～12 000
1.0	500～10 000
1.2	400～7 000
1.5	200～3 000
2.0	50～2 000

2. 聚丙烯酰胺凝胶对 DNA 的分辨范围

聚丙烯酰胺凝胶浓度(%)	分离范围(bp)
3.5	100～2 000
5.0	80～500
8.0	60～400
12.0	40～200
15.0	25～150
20.0	6～100

3. 电泳指示剂在非变性聚丙烯酰胺凝胶中的迁移速度

凝胶浓度(%)	溴酚蓝(bp)	二甲苯青 FF(bp)
3.5	100	460
5.0	65	260
8.0	45	160
12.0	20	70
15.0	15	60
20.0	12	45

4. 电泳指示剂在变性聚丙烯酰胺凝胶中的迁移速度

凝胶浓度(%)	溴酚蓝(bp)	二甲苯青 FF(bp)
5.0	35	140
6.0	26	106
8.0	19	75
10.0	12	55
20.0	8	28

十二、常用培养基的配制

(1)LB 液体培养基(luria - bertani,LB)。配制每升培养基,应在 950mL 去离子水中加入:

胰蛋白胨(tryptone)10g

酵母提取物(yeast extract)5g

氯化钠 10g

摇动容器直至溶质完全溶解,用 5mol/L 氢氧化钠(约 0.2mL)调节 pH 值至 7.0,加入去离子水至总体积为 1L,在 1.034×10^5Pa 高压下蒸汽灭菌 25min。

(2)LB 固体培养基。配制每升培养基,应在 950mL 去离子水中加入:

胰蛋白胨(tryptone)10g

酵母提取物(yeast extract)5g

琼脂粉 15g

氯化钠 10g

加入去离子水至总体积为 1L,在 1.034×10^5Pa 高压下蒸汽灭菌 25min,灭菌完成后,取出培养基,待其温度约为 60℃时,摇匀后到培养基平板。

(3)SOB 培养基。配制每升培养基,应在 950mL 去离子水中加入:

胰化蛋白胨(tryptone)	20g
酵母提取物(yeast extract)	5g
氯化钠	0.5g

摇动容器使溶质完全溶解,然后加入 10mL 250mmol/L 氯化钾溶液(在 100mL 去离子水中溶解 1.86g 氯化钾配制成 250mmol/L 氯化钾溶液),用 5mol/L 氢氧化钠(约 0.2mL)调节溶液的 pH 值至 7.0,然后加入去离子水至总体积为 1L,在 1.034×10^5Pa 高压下蒸汽灭菌 25min。该溶液在使用前加入 5mL 经灭菌的 2mol/L 氯化镁溶液。

(4)SOC 培养基。配制每升培养基,应在 950mL 去离子水中加入:

胰化蛋白胨(tryptone)	20g
酵母提取物(yeast extract)	5g
氯化钠	0.5g

摇动容器使溶质完全溶解后,加入 10mL 250mmol/L 氯化钾溶液,用 5mol/L 氢氧化钠(约 0.2 mL)调节溶液的 pH 值至 7.0,然后加入去离子水至总体积为 1 L,在 1.034×10^5Pa 高压下蒸汽灭菌 25 min。灭菌后,待培养基降温至 60℃或 60℃以下,然后加入经除菌的 1mol/L 葡萄糖溶液(1mol/L 葡萄糖溶液的配制方法如下:在 90mL 的去离子水中溶解 18g 葡萄糖,待糖完全溶解后,加入去离子水至总体积为 100mL,然后用 0.22μm 滤膜过滤除菌)。

十三、常用蛋白质相对分子质量标准参照物

蛋白质(高相对分子质量标准参照)	Mr	蛋白质(中相对分子质量标准参照)	Mr	蛋白质(低相对分子质量标准参照)	Mr
肌球蛋白	212 000	磷酸化酶 B	97 400	溶菌酶	14 400
β-半乳糖苷酶	116 000	牛血清清蛋白	66 200	肌球蛋白(F1)	8 100
磷酸化酶 B	97 000	谷氨酸脱氢酶	55 000	肌球蛋白(F2)	6 200
牛血清清蛋白	66 200	卵清蛋白	42 700	肌球蛋白(F3)	2 500
过氧化氢酶	57 000	醛缩酶	40 000		
醛缩酶	40 000	碳酸酐酶	31 000		
大豆胰蛋白酶抑制剂	21 500	马心肌球蛋白	16 900		

十四、十进位数量词头及符号

词头	符号	系数	词头	符号	系数
atto - 阿	a	$\times10^{-18}$	deci -分	d	$\times10^{-1}$
femto -飞	f	$\times10^{-15}$	deca -十	da	$\times10$
pico -皮	p	$\times10^{-12}$	hecto -百	h	$\times10^{2}$
nano -纳	n	$\times10^{-9}$	kilo -千	k	$\times10^{3}$
micro -微	μ	$\times10^{-6}$	mega -兆	M	$\times10^{6}$
mili -毫	m	$\times10^{-3}$	giga -吉	G	$\times10^{9}$
centi -厘	c	$\times10^{-2}$	tera -太	T	$\times10^{12}$

参考文献

J 萨姆布鲁克,E F 弗里奇,T 曼尼阿蒂斯.分子克隆实验指南.金冬雁,黎孟枫等译,第二版[M].北京:科学出版社,1999.

陈毓荃.生物化学实验方法和技术[M].北京:科学出版社,2002.

丛峰松.生物化学实验[M].上海:上海交通大学出版社,2005.

郭蔼光,郭泽坤.生物化学实验技术[M].北京:高等教育出版社,2007.

蒋立科,罗曼.生物化学实验设计与实践[M].北京:高等教育出版社,2007.

李林,张悦红.生物化学与分子生物学实验教程[M].北京:化学工业出版社,2006.

李学礼,周晓霞,徐磊,等,生物化学与分子生物学实验技术教程[M].上海:同济大学出版社,2008.

刘志国,于建生,陈雄,等,生物化学实验[M].武汉:华中科技大学出版社,2007.

骆亚萍,刘灿华,李文凯,等.生物化学与分子生物学实验指导[M].长沙:中南大学出版社,2006.

钱国英,汪财生,尹尚军,等,生化实验技术与实施教程[M].杭州:浙江大学出版社,2009.

盛桂莲,赖旭龙,侯新东.古 DNA 实验体系及技术[J].中国生物化学与分子生物学,2009,25(2):116~125.

石庆华,张桦,王希东,等,生物化学实验指导[M].北京:中国农业大学出版社,2006.

王镜岩,朱圣庚.生物化学(第三版)[M].北京:高等教育出版社,2002.

吴士良,钱晖,周亚军.生物化学与分子生物学实验教程[M].北京:科学出版社,2004.

于自然,黄熙泰,李翠凤,等,生物化学习题及实验技术(第二版)[M].北京:化学工业出版社,2008.

余冰宾.生物化学实验指导[M].北京:清华大学出版社,2003.

张龙翔,张庭芳,李令媛.生化实验方法和技术(第二版)[M].北京:高等教育出版社,1997.

赵亚华.生物化学实验技术教程[M].广州:华南理工大学出版社,2000.